城市更新设计关键技术研究与应用

RESEARCH AND APPLICATION OF KEY TECHNOLOGIES IN URBAN RENEWAL DESIGN

刘刚　邹莺　毕琼　黄怀海　李东　张静　熊泽祝　刘东升　等
Liu Gang　Zou Ying　Bi Qiong　Huang Huaihai　Li Dong　Zhang Jing　Xiong Zezhu　Liu Dongsheng　et al.

中国建筑西南设计研究院有限公司　CSWADI　著

中国建筑工业出版社

图书在版编目（CIP）数据

城市更新设计关键技术研究与应用 = RESEARCH AND
APPLICATION OF KEY TECHNOLOGIES IN URBAN RENEWAL
DESIGN / 刘刚等著 . —北京：中国建筑工业出版社，
2022.8

ISBN 978-7-112-27571-7

Ⅰ.①城… Ⅱ.①刘… Ⅲ.①城市规划—建筑设计—
研究 Ⅳ.① TU984

中国版本图书馆CIP数据核字（2022）第111434号

责任编辑：毋婷娴
责任校对：张　颖

城市更新设计关键技术研究与应用
RESEARCH AND APPLICATION OF KEY TECHNOLOGIES IN
URBAN RENEWAL DESIGN

刘刚　邹莺　毕琼　黄怀海　李东　张静　熊泽祝　刘东升　等
Liu Gang Zou Ying Bi Qiong Huang Huaihai Li Dong Zhang Jing Xiong Zezhu Liu Dongsheng et al.
著
中国建筑西南设计研究院有限公司　CSWADI
*
中国建筑工业出版社出版、发行（北京海淀三里河路9号）
各地新华书店、建筑书店经销
北京海视强森文化传媒有限公司制版
北京君升印刷有限公司印刷
*
开本：787毫米×1092毫米　1/16　印张：26　字数：506千字
2022年11月第一版　　2022年11月第一次印刷
定价：**98.00**元
ISBN 978-7-112-27571-7
（39746）

版权所有　翻印必究

如有印装质量问题，可寄本社图书出版中心退换

（邮政编码100037）

编写单位

中国建筑西南设计研究院有限公司（简称"中建西南院"）

中国建筑西南设计研究院有限公司始建于1950年，是中国同行业中成立时间最早、专业最全、规模最大的国有甲级设计院之一，隶属于世界 500 强企业——中国建筑集团公司。

中建西南院拥有服务于建设全过程咨询的完整设计产业链条以及全专业设计技术人才。业务涵盖建筑工程设计、TOD、城市规划与设计、轨道交通设计、市政、园林景观、工程监理、造价、总承包、项目管理、创新孵化、开发运营等多个专业领域。

在城市更新领域，中建西南院立足中国城市更新的现实问题，项目类型覆盖宏观-中观-微观多个层级，包括总体及特色片区更新、历史文化保护、工业遗产更新、社区更新、既有建筑改造等类型，并结合双碳、智慧等前沿领域，广泛运用数字技术与创新方法，以专业力量提供全方位的城市更新技术支持。

总撰写人

刘　刚

中建西南院　副总建筑师

中建西南院城市设计研究中心（历史保护与发展设计研究中心）首席总建筑师
教授级高级建筑师 / 国家一级注册建筑师
中国建筑学会城市设计分会　常务理事
中国建筑学会建筑改造和城市更新专业委员会　副主任委员
中国建筑学会计算性设计学术委员会　常务委员
中国城市规划学会城市设计学术委员会　委员
四川省勘察设计协会城市设计与城市更新分会　理事长
四川省建筑师学会城市设计与更新专委会　副主任委员
成都市建筑改造与城市更新专委会　副主任委员

编写部门

规划与城市设计篇

主编部门　中建西南院城市设计研究中心（历史保护与发展设计研究中心）

撰写人　　邹莺
　　　　　中建西南院城市设计研究中心　总建筑师

教授级高级建筑师
国家一级注册建筑师、国家注册城乡规划师
中国勘察设计协会城市设计分会　副秘书长
中国建筑学会城市设计分会　理事
中国建筑学会建筑改造和城市更新专业委员会　理事
四川省勘察设计协会城市设计与城市更新分会　秘书长
四川省建筑学会城市设计与更新专委会　委员

参编人员　余　佳　安　东　蒋欣辰　韩一鸣　孔垂婧　雷　霆　刘壬可
　　　　　袁　园　吴怡霏　鞠　颖　王　楠　李庆梅　崔方迪

景观篇

主编部门　中建西南院景观设计院

撰写人　　张静
　　　　　中建西南院景观设计院　总建筑师

高级工程师
中国风景园林学会规划设计分会　理事
中国城科委 SRC 中国城市专委会　副主任
四川省勘察设计协会风景园林与生态环境分会　副主任委员

参编人员　曹冠宇　黄振华　李佳雨　罗榆淇

结构篇

主编部门　中建西南院结构专业团队

撰写人　　毕琼
　　　　　中建西南院　顾问总工程师

教授级高级工程师
中国工程建设标准化协会建筑产业化分会　常务理事
全国建筑物鉴定与加固标准技术委员会　委员
全国抗震加固委员会委员、中国建筑学会　资深会员

参编人员　伍　庶　杨雨嘉　李常虹　易　丹　宋涛炜　凌　静
　　　　　谷　雨　刘绪超

智能化篇

主编部门　中建西南院智能建筑设计研究中心

撰写人　　熊泽祝
　　　　　中建西南院智能建筑设计研究中心　总工程师

教授级高级工程师

参编人员　吴　寰　周海林

市政篇

主编部门　中建西南院市政设计院

撰写人　　李东
　　　　　中建西南院市政设计院　副总规划师

高级工程师
国家注册城乡规划师

参编人员　杨高伟　侯婉宜　杜　钦　朱　迪　神晓瞳
　　　　　张　婷

建筑篇

主编部门　中建西南院设计四院

撰写人　　黄怀海
　　　　　中建西南院　副总建筑师

高级建筑师
国家一级注册建筑师
中国建筑学会城市设计分会　理事
中国建筑学会建筑师分会　理事

参编人员　王中正　林有为　袁菲菲　周玮佳　李思颖
　　　　　邓　璐　马贻薇　刘志强　王素军　邓　然

绿色建筑篇

主编部门　中国建筑绿色建造工程研究中心

撰写人　　刘东升

中建西南院绿色建造工程研究中心　主任研究员

参编人员　王　皎　付昌杰

总顾问

钱 方
中建西南院 总建筑师
中建西南院前方工作室 主持人
全国工程勘察设计大师
全国注册建筑师管理委员会 委员
国务院政府特殊津贴专家
中国建筑勘察设计序列首席专家
四川省建筑学会 理事长
四川省学术和技术带头人
东南大学 客座教授
《建筑学报》编委

顾问专家

韩冬青
东南大学建筑学院教授、博士生导师
东南大学建筑设计研究院有限公司总建筑师、院长
全国工程勘察设计大师

专家（按姓氏笔画排序）

丁沃沃
南京大学建筑与城市规划学院教授、博士生导师
南京大学自然资源研究院未来城市与人居环境研究中心主任

丁 勇
重庆大学教授
重庆绿建委副主任兼秘书长
重庆市绿色建筑与建筑产业化协会副会长

马晓东
东南大学建筑设计研究院有限公司总建筑师

马小蕾
中国市政工程西北设计研究院有限公司总工程师

王东伟
住房和城乡建设部智能建筑推广中心专家
上海延华智能科技集团有限公司总工程师

王开强
中建三局工程技术研究院副院长

王 伟
中建电子信息技术有限公司智慧社区产品经理

史铁花
中国建筑科学研究院建研科技建研设计院院长
鉴定与加固改造研究中心主任

石立国
中国建筑第二工程局有限公司科技部总经理

刘伯英
中国建筑学会工业建筑遗产学术委员会委员、秘书长
《北京规划建设》常务理事

刘 俊
东南大学建筑设计研究院有限公司专业总工程师

刘 民
成都市建筑设计研究院总建筑师、教授级高级工程师

孙 逊
东南大学建筑设计研究院有限公司副总经理、总工程师

杨冬辉
东南大学建筑设计研究院风景园林院院长

沈 旸
东南大学建筑历史与理论研究所副所长
传统木构建筑营造技艺研究国家文物局重点科研基地副主任

沈中伟
西南交通大学建筑学院院长、教授、博士生导师

张晶波
中国建筑股份有限公司科技部副总经理、教授级高级工程师

张仕斌
成都信息工程大学网络空间安全学院教授、博士生导师

李 昇
西南交通大学建筑与设计学院副教授

林广思
华南理工大学建筑学院风景园林系教授、系主任

郑连勇
西南交通大学设计研究院总规划师

范婧婧
东南大学建筑设计研究院有限公司交通院副院长

周予启
中建一局集团建设发展有限公司副总经理、总工程师

俞海洋
东南大学建筑设计研究院有限公司正高级建筑师

赵 炜
四川大学建筑与环境学院系主任、教授、博士生导师

唐 燕
清华大学建筑学院副教授、院长助理、院学科发展办主任

高 崧
东南大学建筑设计研究院有限公司总建筑师

袁艳平
西南交通大学机械工程学院党委书记、教授、博士生导师

黄晨光
中国建筑第四工程局有限公司副总经理、总工程师

臧 胜
东南大学建筑设计研究院有限公司专业总工程师

熊 峰
四川大学建筑与环境学院学术院长、教授、博士生导师

欧阳金龙
四川大学建筑与环境学院教授、硕士生导师

魏皓严
重庆大学建筑城规学院教授、博士生导师

序 一

在中国城市空间发展由急速的增量拓展转向以存量为主的高质量发展的时代背景下，城市更新已经成为社会和专业领域共同关注的重要议题，也是建筑相关行业展开城镇规划、设计和建设实践的主战场。作为国内建筑设计业的龙头企业之一，中建西南院多年来在城市更新领域开展了大量面向实践的设计咨询与研究工作。本书基于其多年的规划设计和创作实践，呈现了历时两年完成的"城市更新设计关键技术研究与应用"课题的研究成果。

城市更新在城市发展历史上是一种普遍现象，通常具有持续性和长期性的特点，城市发展中需要不断调适人与自然、人与社会及人与经济发展的关系，为此，顺应并把握好有序的城市正向更新和健康演化的需求非常重要。城市更新不仅应该关注历史文化、城市空间结构、街区脉络肌理和历史建筑，而且也应容纳当代基于社会发展和民生改善的积极创造和环境营造。同时，城市更新还涉及社会、文化、经济、地域环境等复杂多元的专业领域。从建设行业看，城市更新主要表现为需要众多相关专业、管理部门、建设单位通力协作和渐进积累的工程实践形态。本书从民生、文化、发展三个维度展开对城市更新设计工作的认识，同时又体现出鲜明的实践导向。西南院课题组从实际工作面临的具体问题与挑战出发，从中梳理出若干关键议题。这些关键议题既包括中观尺度的更新规划和微观尺度的既有建筑改造，也涵盖了规划、设计、市政、景观、建筑、结构、绿色及智能化等专业领域的工作。通过研究，课题组总结了城市更新相关的设计关键技术，及一系列适用于不同场景实操落地的方法和路径。本书的研究架构和编著体例体现了西南院专业工种的完整齐全与技术实力，反映了我国建筑设计行业实践普遍的工作组织特点。

本著作有三个值得关注和肯定的重要特点。第一强调多专业协同。本书既有各专业门类技术的总结，也强调不同专业间的统筹与协同。例如，在城市设计与建筑专业的工作中，强调了城市设计作为城市更新工作推进与协调的平台作用，及其对市政、景观、建筑等专业的统筹方法。又如，建筑专业在既有建筑改造设计之外，更重要的是承担设计统筹与协调工作，包括协同各专业解读与传递规划设计要求、牵头搭建多专业联动的综合评估与工作框架，等等。第二是强调聚焦问题。书中探讨的关键技术，针对中微观尺度下的城市建成区与既有建筑，围绕实际工作中普遍存在的典型问题，如民生维度下的生活环境老旧、公共服务不足、生态环境破坏问题；文化维度下的历史文脉难以延续、风貌形态不协调问题；发展维度下的能耗不可持续、产业发展失能问题等。这些典型问题在真实的城市更新实践中具有普遍性与迫切性，体现出一线设计企业对城市更新实践"关键问题"的切身理解。第三是强调适宜技术的综合运用。本书总结的若干设计技术，既包括传统的技术方法，如常规技术中较重要的，或既往经验中易忽略或易缺失的技术方法与路径，也探讨了大数据、空间句法、虚拟现实、GIS辅助设计等新的技术工具的创新运用，它们共同构成了一个不断发展的开放性技术框架。

当前，中国的城市更新工作正处于挑战和机遇并存的关键时间节点，亟待理论创新和实践探索的密切互动和共同进步，实践探索既是理论的源头，也是理论在应用层面的价值所在。本书的出版不失为一个重要契机，其不仅对城市更新设计的多元实践具有指导和参考价值，也为广大设计同行的共同探索提供了一个讨论和交流的良好素材。希望更多的建筑专业有识之士加入中国城市更新的行动中来，共同推动未来中国城市的高质量发展。

中国工程院院士
东南大学建筑学院教授

善工利器趋永续

城市，是人类发展过程中各种文明积累的产物，是人类文化活动聚集发生的场所，是塑造及影响人类行为及心智的环境。城市的发展在动态演化中兴衰生灭，其过程因人而起，原因多样。城市发展经过从有序到无序的波动，各种城市病困扰了人类自己；好在人的格式塔心理支撑，人们不断地改造完善着城市。城市更新自古有之，引用熵的概念，城市更新不只是熵增与熵减并存，更是侧重于熵减的过程，同时也是城市文明积淀影响后续文化活动的温床，是文脉延续的线索。因此，城市更新是城市发展过程中更积极的活动和更高级的阶段。

中国的城市经过近四十年的高速发展，匆忙之中遗憾不少。行至当下，进入从增量发展向存量发展提升品质的过渡阶段。中建西南院作为积极参与中国城市建设的重要设计企业，同样也承担着一定的社会责任，基于城市环境品质提升需求和自身业务专精的要求，我院所做的研究课题"城市更新设计关键技术研究与应用"，主要聚焦于方法论的层面，是应对城市更新设计过程中面对问题的中、微观解决方法，旨在系统性地覆盖城市更新建设的各个专业领域及其相互关联环节，强调方法应用的综合性与协调作用。研究的外延意义在于研究所列的方法不局限于方法本身，而是这些方法给我们打开了看问题的窗口，解决问题的方法是无限的。

城市更新设计在我国当代的城市发展进程中，是个老生常谈的"新"课题，我们的研究与实践也依然在探索成长过程中，研究成果分享给业界同仁，真诚希望获得同行的批评指正和赐教，共同应用与检验这些关键技术，为我国城市更新空间品质提升尽微薄之力。

城市是人类文明的家园，更新是城市熵减可持续发展的善举。善工利器求得城市的可持续发展，与同仁共勉之。

中国建筑西南设计研究院有限公司总建筑师
全国工程勘察设计大师

目 录

第一章
城市更新设计关键技术概述

第一章　城市更新设计关键技术概述

伴随改革开放40余年的发展建设，中国经济已由高速增长阶段转向高质量发展阶段。至2021年，我国常住人口城镇化水平达到64%，城镇化进程逐渐放缓，人口进入低速增长期。随着城市快速增长的减缓以及城市既有建筑总量的增长，我国城市发展的重心逐渐由城市的规模扩张转变为存量更新，由新区建设转变为旧城改造。

作为我国现阶段最重要的城市建设活动之一，城市更新已从最初较为基础的设施改造、危旧房改善、城市用地再开发，发展到当下以小微尺度的有机更新为主，强调更新过程中多元主体的共同参与和治理。基于这样的转变，城市更新设计也更为关注从人的需求出发，切实改善民生问题；围绕不同城市或地区最显著、独特的功能特征来实现产业更新与空间适应；以地域文化的彰显、城市特色风貌的保护与传承为目标的城市文化、风貌塑造等，以此来优化、完善城市的综合职能，并实现城市的可持续发展。

1.1 城市更新概述

1.1.1 中国的城市更新历程

1949年以来，学界中对中国城市更新历程较有代表性的是四个阶段[1]的划分：

1）1949—1977年

改革开放以前，在"充分利用、逐步改造"的政策下，城市更新重点解决卫生、安全等基本的居住生活问题，局部改善城市环境。

2）1978—1989年

城市更新的重点是解决职工住房紧缺以及生活基础设施欠缺等问题。城市更新试点项目开始推行。

3）1990—2011年

在"旧城改造与旧区再开发"的更新政策下，政府与市场共同推动了全国范围内涵盖重大基础设施、老工业基地改造、历史街区保护与整治等多种类型、大规模的城市更新。

4）2012年至今

2011年末，我国常住人口城镇化水平超过50%，城镇化进入高质量发展阶段。城市更新工作也在广度和深度上得到全面推进，北京、上海、广州、深圳、南京、杭州、成都等城市结合地方实际，对城市更新进行了不同角度、不同类型的创新探索。

1.1.2 城市更新政策导向

2014年全国城镇化会议的六大目标全部提及存量建筑利用，其后出台了一系列城市更新的相关政策文件（表 1-1）。

我国主要的城市更新相关政策梳理   表 1-1

发布时间	发布机构	政策	内容解读
2013年7月	国务院	《国务院关于加快棚户区改造工作的意见》	坚持整治与改造相结合，合理界定改造范围，重视维护城市传统风貌特色，保护历史文化。
2014年3月	国务院	《国务院办公厅关于推进城区老工业区搬迁改造的指导意见》	因地制宜、科学规划，充分考虑区位发展基础和环境承载能力，合理确定搬迁改造的方向和目标。
2014年3月	自然资源部	《节约集约利用土地规定》	珍惜、合理利用土地，落实最严格的节约集约用地制度，提升土地资源对经济社会发展的承载能力。
2016年2月	国务院	《关于进一步加强城市规划建设管理工作若干意见》	严控增量、盘活存量、优化结构。
2016年6月	国务院	《关于加快培育和发展住房租赁市场的意见》	允许改建房用于租赁，允许将商业用房改建为租赁用房。
2016年11月	自然资源部	《关于深入推进城镇低效用地再开发的指导意见（试行）》	城镇低效用地再开发不再主要由政府主导，市场在资源配置中起决定性作用，鼓励多样的改造开发模式。
2019年7月	住房和城乡建设部国家发展改革委财政部	《关于做好2019年老旧小区改造工作的通知》	摸排全国城镇老旧小区基本情况，指导地方因地制宜提出当地城镇老旧小区改造的内容和标准。

发布时间	发布机构	政策	内容解读
2020年4月	住房和城乡建设部 国家发展改革委	《关于进一步加强城市与建筑风貌管理的通知》	明确城市与建筑风貌管理重点；完善城市与建筑风貌管理制度；加强责任落实和宣传引导。
2020年7月	国务院办公厅	《关于全面推进城镇老旧小区改造工作的指导意见》	在以人为本、因地制宜、居民自愿、保护优先、建管并重的原则下，明确改造对象及基础、完善、提升三类改造内容，编制改造规划与计划，建立健全机制，完善配套政策。
2020年8月	住房和城乡建设部等	《关于开展城市居住社区建设补短板行动的意见》	从工作目标、重点任务及组织实施等方面提出指导意见，并发布了《完整居住社区建设标准（试行）》，推进城市居住社区建设补短板，优化社区配套设施等。
2021年8月	住房和城乡建设部	《关于在实施城市更新行动中防止大拆大建问题的通知》	从坚持划定底线，防止城市更新变形走样；坚持应留尽留，全力保留城市记忆；坚持量力而行，稳妥推进改造提升三方面提出具体要求。
2021年9月	中共中央办公厅 国务院办公厅	《关于在城乡建设中加强历史文化保护传承的意见》	首次以中央名义专门印发的关于城乡历史文化保护传承的文件，在总体要求、城乡历史文化保护传承体系构建、保护工作、工作机制、政策支撑五方面提出具体要求。

在国家政策的指引下，上海、深圳、广州、成都等城市也出台了城市更新相关的地方性政策文件，形成了各具特色的政策体系。

1）上海的城市更新政策

上海建设"卓越的全球城市"的重要路径之一即城市更新。2015年后，上海相继出台了《上海市城市更新实施办法》《上海市城市更新管理操作规程》《上海市城市更新规划土地实施细则》《关于深化城市有机更新促进历史风貌保护工作的若干意见》等一系列政策文件，以指导城市更新工作的开展。同时，上海也在以下方面进行了城市更新的创新探索：①鼓励存量用地更新，扶持原权利主体更新；②明确更新规划的评估标准和管理流程；③以城市更新试点项目、城市设计挑战赛、主题沙龙等多种形式拓展众筹共治的更新途径。

2）深圳的城市更新政策

2006年在《深圳市城市总体规划(2010—2020)》中，确立了由增量扩张向存量优化转型的策略。2009年12月颁布了《深圳市城市更新办法》（2009），2012年颁布了《深圳市城市更新办法实施细则》，以此建立起涵盖法规、规章、技术标准与操作指导的多层级城市更新政策体系。

3）广州的城市更新政策

广州从2009年起实施城市更新改造，于2015年组建国内首个城市更新局。2016年出台了《广州市城市更新办法》及旧村庄、旧厂房、旧城镇的更新实施办法，其后颁布了《城市更新项目实施方案报批管理规定》《广州市旧村庄改造成本核算指引》等20多份配套文件，建立起一套以"地方性法规+实施细则+操作办法"为架构，内容涵盖规划、土地、房屋动拆迁、建筑设计、施工、物业管理等的城市更新法规体系。

4）成都的城市更新政策

在全面践行新发展理念，建设公园城市示范区的目标下，成都逐步构建起"1+N"的城市更新政策框架。以2020年4月出台的《成都市城市有机更新实施办法》为纲领，其前后相继出台了《成都市中心城区城市有机更新保留建筑不动产登记实施意见》《成都市城市有机更新资金管理办法》《关于进一步推进"中优"区域城市有机更新用地支持措施》《关于国有土地上房屋征收与补偿有关问题的通知》等政策措施，从规划、土地、建设、不动产登记及财税等方面，形成对城市更新的政策支撑体系和制度激励。

1.1.3 国外城市更新实践

国外的城市更新实践经历了贫民窟清理、社区更新、市场导向的旧城再开发、公众参与的社区综合复兴四个阶段[2]，呈现出从单一物质环境改善到可持续、多目标、多种方式综合发展的特征，其中典型案例有：

1）美国纽约高线公园：自下而上的城市更新

高线公园的城市更新使曼哈顿老城原本废弃的铁路成为世界级公共空间，并带动城市产业复兴。高线公园改造之初，周边居民自发成立组织，并发起多次大型活动，以此成功劝说更新者保留高线铁轨。在区域开发总量整体平衡的前提下，更新方案通过高线公园容积率的局部转移，保证公园区公共空间的高品质建设，同时也不折损城市的开发价值。高线公园的更新在鼓励城市区域再开发的同时，也体现出对城市历史、市民意愿和场地的尊重。

2）英国伦敦国王十字街区：公私合作的城市更新

伦敦近年来的更新实践从大规模拆除重建向小规模、分阶段的渐进式更新转变。更新模式以公私合作方式最为常见，政府提供总体框架、政策优惠，并落实历史建筑保护、文化传承及环境提升的优先地位，鼓励市场参与投资和运作。以国王十字街区为例，通过引入中央马丁学院带动区域博物馆、画廊、高档餐厅、购物中心等的建设，充分考虑人群需求，改善公共空间并配建公共服务设施，使老旧工业区成为充满艺术氛围的城市新中心。

3）日本东京六本木之丘：以TOD推动城市更新

东京的城市更新主要依托高密度的地铁线网展开，更新项目多位于重要的TOD站点，形成"基础设施更新+城市再开发+复合功能提升"的持续更新。城市更新采用分区管控方式，重点区域多被划入都市再生特别地区并享有宽松政策，而历史文化风貌区则强调保存和加强日本文化的独特性。朝日电视台周边老旧片区有四条轨道线通过，围绕轨道站点的城市更新，由森大厦株式会社牵头，数百家民间企业和个人共同投资，通过14年的持续沟通和多方协作，在保留原有居住者的同时，形成涵盖电视台、酒店、商场、美术馆、办公等文化和公共设施的著名城市综合体。

1.1.4 国内城市更新实践

我国的城市更新经历了大拆大建、以新换旧的城市建设时期；形象整治、建新留旧的城市改造时期；在创新、协调、绿色、开放、共享的新发展理念下，城市更新开始关注文化复兴、新旧融合、体系化以及长远综合发展等内容。

1）上海杨浦滨江：工业遗产、城市公共空间、生态景观相结合的城市更新

上海的城市更新强调更新过程中的人文关怀，对历史地区、工业遗产、重要公共场所等区域实施精细化的更新管理。杨浦滨江区的城市更新，保留老码头工业遗产、城市记忆以及原有地形与特色空间，采用有限介入、低冲击开发的策略，以生态修复改造，将工业遗产与自然公园有机结合，并将其交还于公众，延续了城市文脉。

2）北京茶儿胡同共生院：建筑、社群与文化共生的城市更新

北京的城市更新注重历史文化保护与传承，以"新旧共生"的更新方式强化老城的整体保护与文脉传承。茶儿胡同共生院是其中典型的代表，通过三方面的改造实现建

筑、社群与文化的共生：①将保留建筑的局部空间改造为现状缺失的厨房、卫生间、污水处理设施等，实现新老建筑的共生；②将腾退的部分建筑改造为青年公寓、文创办公，引入新居民重构社群网络，实现新老居民共生；③以四合院为载体引入图书馆、文化创意产业等，实现文化共生。

3）广州永庆坊：系统化、精细化分类的城市更新

广州的城市更新综合运用全面改造和微改造两种方式，以"共建、共治、共享"的更新与治理模式，实现从"大拆大建"到"系统更新"的转变。永庆坊的更新通过对60栋建筑的逐一考察与评估，制定出"原样修复""立面改造""结构重做""拆除重建""完全新建"五种不同的更新方式，以精细化的分类更新使街区新旧结合，活化利用。

1.2 城市更新设计技术概述

1.2.1 城市更新设计技术的发展现状与趋势

国内外城市更新设计技术的发展均呈现出由强调空间设计技术到强调综合设计技术、由传统规划方法主导到引入新技术、新方法的转变。国内2000年以前，城市更新的技术应用以传统规划方法为主，通过划定开发单元、分片、分类的方式开展城市更新；而2000年以后，则逐渐加入更多的类型形态学、大数据、数字化技术、智能化等新技术与新方法。

随着城市更新向小微尺度、有机更新的转变，以及对城市更新认知、理解的深入，更新技术呈现出以人为本、关注民生改善、关注数字技术应用以及强调设计技术针对性等方面的发展趋势。

1.2.2 城市更新设计中制约技术应用的因素

1）多专业协同的机制与平台尚未建立

城市更新涉及城市规划、市政、景观、建筑、结构等各专业内容，是一个复杂而综合的过程。目前，部分更新项目的推进缺乏整体统筹、系统化思维以及各专业的全过程协作，呈现出多专业背对背设计、重复设计，带来空间与产业不适配、反复更新等问题。

2）新技术体系尚未建立

近年来，大量城市更新项目运用新技术与新方法来采集基础数据、评估现状资源、

辅助设计与设计验证，推动了城市更新设计中技术应用的进步。但这些技术多是针对个别具体的典型问题，如利用GIS软件对大批量更新建筑基础数据的处理与呈现，利用空间句法对更新区域空间可达性或可视性的分析与设计验证等，尚未形成分阶段、系统化的技术集成体系。

第二章
城市更新设计关键技术主要研究内容

第二章　城市更新设计关键技术主要研究内容

2.1 城市更新设计关键技术的界定

2.1.1 城市更新：中、微观尺度下的有机更新

城市更新伴随着城市动态发展的整个过程，是政府、市场、居民等多主体对这些动态发展在不同时间、不同地点采取的城市改造行动。关于城市更新概念有以下几种主要观点。

（1）美国《不列颠百科全书》定义城市更新为："对错综复杂的城市问题进行纠正的全面计划。"

（2）1958年8月，荷兰海牙市召开的第一次城市更新研讨会将城市更新定义为："生活于都市的人，对于自己所住的建筑物、周围的环境或出行、购物、娱乐及其他生活活动有各种不同的期望与不满；对于自己所住的房屋的修理改造，对于街路、公园、绿地和不良住宅区等环境的改善，以形成舒适的生活环境和美丽的市容。包括所有这些内容的城市建设活动都是城市更新。"

（3）城市更新是一种针对城市更新地区，寻找持续改善城市经济、社会、物质形态和环境条件，提供解决问题方法的一体化综合行动[3]。

基于以上观点，本书研究的城市更新具有以下特点：

1）针对中、微观尺度下的城市建成区与既有建筑

城市更新的对象存在尺度上的显著差异，大到数平方公里的城市片区，小至几十平方米的建筑单体或局部建成环境。以大量实践案例来看，城市更新项目中，数量最大、更新成效最佳的多是中、微观尺度的更新改造，因此本书所研究的更新设计技术重点针对中、微观尺度下的城市建成区与既有建筑。

2）不是大拆大建式的旧城改造，而是渐进式的有机更新

早期的城市更新多为"城中村改造""旧城改造"以及"工业区改造"，部分城市曾出现大面积大拆大建、推倒重建的更新，而近年的城市更新已逐渐向着有机更新转变。有机更新强调城市、街道、建筑以及公共空间环境是一个有机联系的整体，更新改造需

要按照城市内在的秩序和规律，依据改造内容和要求，妥善处理城市现有环境与改造区域的关系，通过持续的、渐进式的小微更新实现城市可持续发展。

2.1.2 城市更新设计：涵盖多个专业、两个阶段的设计指引

1）多专业交叉视角下的城市更新设计

城市更新是一项复杂的综合性议题，既涵盖城市建筑、基础设施、绿地水系等物质形态要素，又包括历史文化、社群关系等非物质形态内容。因此，城市更新不是单一的、某个专业的研究课题，而需要多专业共同参与、协作完成。本书研究的城市更新涉及规划与城市设计、市政、景观、建筑与机电、结构、绿色建筑以及建筑智能化7个主要专业，各专业协同配合，梳理并总结出聚焦城市更新中典型问题、便于实践运用的一系列城市更新设计关键技术。

2）主要包括评估、设计两个阶段的指引

城市更新是一个漫长的过程，涉及立项、评估、策划、设计、实施、运营等多个阶段。本书所研究的城市更新设计关键技术重点关注评估与设计两个阶段，通过这两个阶段技术方法与技术路径的梳理总结，提供具有针对性的设计参考。

2.1.3 关键技术：从问题与价值两个方面筛选关键技术

城市更新中所运用的评估与设计技术繁多，本书的研究难以面面俱到，基于长期以来的实践经验，从问题研判、价值导向两个角度出发，总结城市更新中的关键问题与核心价值，从而梳理出城市更新设计中的关键技术。

1）聚焦城市建成区更新设计中存在的典型、紧迫问题

通过对城市更新发展历程、政策与实践的研究，梳理我国城市更新存在的主要问题，包括以下三个维度七个方面：

第一，从民生维度来看，老城区普遍存在生活环境老旧、公共服务不足、生态环境破坏等问题。

生活环境方面，部分老城区的居住建筑缺乏卫浴、厨房等功能性生活空间，欠缺水、暖、电等基本的生活设施；并且由于居住建筑年久失修，往往存在结构、消防、管理上的安全隐患。

公共服务方面，老城区普遍存在着基础设施、公共服务设施滞后短缺的现象，包括

排水排污能力低、电力系统老化等问题。此外，停车空间的欠缺，使得老城区原本不宽的街道因为沿街停车更为拥挤，极大地影响了居民的日常生活。

环境景观方面，老城区往往用地紧张、人口密度大，因而生态环境污染明显、景观环境破败、公共空间欠缺，难以满足居民日常交流交往需求，居民希望通过城市更新来改善居住环境的愿望十分迫切。

第二，从文化维度来看，老城区历史文脉保育以及风貌形态塑造是两个重要的议题。

老城区是城市文化与记忆最重要的承载区，有着众多的物质与非物质遗存，然而大规模、推倒重建式的城市更新不仅破坏了老城区的格局、建筑与环境，随着原住民的搬离，也带来该地区生活内容、情感纽带，甚至是传统技艺的消失。这些大规模新建的区域，往往呈现出与老城区不同的肌理，形成与老城区强烈的对比。

第三，从发展维度来看，重点在于如何使老城区实现低碳节能以及产业发展的可持续。

随着城市的发展，老城区原有的部分产业功能落后，节能环保措施滞后，难以匹配城市的发展；同时，受制于空间环境限制，产业发展与现有空间不匹配、产业服务设施欠缺等，新兴产业功能难以引入，老城区的产业迭代与转型难以实现。

2）体现"人本主义""可持续发展"理念下的有机更新价值导向

聚焦城市建成区更新中民生、文化、发展三个维度的典型问题，在以人的需求、体验为导向的"人本主义"，以城市生态环境、资源环境、经济社会环境为导向的"可持续发展"理念下，形成涵盖生活、服务、环境、文化、风貌、绿色、经济七方面的核心价值理念。

（1）从民生维度出发的人居环境改善、公共导向以及生态修复价值导向

以人的基本需求出发，通过城市更新补全居住建筑内欠缺的基本生活空间与生活设施，消除安全隐患，改善人居环境；遵循公共导向价值观，完善基础设施、公共服务设施与公共空间营造，提升各类设施与空间的服务质量；针对已破坏的生态环境，通过生态修复、景观更新，为城市居民提供更多、更优质的户外、半户外开放空间，增加人们亲近自然、接触自然的机会。

（2）从文化维度出发的文脉延续与风貌和谐价值导向

基于有形城市文脉、历史风貌、景观特色以及无形居民文化、生活习惯的研究与评估，采用科学合理的方式对其进行保护、引导与再利用，实现城市更新中的文脉延续；老城区的建筑风貌虽然陈旧，但却最能展示城市独有的风貌，通过对现存城市格局、街巷空间、历史建筑以及风貌特色的提取，促进更新区域与保留区域风貌和谐。

（3）从经济维度出发的产业更新与空间适应、节能可持续价值导向

产业的更新与迭代是推动城市建成区持续发展与活力提升的核心动力。在城市更新中，关注适宜城市建成区的产业发展筛选、产业构成及布局，并匹配与产业特征相适应的城市空间改造。同时，鼓励采用绿色、节能、环保的更新材料、更新技术与更新方式，促进城市建成区可持续发展。

综上，本书聚焦城市更新设计中面临的典型、紧迫问题，以体现民生、文化、经济三个维度的价值导向筛选城市更新设计的关键技术方法与路径，这些关键技术包括常规技术中较为重要的设计技术，如现状分析中的类型或要素识别、社会调查技术等；既往经验中易忽略与易缺失的技术，如片区街巷格局保护、公共服务配套设施增补等相关技术；以及新技术与新方法的运用，如空间句法、GIS网络分析、视域分析、人群模拟分析、AHP层次分析法等，不同技术的使用丰富了城市更新设计中评估、分析、决策的手段和方法。

2.1.4 城市更新设计关键技术的适用对象

本书在多专业视角下所搭建的城市更新设计关键技术可运用于大量城市建成区的更新改造之中，重点针对历史文化保护与风貌区、老旧居住区、城中村、低效商业商务区、低效工业仓储区以及闲置公共空间等区域，文物保护单位及有特殊要求的其他区域不在本书讨论范围内。不同的待更新区域，面临不同数量与功能的更新对象，可依据更新对象的特征和更新改造需求，选择相适配的更新设计关键技术。

2.2 城市更新设计关键技术研究内容

基于对城市更新设计关键技术的认知，本书主要研究内容包括以下三方面：

1）聚焦城市更新的价值导向与核心议题

在前文所述三个维度的价值观之下，确立与之相应的重要议题，包括：从既有建筑改造综合评估、既有建筑结构改造加固、既有建筑智能化系统升级等方面探讨人居环境改善；以交通出行改善、公共服务设施增配、管线空间以及停车系统优化等来推动公共导向的服务提升；以城市中的自然要素、景观、开敞空间等的提升实现生态修复；以物质与非物质遗存的保护利用以及人群研究、公众参与实现文脉延续；以风貌传承与塑造实现风貌和谐；以既有建筑改造节能、智慧能源管理等实现节能可持续发展；以产业更新与空间适应推动产业发展。

2）针对目前和未来可能遇到的城市更新问题，梳理各专业关键技术包

针对城市更新中的典型问题与核心议题，各专业从评估、设计两个阶段系统梳理与总结，形成具有针对性、涵盖技术方法与技术路径的城市更新设计关键技术包。

3）初步搭建各专业相互协作的关键技术体系与框架

城市更新设计中所运用的关键技术并非各自独立，而都需要各阶段统筹与配合、各专业沟通与协作。本书在价值导向与问题研判的基础上，基于中建西南院大量实践案例的积累，统筹协调多个主要专业，系统梳理集成城市更新设计关键技术框架，并形成强化实用性与操作性的技术指南。

2.3 城市更新设计关键技术研究框架

在城市更新发展历程、政策背景和实践研究基础上，在"人本主义"与"可持续发展"思想指导下，从民生、文化、发展三个维度出发，以生活、服务、环境、文化、风貌、绿色、经济七大核心价值导向为依据，研判城市更新中的典型问题，构建多专业统筹配合，涵盖评估、设计两个阶段技术指引以及多类型适用范畴的系列化城市有机更新关键技术（图 2-1）。

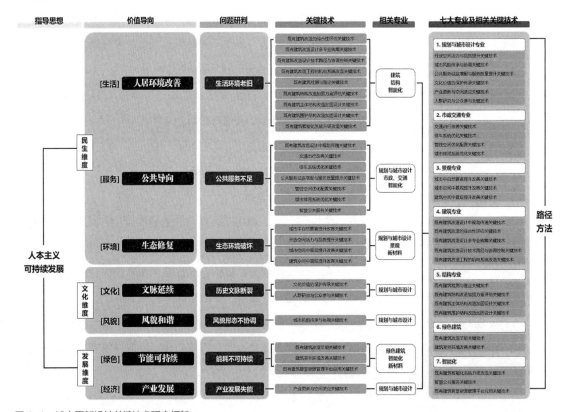

图 2-1 城市更新设计关键技术研究框架

第三章
城市更新设计关键技术规划与城市设计篇

第三章 城市更新设计关键技术规划与城市设计篇

城市更新设计是一个系统性工作，涉及从宏观、中观到微观的众多内容，在规划与城市设计专业板块，搭建规划编制体系与针对性解决实际问题的关键技术同样重要。

3.1 城市更新的规划编制体系

城市更新的规划编制不是一项关键技术，而是管理和推动城市更新工作的重要途径和规划框架，对城市更新工作的开展意义重大。不同城市在解决城市更新问题上，推动城市更新工作中所搭建的规划编制体系略有差异。

上海、广州、深圳的城市更新工作开展较早，积累了较为丰富的规划实践经验，在机构管理和政策指引下，各自建立起了多层级多类别的规划编制体系，畅通规划传导渠道。

①上海在国土空间规划编制中，明确全市各类型城市更新的目标与策略；并建立起"更新区域评估报告—更新单元建设方案"的规划编制体系。更新区域评估报告与控制性详细规划相衔接，涵盖更新单元划定、公共要素评估、意向性建设方案编制三个内容，若涉及控制性详细规划相关内容的调整，则需要依据相关流程要求完成调整。更新单元建设方案针对具体的更新项目，在落实评估报告要求的基础上，进一步明确更新项目主体，统筹公共要素的配置要求以及业主的更新需求等，更新单元建设方案中确定的规划要求将纳入土地出让合同进行管理。

②广州将城市更新纳入国土空间规划"一张图"，并建立起"总体规划—行动计划—更新片区策划—更新项目实施方案"的城市更新规划体系。更新规划编制体系与现行城市规划编制体系相衔接，其中，宏观层面的总体规划与行动计划对接国土空间规划，中观层面的片区策划对接控制性详细规划，微观层面的项目实施方案对接修建性详细规划。

广州的城市更新工作以"更新片区"为基本单位，片区策划重点讨论整个片区的城市设计指引、公共要素平衡以及改造方式指引等内容，在其指导下，完成更新片区内一个或多个更新项目的实施方案。

③深圳采用"全市更新总体规划+各区更新专项规划+更新单元规划"的三层级规划体系，其中，宏观层面的全市更新总体规划对接国土空间规划，中观层面的区级更新专项规划对接分区规划，微观层面的更新单元规划对接法定图则[4]。

深圳的城市更新工作以"更新单元"为基本单元，在更新单元规划编制阶段需落实更新项目的实施主体、改造方式、实施方案、资金使用计划等内容。

2021年住房和城乡建设部办公厅发布《关于开展第一批城市更新试点工作的通知》，公布了第一批城市更新试点城市，这些城市已构建起各具特色的更新规划编制体系，未来将在工作机制、实施模式、支持政策、技术方法和管理制度等方面进一步探索实践，以形成可推广借鉴的经验。

①北京先后启动了城市更新"专项规划—行动计划"的编制工作，明确了城市更新的主要项目类型，并确定了以街区为单元统筹城市更新，以轨道交通站城融合方式推进城市更新，以重点项目建设带动城市更新的实施路径。

②成都在国土空间规划中编制了城市更新专章，确立总体目标，提出城市更新的总体指引；在此基础上，进一步构建起涵盖"城市更新总体规划—城市更新行动计划—更新单元实施规划"三个层级的更新规划编制体系。其中，成都市中心城区有机更新专项规划，落实国土空间规划的要求，识别更新对象，划定更新单元，明确更新模式，并从产业、文化、环境、交通、形态及社区六个方面给出了针对性的更新策略，带动城市整体更新；各分区城市更新行动计划，针对不同区域的实际情况，查找矛盾与问题、盘点可更新资源，明确重点与一般更新单元，制定更新策略与年度更新计划；更新单元实施规划，针对具体实施区域从产业提升、公共服务补全、交通与公共空间完善、文化传承、空间形态优化等方面开展设计，明确实施主体、改造方式与经济测算等内容，以更新单元具体平衡利益、统筹实施。

③长沙于2021年出台《关于全面推进城市更新工作的实施意见》，建立起"专项规划—年度计划—城市体检及更新方案"的规划编制体系，全面衔接国土空间规划，保障规划意图的传递与年度重大项目的实施。

④重庆于2021年发布《城市更新管理办法》，明确了编制"市区两级专项规划—更新片区策划方案—年度更新计划"的要求。其中，专项规划确定城市更新目标、功能结构、规划布局等内容；策划方案明确片区发展目标、产业定位、更新方式、经济指标、实施计划、规划调整建议等内容；年度计划包括具体项目、前期业主或实施主体、边界

和规模、投资及进度安排等内容。

虽然不同城市依据各自管理目的和诉求所构建的更新规划编制体系有所差异，但基本都是由从宏观到中观再到微观三个层级的规划内容所构成，不同层级规划的目的、需要解决的问题以及侧重点各不相同。

1）宏观层面重在系统引导

作为城市更新的顶层规划，宏观层面的城市更新总体规划或总体行动计划着眼于城市更新在总体层面的宏观指引，并与国土空间规划紧密衔接。其编制的核心任务是明确城市更新的总体目标，从城市角度查找问题，盘点更新资源，在更新策略、更新方式与路径、更新工作重点与实施时序等方面给出指引。

2）中观层面重在工作计划

中观层面的片区更新规划或更新行动计划，是整个城市更新规划编制体系的核心，除满足对宏观层面总体更新规划内容的落实外，更重要的是在更新目标与策略指引下，以体系性的方式，对更新范围内更新建设指标的统筹协调、公共要素的更新与补全、重要更新单元的产业发展以及更新工作的推进计划等做出设计与安排，以切实推动区域产业发展、品质提升，解决民生问题。

3）微观层面重在实施推进

微观层面的城市更新单元或重要项目城市更新实施规划，在落实上层次更新规划内容的基础上，针对具体更新项目或更新单元，形成涵盖交通、建筑、文化、景观以及土地权属、更新意愿等的现状综合评估，明确城市更新的实施主体、更新方式与模式、改造方案、经济测算、资金来源与安排、实施计划等内容。

更新规划编制体系的构建，其核心目的是指导城市更新项目的实施落地，因此需要特别关注与所在地现行城市规划体系的衔接与互动。

此外，城市更新的规划编制与实施离不开政策、法规等的保障。近年来，上海、北京、重庆、成都等城市纷纷出台了城市更新的相关政策，随着第一批城市更新试点城市的公布，更多城市着手探索城市更新支持政策的制定；随着城市更新实践的不断深入，相关的规范与法规也会做出适应性的调整，这些都会促使我国逐步建立起更为完善的城市更新法规与政策体系。

3.2 城市更新中规划与城市设计专业面临的典型问题

在城市更新实践项目的现场调研与访谈中，设计者常常会听到当地居民这样的反馈："离我家最近的公园开车要半小时才能到达""这栋新建建筑看起来与周围的建筑格格不入"，等等，这些反馈都是城市更新中最真实、最普遍的问题，也是城市更新最基本需要解决的问题。将诸如此类繁多的问题归纳整理，大致可总结出集中于六个方面的典型问题。

1) 欠缺开放空间

由于老城区人口密集，建设用地紧张，开放空间的缺失是最普遍和最典型的问题。一方面，现状开放空间规模较小，分布不均，加上老城区拆迁困难，控制性详细规划中增设的规划绿地与广场难以落地，因而相比于新城区，难以形成开放空间的理想体系。另一方面，老城区的开放空间在使用上也存在功能与配套设施欠缺、空间品质不高等问题。

2) 城市风貌特色的销弱

老城区的空间形象凝聚着一个城市最典型的风貌和特色，而在上一轮快速城镇化过程中，部分城市的城市格局和风貌形象未能得到足够的保护，城市空间特色销弱的现象较为普遍，带来城市格局改变、城市风貌形态千篇一律等问题。

3) 公共服务设施的欠缺

老城区普遍存在公共服务设施规模小且总量不足，分布零散难以形成全域覆盖，服务设施配套功能不全，服务能级低、专业性不够，部分服务设施使用效率低下等问题，难以满足居民日益提升的生活服务需求。

4) 历史文化的破坏与忽视

老城区往往是文化资源和历史载体非常丰富的地区，然而一些城市由于对历史资源的认识不足，在城市更新改造中出现了对重要历史文化资源的破坏，包括：只保护了历史建筑，而忽视了对历史建筑周边环境的整体保护；对非物质文化遗产、传统技艺、生活习俗的保护与呈现不足；以标本化、橱窗化的方式保护历史资源，而没有将历史资源与城市生活有机结合，等等。

而像历史地区的城市格局与肌理、传统社区或大院的社会关系与邻里生活氛围、具有时代价值的非历史保护建筑等，在更新设计中也常常成为被忽视的要素。

5) 产业的衰落与发展乏力

随着城市发展与供需关系调整，原本位于老城区的传统产业，如专业市场、工业企业等，逐渐成为经济效能较低、引起环境污染或割裂城市交通与功能发展的因素，因而老城区的产业升级、调迁成为城市更新设计中的重要议题。与此同时，为老城区引入适应的新兴产业、优化提升原有商业商务功能的服务能级等也成为城市更新的关注重点。

6）对当地居民的考虑不足

早期的城市更新项目，其工作重心通常集中于城市土地、街区环境以及建筑空间等物质载体方面，对于当地居民的需求关注与情感关怀较少，带来部分城市在更新过程中，原本真实的社会交往关系、邻里互助的感情与氛围的消失。城市更新设计不仅是对老城区实体空间环境的改造，更重要的是对原有社会关系的重构。

基于以上六个城市更新设计中最普遍、最典型的问题，在遵循公共导向、风貌和谐、文脉延续、产业发展等价值观的基础上，规划与城市设计专业围绕"人"的需求与城市可持续发展，梳理出城市更新中开放空间活力与品质提升、城市风貌传承与协调、公共服务设施增配与服务质量提升、文化价值保护传承、产业更新与空间适应以及人群研究与公众参与等六个关键技术，以切实可操作的技术方法与技术路径提供针对性解决问题的参考。其研究框架如图3-1所示。

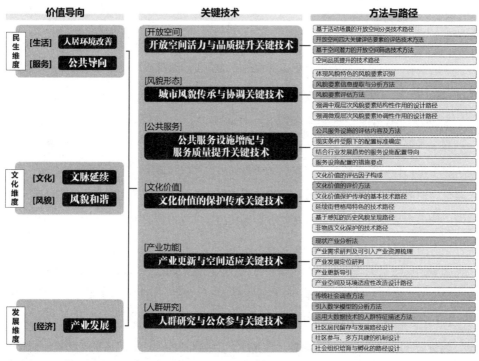

图 3-1　规划与城市设计专业关键技术研究框架

3.3 开放空间活力与品质提升关键技术

老城区的独立占地公共空间无法满足市民各类公共活动的空间需求，面对老城区原有独立占地公共空间供给不足、空间品质有待提升、体系结构不完整等主要问题，在城市更新中需要更加关注非独立占地的开放空间的挖掘利用问题，这些空间包含商业与住宅权属范围内建筑之间的开放空间、地块入口空间、建筑半地下空间、建筑灰空间、建筑开放型屋顶空间、建筑空中公共廊道空间等。如何利用好上述非独立占地的开放空间对于满足老城区的公共活动需求具有关键性的意义，也是本书关于开放空间内容的核心议题。

3.3.1 开放空间分类

1）以权属使用性质界线作为分类标准

开放空间或为由城市总体规划、控制性详细规划等法定规划划定的独立用地，或为私有权属地块内的非独立用地（表3-1）。

独立占地的开放空间，多以绿地与广场用地的形式由用地界线单独划出，具有独立的使用权限。但是旧城区用地空间受限，公有的公共空间在面积、规模、空间品质等方面难以满足需求。

私有权属的开放空间，由权属界线内的产权人所共有，多以楼前绿地、楼间绿地、建筑底层灰空间、组团绿地、屋顶绿化等形式呈现。由于私有权属边界多为封闭围墙，此类开放空间并不对城市开放，可作为潜在的开放空间，成为城市更新中重点考虑的对象。

城市更新开放空间类型　　　　　　　　　　　　　　　　　　表3-1

开放空间分类	独立占地的城市开放空间（法定公共空间）			非独立占地的城市开放空间（潜在开放空间）		
	公园绿地	街道空间	城市广场	绿地空间	廊道空间	活力空间
场所类型	综合公园、社区公园、专类公园、街旁绿地	地面步行街道	城市广场、社区广场	地面绿化、屋顶花园	地面人行通道、商业内街、空中连廊	商业广场、内院、建筑灰空间、架空平台

2）以功能和属性作为分类标准

（1）公园绿地空间

公园开放空间以区域内的市民体育休闲活动、邻里交流为主，承担一部分景观绿化、生态恢复、城市形象等作用。主要包括：独立占地的G1公园绿地及可供使用的G2

防护绿地、街角小游园、宅间绿地等。

该类开放空间应满足市民对绿色空间、休闲活动、日常休憩等需求，具有容易到达、开敞场地与生态绿地相结合、物理环境和通风温度适宜等特点。

（2）街道空间与廊道空间

街道和廊道型开放空间，主要承担步行尺度下联系与连通主要功能点位及开放空间节点的作用。主要包括：城市街道人行空间、街道外摆区域、建筑临街灰空间、地块内通行空间等。

此类通行廊道空间应满足基本的人群通行尺度要求，提供恶劣天气庇护、步行休憩、短暂停留、标示指引等功能。

（3）城市广场与活力空间

城市广场主要指城市建成区较为中心、具有一定规模、可供人停留和活动的空间，包括：独立占地的广场、街角广场、商业边界退让形成的商业广场、小区入口广场等。承载区域内主要的公共活动、商业活动、文化娱乐活动、邻里交流、社区建设等活动。

此类开放空间常以硬质铺地为主，具有步行到达、视线通透、尺度适宜、动静结合和环境舒适等空间特点。

3.3.2 开放空间要素及设计技术路径

1）开放空间关键要素

为满足市民的多种公共活动需求，开放空间应具有公共、公平、生态、安全等特点。对其进行评估的关键要素包括：可达性与活力、布局与功能、绿色生态以及安全应急（表3-2）。

（1）可达性与活力

可达性与活力描述的是空间的随机聚集程度，是开放空间的基本公共属性的具体反映。更高的可达性与活力值往往伴随着更高频次的开放空间使用效率，包括人群的通过、停留和聚集，是衡量空间活跃度的关键要素。

（2）布局与功能

布局与功能是开放空间的服务辐射能力、活跃度与服务品质的反映。传统同心圆服务半径划定以及面积等级划分方式不能真实反映开放空间的服务范围和面积。利用当下计算机量化分析工具和技术对开放空间的服务范围进行精确测算，在这个过程中不仅需要考量开放空间的面积及位置，同时还需要考量开放空间的空间品质、服务设施等直接影响服务能力的关键指标。

（3）绿色生态

绿色生态是开放空间与生态体系结合时的属性。老旧城区绿色生态方面的建设较为缺乏。在城市更新中，利用具有潜力的街道、公园、非独立开放空间屋顶花园、空中花园进行体系化的生态绿化建设，对老旧城区的绿色生态空间是较大的补充。

（4）安全应急

在自然灾害、火灾、疫情等突发公共事件威胁下，开放空间的另一项重要功能是为城市提供应急避灾场所。在面临自然灾害、传染疾病等威胁下，如何利用老城区现有的或潜在的开放空间作为固定或临时的应急空间成为重要议题，面积是否满足、空间是否容易到达、标识是否清楚、应急设施是否齐全，是考量开放空间安全应急能力的主要内容。

开放空间分类与评估原则 　　　　表3-2

开放空间分类			独立占地的城市开放空间（法定公共空间）			非独立占地的城市开放空间（潜在开放空间）		
			公园绿地	街道空间	城市广场	绿地空间	廊道空间	活力空间
评估要素原则	可达性与活力	通行可达	基本可达性较好					
			目的可达性较高	选择概率偏高的线型空间	选择概率及目的可达性较高	目的可达性较高	选择概率偏高	选择概率及目的可达性较高
		尺度视域	满足基本活动空间尺度，视线层次丰富	适宜的步行尺度，视线关系通透	开敞的空间尺度，整体视线关系通透，局部界面围合感较强	适宜的空间尺度，视线层次较丰富	满足基本的步行尺度，视线关系通透	较开敞的空间尺度，整体视线关系通透，局部界面形成围合
	布局与功能	布局配置	供需平衡、布局均好	延续街道格局，路网密度较高，尽量避免尽端路	供需平衡、布局均好	供需平衡、布局均好	步行通道连续、舒适，尽量避免尽端路	供需平衡、布局均好
		服务设施	具备齐全的供儿童、老人活动的相关设施	具备醒目的标识设施，局部配置一定的休憩、环卫及商业外摆设施	具备齐全的休憩、环卫设施，局部设有流动性商业设施	鼓励24小时开放并配置一定的休憩、活动设施	要求24小时开放并配置相应的照明、标识、休憩设施	鼓励24小时开放并配置一定的休憩、活动设施，局部设有商业外摆设施
	绿色生态		满足基本面积要求，形成集中绿地布局，发挥一定的生态效益	形成连续的景观序列和城市通风廊道	与广场规模协调的植被配置，形成局部点缀的景观绿化	满足基本面积要求，发挥一定的生态效益	具备一定的遮阴功能和通风廊道	局部点缀景观绿化
	安全应急		应急场所一般与上述开放空间兼用，要求具备较好的可达性和面积适宜的应急避难场所并配置一定的应急设施					

2）技术路径

开放空间更新的设计技术路径含评估和规划设计两个主要阶段（图3-2）。

（1）评估阶段，对现存已利用的开放空间以及已经开放的非独立占地的开放空间进行统一评估。从通行可达、布局功能、绿色生态、安全应急四个方面评估现有开放空间是否能够满足空间活力需求、布局服务是否均好、服务设施是否齐全、安全应急是否能够满足应急需求。

（2）规划设计阶段，先根据可达性活力、权属及尺度条件对潜在开放空间进行分析。经过筛选之后，对具备足够潜力条件的空间纳入更新后的开放空间体系，并针对品质提升进行进一步的设计。

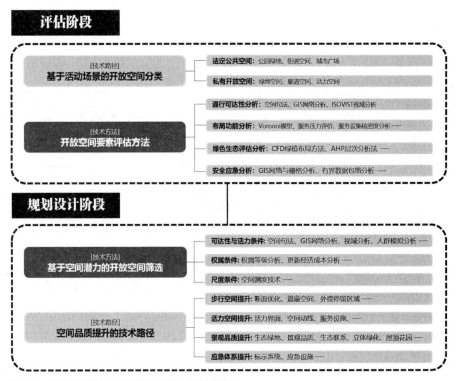

图 3-2　开放空间活力与品质提升关键技术研究框架

3.3.3 开放空间可达性、布局与功能、绿色生态、应急避灾评估关键技术

从交通可达性、视觉可达性、权属、空间尺度和自然条件等方面进行量化评估，为后续规划设计阶段梳理出可利用的潜力开放空间。此外，开放空间评估方法也可运用于

规划设计成果的验证。

1）可达性与活力相关技术

（1）空间句法线段模型分析

空间句法是目前运用较多的分析空间结构性质的数学拓扑方法，能够有效反映空间
关系上的可达性程度（图
3-3）。对物质空间进行
点、线、面要素抽象后，运
用数学拓扑关系分析其要素
之间内在联系的结构性，总

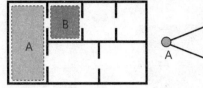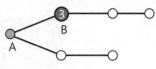

图 3-3　空间拓扑关系抽象方法

结出实际空间的结构性联系规律。通过空间句法分析可以挖掘出城市地理空间与城市经
济、城市交通、城市功能布局的相关性，帮助设计师更加全面地认知城市空间。该技术
的指标含义在不同案例横向分析比较中缺乏统一的参照系，在数据所反映的实际意义方
面具有较明显的局限性。

在评估分析阶段，首先利用空间句法线段模型对现状开放空间进行抽象描述，依靠
人工绘制线段，将开放空间与线段模型合理匹配。其次利用sDNA工具进行三维量化分
析，该工具沿用"角度米制"的最短路径分析方法。分别采用"穿行度"(betweenness)
和"接近度"(closeness)两种指标对空间可达性进行描述。在对香港中环案例[5]（图
3-4）以及大慈寺太古里的研究[6]（图3-5）中，表明半径400m穿行度指标和半径400m

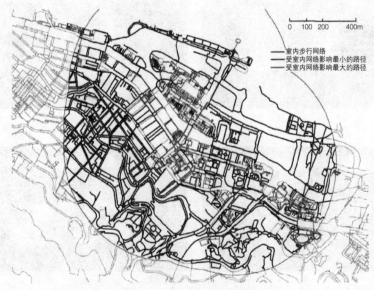

图 3-4　中环地区室外步行网络受室内步行网络影响的强弱

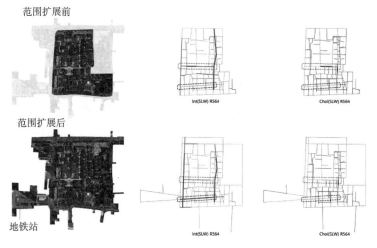

范围扩展前

范围扩展后

地铁站

Int(SLW) R564   Choi(SLW) R564

Int(SLW) R564   Choi(SLW) R564

图 3-5　大慈寺太古里空间句法分析

接近度指标数值与实际人流量均具有最高的相关性，能够比较好地描述开放街区内5分钟距离的步行行为。

（2）Isovist视线分析方法

Isovist平面视线分析对现状开放空间进行视线可视程度评估，相关指标能够较好地反映视线关系驱动的空间活力程度（图3-6）。该方法将空间进行像素化处理，用众多像素来模拟人的视野可以看到的范围，并通过数学拓扑结构对像素后的视野栅格进行分

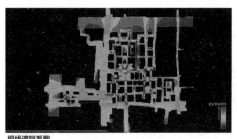

视线遮挡系数

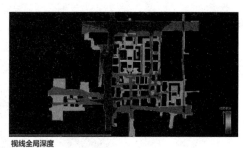

视线全局深度

视线整合度

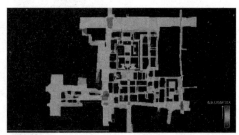

视线控制度

图 3-6　太古里开放空间视线分析

析，建立起视野与数学指标的联系，从而衡量特定空间的可视程度。局限性在于其只分析了平面视线关系，未考虑三维空间的视线关系分析。

在评估阶段，可以通过Isovist平面视线分析方法对现状的潜在可利用的室外空间、建筑灰空间进行统一的视线分析，利用全局视觉整合度VI（Visual Integration）对开放空间可视程度进行描述。利用视线偏移深度IDA（Isovist Drift Angle）指标对空间深度进行描述，数值越大代表到达该区域的困难程度越高。利用视线阻隔系数VCC（Visual Clustering Coefficient）指标对空间停留意愿（根据已有的研究显示，被看到的概率较小，行人停留意愿较强）程度进行描述。

（3）空间形态测度分析技术

基于空间形态测度分析，可以快速总结出开放空间形态尺度的量化结果。在对开放空间进行手动凸空间（每只角都小于180°的多边形，是抽象概括开放空间的一类重要几何对象）划分后，利用Grasshopper与Python2.7开发平台可以对开放空间凸空间对象进行自动形态测度分析（图3-7），并进行可视化的数据展示。但是考虑到空间分析的精度要求，在空间范围、尺度等几何定义方面需要结合具体的分析制定相应的标准。

采用空间面积、边长最小尺度、长宽比、角度、紧凑度等关键指标对开放空间凸空间对象进行描述。空间的面积、最小尺度可以反映该开放空间的基本尺度水平、是否能够满足基本的公共活动；长宽比指标可以反映空间是属于通过性的空间还是易停留的空间；而角度指标主要反映空间长边的主要走向，总结出该区域的分布走向特征；紧凑度指标反映开放空间单元面积与相同周长圆面积的比值，紧凑度越高空间的可用效率越

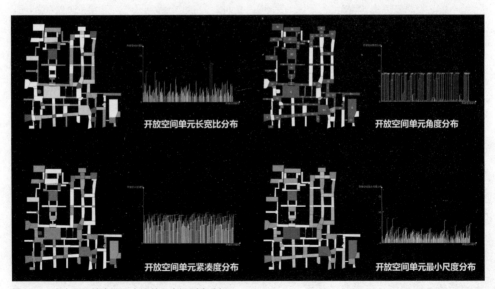

图3-7 太古里开放空间凸空间单元空间测度分析

高，一般以0.4～0.65为中高程度，不小于0.65为较高程度。

在评估阶段，分析各类开放空间面积、边长最小尺度、紧凑度等指标是否满足其活动的基本尺度要求。在公园设计规范、城市居住区规划设计标准、部分城市微绿地设计及建设标准指导意见中，对单个公园绿地的空间形态有较统一的标准，即面积宜在0.2hm²以上，边长最小尺度需要满足最小绿地宽度及人的通行尺度，长宽比以不超过3：1为宜；街道人行空间尺度最小宽度宜在3m以上，满足人的通行与临时停留需求；单个城市广场与活力空间宜在0.5hm²以上，应满足社区公共活动、街头展演、停留休憩等活动的需求，尽量保证较高的紧凑度，长宽比不超过3：1。以上标准可作为城市更新中开放空间适宜形态的参考。

（4）开放空间可达性与活力相关技术对比分析

通过以上分析，不同类型开放空间的可达性以及视线深度标准不同，因此需要利用两种方法的不同指标对各个开放空间进行评估（表3-3）。

开放空间可达性与活力相关技术对比分析 表3-3

开放空间 类型 关键技术	独立占地的公共空间 （法定公共空间）			非独立占地开放空间 （潜在开放空间）		
	公园绿地	街道空间	城市广场	绿地空间	廊道空间	活力空间
空间句法线段模型分析法	穿行度 R400m指标数值前30%区域		穿行度 R400m指标数值前20%区域	穿行度 R400m指标数值前30%		穿行度 R400m指标数值前20%区域
Isovist视线分析方法	空间整合度VI局部平均值大于全局平均值	—	空间整合度VI局部平均值大于全局平均值	空间整合度VI局部平均值大于全局平均值	—	空间整合度VI局部平均值大于全局平均值
空间形态测度分析方法	面积：≥0.2hm²	—	面积：≥0.2hm²	面积：≥0.2hm²	—	面积：≥0.1hm²
	最小尺度：满足绿地与人通行尺度	最小尺度：3m	最小尺度：满足公共活动尺度	最小尺度：满足绿地与人通行尺度	最小尺度：3m	最小尺度：满足公共活动尺度
	紧凑度：建议中高程度（0.4~0.65）	—	紧凑度：建议较高程度（≥0.65）	紧凑度：建议中高程度（0.4~0.65）	—	紧凑度：建议较高程度（≥0.65）
	长宽比：≤3：1	—	长宽比：≤3：1	长宽比：≤3：1	—	长宽比：≤3：1

空间句法线段模型对开放空间的相互关系结构具有较好的描述能力，开放空间的可达性数值上均需要达到较高的水平。

视线分析方法指标对象是精细化的栅格点，可评估各开放空间是否具有较好的视线可达性以及视线层次，形成开放空间栅格点数据结果。比如公园绿地除了需要满足空间结构和视线的高可达性以外，还需要形成视线深度相对较深的区域为行人停留提供具有安全感的空间。因此，在绿地、广场以及活力空间对视线的阻挡以及深度有指标的需求。

为了统一研究对象的标准，方便进一步地统计分析，采用凸空间元素对开放空间单元进行描述，每一个凸空间代表一个开放空间单元。需要将线段数据结果和栅格点的数据结果赋值到开放空间单元对象，最终形成量化分析结果。

2）开放空间布局与功能评估的相关技术

（1）基于grasshopper平台的开放空间布局评估的技术

通过量化开放空间对经济价值标准的影响，辅助设计师在不同开放空间方案对比快速做出决策。该工具能实时比较并调整方案，通过多个主要维度与建筑评分标准建立量化关系，其中影响较大的两个关键指标为：开放空间距离分析，基于最短路径算法（shortest walk），寻找方案中每个建筑与开放空间结点之间基于路网结构的最短距离（图3-8）；Isovist 3D三维视线分析（图3-9）对三维空间下开放空间进行视线可视程度评估，相关指标能够反应开放空间是否能被建筑内的使用者看到。

在评估分析阶段，可以查看开放空间位置及面积（图3-10）；一键生成现状开放空间300m覆盖范围（步行5分钟）指标，以及建筑与开放空间的距离指标，辅助设计师快速得出现状开放空间的优劣势判断。

在设计阶段，能够辅助设计决策，可以有多种方式：一种是将单块开放空间的位置进行多方案对比（图3-11），如图中两方案，同样大小开放空间，布置位置居中整体价值相较于位置较偏有所提升；另一种是将同样面积的开放空间进行集中式

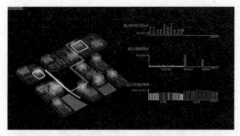

图 3-8　最短距离影响分析

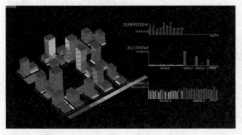

图 3-9　三维视线影响

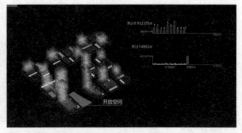

图 3-10　开放空间位置及面积分布

或分散式布置并进行对比（图3-12），如图中两方案，两块开放空间分别进行集中，分散布置整体价值相较于集中布置有所提升。以上方法可以辅助设计师提出兼具经济与公共利益的合理方案。

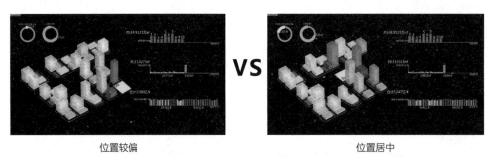

位置较偏　　　　　　　　　　　　　　位置居中

图 3-11　单块开放空间的不同位置方案对比

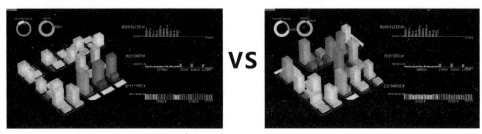

图 3-12　三块开放空间集中与分散式布置方案对比

（2）基于使用后评价法的开放空间服务设施满意度研究技术

使用后评价法（POE）是一种对建成并已使用一段时间的设施整体使用状况进行主观和客观性评价的技术方法（图3-13）[7]。从空间使用者的角度出发，通过行为观察、访谈记录、问卷调查等方式，对现状服务设施的使用状况进行评估，为未来进一步提

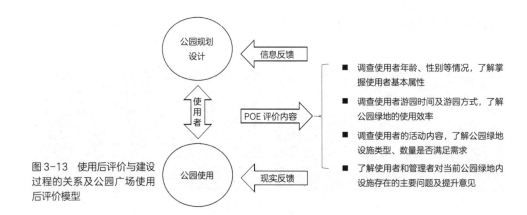

图 3-13　使用后评价与建设过程的关系及公园广场使用后评价模型

升、改善提供重要依据。使用后评价法侧重对使用者主观感受的评价，但受调查样本数量、时间、方法的影响较大，依赖大量的重复劳动调查工作。

开放空间中的服务设施可分为休闲游憩设施、游戏康体设施、园务管理设施、商业服务设施、科普教育设施五大类（参考《公园设计规范》《城市绿地分类标准》《上海市园林绿化分类分级标准》的分类方式），在评估分析阶段分别从功能层面，如服务设施的配置、景观品质、使用效率、建筑样式、体量规模、与城市周边环境的协调性等；及从使用层面，包括设施的服务性、标志性、引导性、吸引力等方面进行评价（表3-4），同时进行针对各类开放空间需求特性和各类服务设施的功能特性的调研观察和问卷设计，分析总结出设施使用状况及存在问题，为后续更新提出更有针对性的设计原则及对策，引导开放空间的更新改造。

开放空间内部服务设施分类　　　　表3-4

服务设施	休闲游憩设施					游戏康体设施					园务管理设施											商业服务设施			科普教育设施			
设施项目	亭台廊架	休息椅凳	活动广场	棋牌室	景观小品	运动场地	儿童游园	康体健身设施	慢行步道	亲水设施	游客中心	管理用房	防灾设施	垃圾站	停车场	自行车停存处	信息服务站	垃圾箱	标识牌	照明装置	饮水站	小卖店	茶吧、咖啡厅	餐厅	咨询所	自然体验中心	展览室	阅览室

对不同类型开放空间的问卷设计在权重赋值时会各有侧重，如对于公园绿地，应更关注对休闲游憩、景观小品、游戏康体、环境卫生、科普教育等设施的评价；对于城市广场更关注对商业服务、休闲娱乐、休憩座椅、停车等设施的评价；而街道空间则侧重于对导向标识、环境卫生、照明、慢行步道等设施的评价。

（3）布局与功能评估相关技术对比分析

以上三种方法的适用条件与特点各有不同：GIS网络分析法适用于较大范围、宏观尺度下的开放空间布局均好性评价，能准确反映城市范围内现状开放空间服务覆盖率情况，筛选出布局不均衡的区域，为在规划阶段新增开放空间选址提供大致的范围；而指标统计法是在较小尺度范围内对开放空间供给数量及布局合理性的分析，结合需求性评价能为未来规划设计阶段提供新增开放空间总体规模及具体点位参考；使用后评价是一种关注开放空间使用者需求感知、主观体验和客观空间性能的评价方法，基于广泛的观察调研、访谈问卷来量化反映人群对现状服务设施使用的满意程度，适用范围广，评价结果具有较强的针对性和参考价值（表3-5）。

	布局与功能——服务设施					
关键技术	独立占地的公共空间（法定公共空间）			非独立占地开放空间（潜在开放空间）		
	公园绿地	街道空间	城市广场	绿地空间	廊道空间	活力空间
基于grasshopper平台的分析技术	300m覆盖范围指标建筑与开放空间距离指标		300m覆盖范围指标建筑与开放空间距离指标	300m覆盖范围指标建筑与开放空间距离指标		300m覆盖范围指标建筑与开放空间距离指标
使用后评价法（POE）主观打分	休闲游憩 ★★★	标识牌 ★★★	商业服务 ★★★	休闲游憩 ★★★	标识牌 ★★★	商业服务 ★★★
	游戏康体 ★★★	照明装置 ★★★	休闲游憩 ★★★	游戏康体 ★★★	照明装置 ★★★	休闲游憩 ★★★
	环境卫生 ★★★	环境卫生 ★★★	游戏康体 ★★★	环境卫生 ★★★	环境卫生 ★★★	游戏康体 ★★★
	科普教育 ★★★	慢行步道 ★★★	停车设施 ★★★	科普教育 ★★★	慢行步道 ★★★	停车设施 ★★★

3）开放空间景观绿色生态评估的相关技术

（1）层次分析法

层次分析法（AHP）是一种定性与定量分析结合的方法，将复杂问题分解为若干个层次，通过分析、比较、量化、排序，形成一个多层次的分析结构模型[8]。在评估分析阶段，首先选择景观的生态功能、美学功能及服务功能三项作为准则层，每项再细分为若干个评价指标来构建景观评价体系（图3-14），通过相关专业人士的打分得到各指标权重赋值排序（表3-6），再采用问卷调查的方式进行综合评分得到开放空间绿色生态景观评估结果。

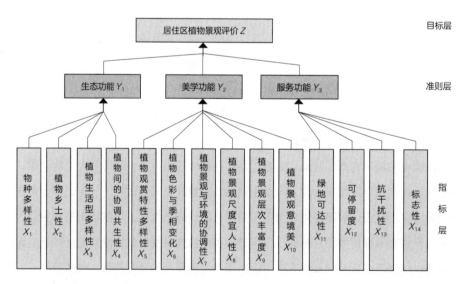

图 3-14　景观评价体系层次划分图

目标层	目标层权重	准则层	准则层权重	指标层	指标层单排序权重	指标层总排序权重
居住区植物景观评价（Z）	1	生态功能（Y_1）	0.5396	物种多样性（X_1）	0.1445	0.0780
				植物乡土性（X_2）	0.0834	0.0450
				植物生活型多样性（X_3）	0.3198	0.1726
				植物间的协调共生性（X_4）	0.4523	0.2441
		美学功能（Y_2）	0.2970	植物观赏特性多样性（X_5）	0.2982	0.0886
				植物色彩与季相变化（X_6）	0.4020	0.1194
				植物景观与环境的协调性（X_7）	0.0695	0.0206
				植物景观尺度宜人性（X_8）	0.1263	0.0375
				植物景观层次丰富度（X_9）	0.0462	0.0137
				植物景观意境美（X_{10}）	0.0579	0.0172
		服务功能（Y_3）	0.1634	绿地可达性（X_{11}）	0.1260	0.0206
				可停留度（X_{12}）	0.5108	0.0835
				抗干扰性（X_{13}）	0.2789	0.0456
				标志性（X_{14}）	0.0843	0.0138

（2）基于计算流体力学分析的空间绿植布局研究技术

计算流体动力学（CFD, Computational Fluid Dynamics）是一种通过计算机计算模拟流体运动状况的方法[9]。可运用于绿植布局方案的对比评估，通过模拟不同植物种类及空间配置模式对风环境、热环境、人体舒适度的影响，以对比实验的方式找到改善风热环境、气体流速的植物配置优化方案。该方法局限在仅体现绿植与风环境影响这一间接指标，无法对绿植影响的各项指标进行因果成因分析。

绿植是改善风、热环境的重要因素，风与绿植的摩擦能降低风速，改善区域微气候，同时绿植的遮阳作用能降低热能、改善人体热感觉。因此，可将风速、温度以及热舒适指数（PMV）作为评估开放空间风热环境改善的重要指标，风速和温度的降幅越大、PMV值越低说明改善效果越好。一般来说，风热环境的改善中，绿植列植优于对植、优于孤植，且落叶乔木或落叶乔木搭配常绿灌木效果最佳（图3-15）。而城市中的街道空间由于其自身线状的几何形态和周边建筑布局的原因，绿植的布置模式会引起街道内部的气流变化，因此可利用绿植影响气流变化强弱，即把绿植对气流起阻碍还是促进作用作为改善街道风环境的重要指标，通常不均匀种能有效改善气体流速，均匀种植则起阻碍作用，且间距越小阻碍越大（图3-16）。

该方法可同时运用于评估分析及规划设计阶段，利用相关软件对开放空间中的构筑物、地形、建筑以及植物等空间要素进行建模，再设定相关的CFD软件参数，对不同绿植空间配置模式，如孤植、对植、列植、均匀种植、不均匀种植；及不同绿植种类搭配，如常绿乔木、落叶乔木、常绿灌木、落叶灌木等进行模拟实验（图3-17），

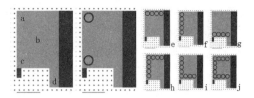
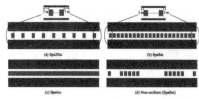

图 3-15　孤植、对植、列植模式位置示意图　　　　图 3-16　街道绿植均匀种植、不均匀示意图

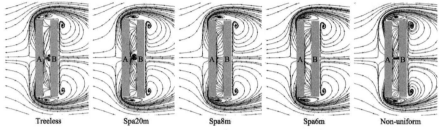

图 3-17　不同绿植空间配置模式下的气体流速变化图

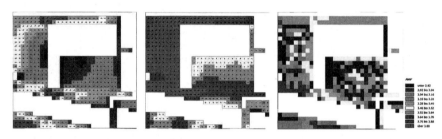

图 3-18　风速、空气温度、热舒适指数 PMV 模拟分析图

参考风速、空气温度、热舒适指数、气流变化强弱等指标对现状园林植物配置及可优化方案进行评估，从中选出最合理的优化方案。

不同类型的开放空间对风热环境改善的关注点不同，相关指标也略有差异，公园更关注风速、空气温度、PMV等指标，街道空间则更关注风速、气流变化强弱等指标，广场更关注风速、空气温度、热舒适指数（图3-18）。

（3）开放空间绿色生态评估的相关技术对比分析

开放空间绿色生态评估的相关技术对比分析　　　　表3-7

关键技术	绿色生态					
	独立占地的城市公共空间（法定公共空间）			非独立占地开放空间（潜在开放空间）		
	公园绿地	街道空间	城市广场	绿地空间	廊道空间	活力空间
AHP层次分析法	综合评分≥7.5分（10分制）的开放空间景观质量较好	综合评分≥6.5分（10分制）的开放空间景观质量较好	综合评分≥7分（10分制）的开放空间景观质量较好	综合评分≥7.5分（10分制）的开放空间景观质量较好	综合评分≥6.5分（10分制）的开放空间景观质量较好	综合评分≥7分（10分制）的开放空间景观质量较好

关键技术	绿色生态					
	独立占地的城市公共空间 （法定公共空间）			非独立占地开放空间 （潜在开放空间）		
	公园绿地	街道空间	城市广场	绿地空间	廊道空间	活力空间
基于CFD 的绿植布 局法	风速 ★★★	风速 ★★★	风速 ★★★	风速 ★★★	风速 ★★★	风速 ★★★
	空气温度 ★★★	空气温度 ★★	空气温度 ★★★	空气温度 ★★★	空气温度 ★★	空气温度 ★★★
	PMV★★★	PMV★★	PMV★★★	PMV★★★	PMV★★	PMV★★★
	气流变化强弱 ★★	气流变化强弱 ★★★	气流变化强弱 ★	气流变化强弱 ★★	气流变化强弱 ★★★	气流变化强弱 ★

AHP层次分析法通过构建评价模型，综合考虑植物生态功能、美学功能及服务功能，构建多级指标体系，将复杂问题转化为有序的递阶层次结构，将主观判断以量化的指标予以体现，形成对植物景观较为公平、准确的评价；CFD法是基于一种数值模拟技术，运用CFD模拟方法建立数学物理模型，通过观测—实验—数据计算的方式进行评估、验证，利用计算机软件模拟不同绿植类型及空间配置对开放空间内部风环境、热环境及对环境的改善效果等方面的影响，以多场景对比实验，为生态景观规划设计提供更为科学的依据（表3-7）。

4）开放空间公共安全与应急避灾相关技术

（1）应急避难场所服务能力评价及划分

应急避难场所服务能力评价可参考宋英华[10]等人对城市应急避难场所服务能力进行指标体系构建。该指标体系围绕安全性、可达性、救援均衡性和选择性展开，评价能力越高的避难场所，容灾和避难能力越强，服务范围越大。评价体系包括4个一级指标，16个二级指标（表3-8）。利用灰色综合关联度分析，对指标数据之间的曲线几何形状相似程度进行量化分析，准确刻画出每个避难场所之间关联程度的大小，进而通过关联度模型计算避难场所服务能力的综合分值。

应急避难场所服务能力评价指标含义　　　　表3-8

指标	含义
连接度 F_{11}	表示某个拓扑线邻接的其他拓扑线的数量
深度值 F_{12}	在拓扑网络中一个节点到达其他所有节点所需的最小拓扑步数
集成度 F_{13}	拓扑网络中某个空间与其他空间集聚或离散的程度
路网密度 F_{14}	建成区内道路长度与建成区面积的比值，反映了路网的疏密程度
与医院最近距离 F_{21}	表示避难场所与周围医院的最近距离，距离医疗机构越近，就能越快开展医疗救援
周围医院的数量 F_{22}	表示避难场所周围医院的数量，数量越多，救援效率越快
与消防队最近距离 F_{23}	表示避难场所与周围消防队的最近距离，距离消防队越近，就能快速扑灭火灾及进行人员救援

指标	含义
周围消防队的数量 F_{24}	表示避难场所周围消防队的数量，数量越多，越能快速灭火和救援
与公安局最近距离 F_{25}	表示避难场所与周围公安局的最近距离，距离公安局越近，就能及时稳定现场秩序，避免踩踏事故
周围公安局数量 F_{26}	表示避难场所周围公安局的数量，数量越多，越能快速控制现场秩序，增加疏散效率
人口密度 F_{27}	表示一个空间内人员的数量和稠密程度，密度越大，发生踩踏事故的可能性越大
避难场所面积 F_{31}	表示避难场所的空间大小，在转移疏散距离相同的情况下，居民更趋向于前往空间较大的避难场所，空间越大，吸引度越高
避难场所等级 F_{32}	避难场所的等级越高，配备的救灾物资和设施越多，拥有更可靠的适宜性，居民也就更愿意前往这样的避难场所
地势 F_{41}	如果应急避难场所位于地势较低处，则可能导致避难场所内积水，进而使避难场所的安全性与有效性降低
与地震断裂带间的距离 F_{42}	应急避难场所应该避开地震断裂带，防止灾害发生时波及应急避难场所，进而导致避难场所的功能失效
与重大危险源间的距离 F_{43}	为尽量减小灾后次生灾害影响，场所应远离重大危险源，距离越远则场所可能受到的影响就越小，安全性越高

（2）基于泰森多边形图法的服务范围划分

在对应急避难场所进行综合评价的基础上，选用综合评价分数作为加权Voronoi图的权重值，结合ArcGIS的Voronoi工具，对每个避难场所的服务范围进行划分[10]（图3-19），综合评价权重的引入使划分结果更为科学。泰森多边形分析方法更多侧重公共产品宏观布局的分析，图形对实际地理空间没有准确的几何对应关系，在精度上很难避免有较大的误差。

（3）开放空间公共安全与应急避灾相关技术对比分析

根据泰森多边形服务范围内的人群数量确定开放空间的应急服务能力是否超过上限，绘制临时应急避难场所的服务压力栅格分布图，可以呈现不同应急避难场所的服务

（a）普通Voronoi下的服务范围划分　　（b）加权Voronoi下的服务范围划分

图3-19　泰森多边形的服务范围划分

压力大小。在服务压力较大的区域需要增设新的应急避难设施，或者增加临时应急避难场所的服务能力与等级（表3-9）。

开放空间公共安全与应急避灾相关技术对比分析表　　表3-9

开放空间类型 / 关键技术	布局与功能——服务设施					
	独立占地的公共空间（法定公共空间）			非独立占地开放空间（潜在开放空间）		
	公园绿地	街道空间	城市广场	绿地空间	廊道空间	活力空间
应急避难场所服务能力评价及划分	安全性、可达性、救援均衡性和选择性					
泰森多边形的服务范围划分	基于应急场所的服务能力、分布、数量确定服务范围					

3.3.4 从潜力开放空间筛选到开放空间品质提升的规划设计关键技术

开放空间的规划设计含潜力开放空间筛选技术与开放空间品质提升两大关键技术（图3-20），前者用以弥补现有开放空间的缺失，后者旨在满足开放空间的品质需求。

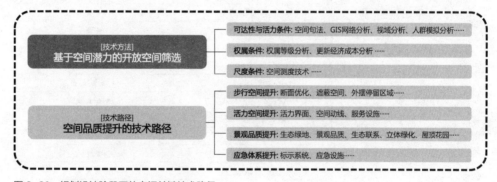

图 3-20　规划设计阶段开放空间关键技术路径

3.3.4.1 潜力开放空间筛选技术方法

1）明确潜力空间筛选标准

从可达性条件、权属条件和尺度条件三个方面对更新范围内的所有潜力空间进行筛选。

（1）可达性条件

基于可达性和活力条件分析，采用空间句法或GIS网络分析技术，以选择度较高、连接度较好为标准选出可达性较好的区域，再叠加人群模拟技术，筛出穿行度R400m占比前30%，视觉整合度VI占比前50%的面积占比；视线偏移深度IDA占比前20%；视线阻隔系数VCC占比前20%的较高活力区域，将两者叠加即可得到有条件进行改造提升的城市更新区域。

（2）权属条件

私有权属内开放空间按其所依附的城市建设用地类型可分为R-S类、A-S类以及B-S类（表3-10）。对三类用地内的开放空间权属或场所特性进行分析，汇总得到各类潜力开放空间对公众开放的难易程度，进一步叠加对更新成本等实际情况、置换措施的综合考虑进行筛选。

R-S类指位于居住区内部或居住区附近的开放空间，可利用街景图片分析或实地调研等方式筛选出有条件拆除封闭式围墙、可局部打开界面形成与城市更多互动的居住小区。

A-S类指位于学校、党政机关、事业单位等公共管理与公共服务用地内的开放空间，通过其功能性质和场所特性进行筛选。

B-S类指位于商业、商务、娱乐康体用地内的开放空间。

各类潜力开放空间对公众开放的难易程度汇总表 表3-10

类型（权属或场所特性）		难易程度
R-S类	国有单位大院	★★★
	拆迁安置房	★★
	商品房	★★
A-S类	省属产权党政机关	★★★★
	市属产权党政机关	★★★
	军产单位	★★★★★
	管理型事业单位	★★★★
	服务型事业单位	★★
	中小学	★★★★
	高等院校	★★
B-S类	国有产权企业	★★★★
	私产企业	★★★
	商业街、综合体等商业设施	★
	娱乐、康体设施	★★

（3）尺度条件

对潜力开放空间的基本尺度要求包括形状、面积尺寸、通道宽度、临街面、长宽比等。参考常影在《香港私人发展公众休憩空间（POSPD）设计导控研究与启示》[11]与2017年颁布的《成都市小游园、微绿地设计及建设标准指导意见》资料中对开放空间的尺度、面积等要求。本书对潜力开放空间的尺度筛选标准（表3-11）为：①开放空间中不小于75%的面积为相对规则的形状；②面积不小于2000m²的绿地或广场；③临街面长度占比不小于开放空间周长的30%；④宽度不小于3m且线型连续的廊道；⑤不大于3：1的长宽比。

潜力开放空间——绿地空间			潜力开放空间——活力空间			潜力开放空间——廊道空间		
图示	尺度条件	大小	不小于2000m²	图示	尺度条件	大小	不小于2000m²	图示	尺度条件	大小	廊道宽度不小于3m
(图)		形状	至少保证75%的面积为相对规则的形状	(图)		形状	至少保证75%的面积为相对规则的形状	(图)		形状	一般为长形,线型连续
范例		临街	临街面长度占比不小于30%	范例		临街	临街面长度占比不小于30%	范例		临街	两端临街
(图)		长宽比	长宽比不超过3∶1	(图)		长宽比	长宽比不超过3∶1	(图)		长宽比	/
		绿化面积	不少于50%			绿化面积	不少于30%			绿化面积	有树荫为佳

2)筛选潜力开放空间

基于上述可达性、尺度、权属三个筛选标准,结合现状开放空间布局均衡性评估结果,在亟须调整布局和新增开放空间的区域内筛选出符合标准的潜力开放空间,作为现存开放空间的补充。

3.3.4.2 开放空间品质提升设计技术路径

（1）公园与绿地品质提升

开放空间中的公园绿地也是城市生态循环中的一环,其为城市风廊、动植物生存提供生态基础。开放空间生态绿化品质的提升包含三项内容:绿地景观要求、遮阳休憩要求、视觉协调性要求。开放空间应满足一定的绿地占比,常绿、落叶乔木相互搭配,树种选择满足植物多样性需求,乡土树种数量占城市绿化树种使用数量的85%以上;并为休憩人群提供局部集中的遮蔽空间,并配置一定数量的休憩景观家具,应按游人容量的30%设置;植物配种满足与周边空间的视觉协调,可设置特色公共艺术品。

（2）步行空间品质提升

步行空间品质提升聚焦在步行空间断面的合理布置、街道立面的通透性与节奏感,以及街道设施的有效布置三个方面。在进行街道步行空间断面优化设计时,应考虑行人短暂休憩空间区域、快速通行区域、建筑功能外延区域。街道立面宜有一定的通透性与空间变化,在局部形成行人可逗留的空间,并且保证对原有通行人流不产生干扰。功能需要时可在建筑临通道处设置互动区域以供建筑内功能活动的外延,常以商业外摆、构筑物灰空间的形式出现，以此增加街道空间的活力。增加完善休憩、卫生、无障碍、照明、标识等街道设施。

（3）城市广场与活力空间品质提升

活力空间包含现有独立占地的城市广场以及非独立占地的开放活力空间。参考辛萍[12]基于PSPL的北京历史街区公共空间品质评估体系构建研究，本书关注四类城市广场与活力空间品质的因素：空间布局、空间界面、绿化搭配、配套设施。

空间布局直接影响开放空间的动线、视线关系。在具体的措施上，建议使用空间句法线段及视域模型、人流线模拟分析等计算机辅助手段对空间进行多次验证分析，保证活力空间的动线分区联系紧密但不会造成强烈干扰，满足视线的高可达性并且具有不同的视线层次感。

空间界面主要指围绕且塑造活力空间的边界，主要由广场的建筑立面、绿地边界等构成。空间界面与活力空间直接连接，其通透性、层次感直接影响了活力空间活动的延伸和互动。一个好的活力空间界面，不仅能够延续该空间的多样活动，其自身也应成为活动的场所。

绿化搭配需要考虑在广场等公共空间中配置一定量的绿植，起到休憩遮蔽、视觉协调的作用，增加开放空间的易用性。

配套设施包含休憩设施、服务设施、无障碍设施以及交通设施，决定了空间的服务品质与丰富程度。休憩设施应按照该活力空间服务范围内的人口数量进行配置，座椅等停留服务设施应按使用人数的20%进行配置，其中使用人数按服务人数的20%计算。

（4）应急避难服务能力提升

在城市老旧城区中，应急避难场所应充分利用现状和有潜力的开放空间作为临时应急避难场所，由于场地限制，应加强平灾结合的空间使用。避难型场所面积应满足人均最低不能少于1m²的基本标准，以够保证每人都能有其基本的休息空间。对选定设置防灾场所，应配置基本的防灾设施，主要包括水设施、应急厕所、照明、信息、指挥中心、卫生防疫设施、应急医务设施、储备仓库等。

3.4 城市风貌传承与协调关键技术

城市更新中的风貌形态研究与规划，注重城市人文的传承与空间环境的整体和谐，是在"文脉延续"和"风貌和谐"的价值导向下展开的。本章节中研究的风貌传承与协

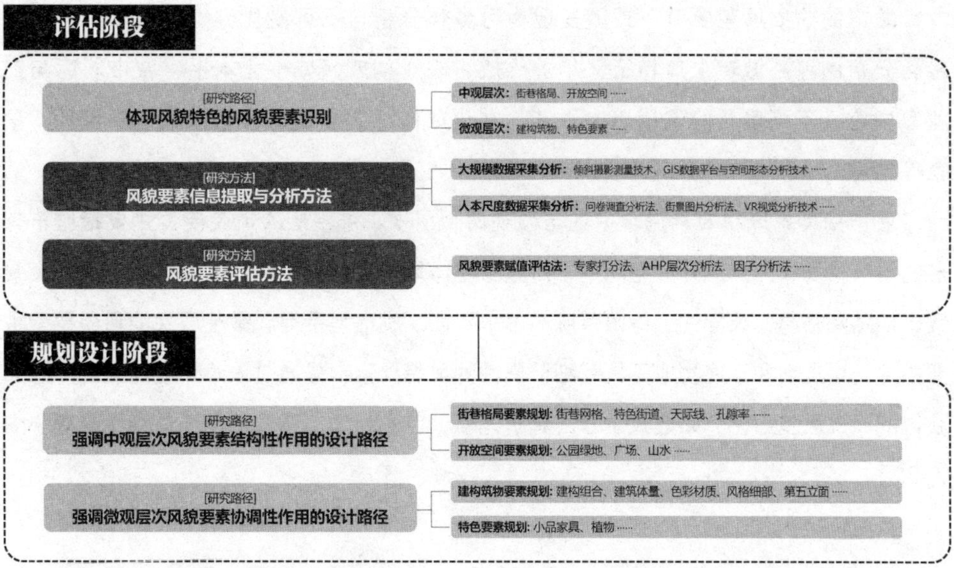

图 3-21　城市风貌传承与协调关键技术研究框架

调关键技术，主要集中于评估与规划设计两个阶段展开（图3-21）。

（1）评估阶段路径内容包括：

①体现风貌特色的风貌要素识别；

②风貌要素信息提取与分析方法；

③风貌要素评估方法。

（2）规划设计阶段路径内容包括：

①中观层次：强调街巷格局等结构性要素的规划设计路径；

②微观层次：强调建构筑物等表现性要素的规划设计路径。

3.4.1 风貌要素的识别、提取与评估

3.4.1.1 路径：体现城市风貌特色的要素识别

城市建成区因各自的历史成因、经济发展、建造条件等差异，呈现出不同的城市风貌特色。而城市风貌是一种整体印象和感知，通常附着在具体的风貌要素上呈现。

城市风貌要素是抽象要素与具象要素的有机统一。非物质的抽象要素受城市内在文化系统中的文化、政治、经济、精神等成因的影响，同时进一步决定了外显为物质的、易于识别的具象要素。

城市的抽象风貌要素，具体呈现为可量化分析与不可量化分析的两类内容。可量化分析的包括城市人口特征、年龄构成、职业构成、城市化水平、城市职能与产业等内容，不可量化的包括历史沿革、文化风俗、宗教信仰、艺术风格、审美、语言等内容。

城市的具象风貌要素包含中观与微观两个层次。中观层次风貌要素主要指城市有形的街巷格局和无形的开放空间中，对城市整体风貌形象和空间体验发挥影响的各类要素，如路网格局、天际线、绿地系统、山水界面、廊道地带等。微观层次的风貌要素主要指建、构筑物和环境构成等具有细节属性的风貌要素，是通过人对环境建筑细节感知获得的城市风貌特色，如建筑组合、建筑体量、色彩材质、建筑细部、景观小品等（图3-22）。

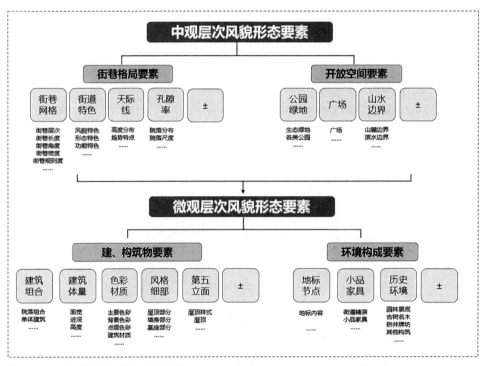

图 3-22　中观、微观层次的具象风貌要素

对以上各级各类要素的识别，是城市更新中风貌评估阶段的首要工作。但城市风貌形态的构成机制复杂，组合运用多种方法更有助于针对抽象要素和具象要素进行全面识别。

（1）抽象风貌要素体系的识别方法

①文献研究法。通过城市史志、人文历史、文学作品等相关文献阅读与资料研究，明确城市风貌特色形成的内在机制与原因，梳理其发展过程与规律。

②问卷调研法。通过发放城市风貌问卷、公众代表研讨等方式，借助公众感知判断风貌传承的程度如何，以此为参照定位城市风貌特色要素。

③专家咨询法。在公众调查基础上，依据专家经验可进一步对主导性风貌要素进行判断，从而选取相对系统全面的抽象风貌要素集合。

（2）具象风貌要素体系的识别方法

①层次分类法。对具象风貌要素中的中观层次和微观层次要素进行采集和归类，构建出城市风貌体系。

②二元分析法。对城市空间中的人工要素与自然要素分类识别，辨别人与自然空间的分布特征与风貌规律。

③图底分析法。结合城市图底理论，借助建筑为主的实体空间与其围合的开放空间为主的虚体空间识别，呈现出城市的空间肌理特征。

④类型推演法。借助城市形态的推演，推导形态母题的形式与基本要素，从而判断风貌与形态的发展规律（图3-23）。

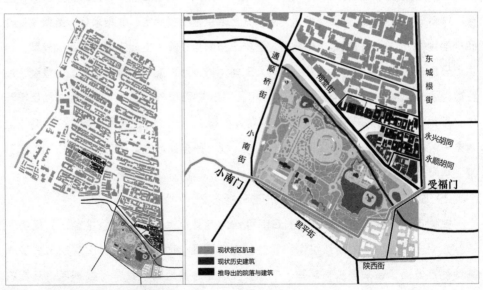

图3-23　《祠堂街历史街区保护规划》
（左：少城街区整体，右：祠堂街段落）
以祠堂街所在的少城街区为形态母题，推导出祠堂街已消失的街巷段落片段形态。

在城市风貌体系的构建和要素识别过程中，抽象要素虽难以进行数据化采集分析，但对风貌体系有方向性引导作用，或可作为特色提取的辅助判断依据，最终以具象要素为主构建特色风貌要素体系。

3.4.1.2 风貌要素信息提取与分析方法

通过上一步工作，确定特定片区风貌形态的承载要素后，需进一步分析并提取要素的量化信息。针对中观层次的风貌要素，如街巷格局、天际线等，一般尺度较大、数据量较大，受到人力的限制，可结合数字技术进行采集及分析，常采用倾斜摄影测量法（大规模空间数据采样）和GIS数据平台与空间形态分析法（数据统计与量化分析）两种方法。

针对微观层次的风貌要素，如风格细部、色彩材质等，所呈现的尺度更微观，主要是通过人的直观感知形成的，可运用人本视角的城市场景分析方法。有以城市意象理论为基础的传统问卷调查分析法，重点调查人群对城市空间的认知，直接获取公众意象。而以机器学习、虚拟现实、眼动追踪等为代表的新技术的成熟，也为人本视角的城市空间场所分析提供了新的路径，有以下三种方法：

基于空间感知的问卷调查分析法（传统分析）；基于机器学习的街景图片分析法（对方法三的校对）；基于VR的眼动追踪分析法（视觉感知采样）。

1）方法一：倾斜摄影测量法（大规模空间数据采样）

无人机摄影测量法可实现大范围、多数据、高效率的地理空间数据采集以及数据建模。倾斜摄影测量的实景模型构建方法，其步骤包括相机标定、数据采集、影像预处理和模型建构[13]。其中，模型建构是通过空中三角测量计算，生成三维密集点云模型，再由点云构成三维白模型，而每个面划分为三角网格进而形成高精度的数字表面模型，最终通过纹理映射生成包含全要素的三维模型。在遂宁百福苑片区城市更新规划项目实践中，采用了该方法构建整个片区的现状实景模型（图3-24）。通过该方法，可高效地对某一区域范围内的实景三维模型进行重构，能几乎全面地显示该范围内的空间构成要素，从而实现特定风貌要素的提取。

2）方法二：GIS数据平台与空间形态分析法

在城市建成区的更新工作中，GIS可作为海量信息的主要整合平台，其优势之一就是对多来源信息的高效组织和管理。在前期评估阶段，可以分图层的形式输入基地的多方面、多来源资料，基于GIS平台建立起基地的地理信息数据库，从而将基地各方面信息整合在以空间地理坐标为基础的同一个平台上，并实现双向查询和关联。[14]

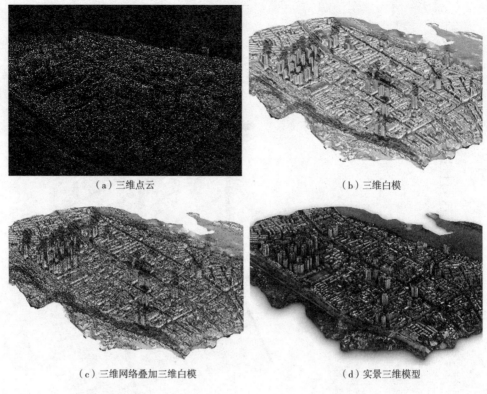

(a) 三维点云   (b) 三维白模

(c) 三维网络叠加三维白模   (d) 实景三维模型

图3-24 三维模型建构过程成果

在数据库建成之后，可根据基地特点和设计目标，运用ArcGIS空间分析方法对中观层次的风貌要素进行专项分析。

（1）单因素分析

①中观层次—街巷格局要素：通过GIS可分析建筑与街巷的图底关系、街巷尺度（图3-25）等。

②中观层次—开放空间要素：在城市的形成及发展的诸多影响因素中，山水作为自然生态环境的重要因素，在第一层次上决定了城市，尤其是山水城市的整体格局发展方向。通过GIS可分析山水边界、地形高程等（图3-26），以此为基础可进一步研究临山、滨水等区域的城市风貌。

③微观层次—建（构）筑物要素：GIS可用于对建（构）筑物的主要属性如建设年代、建筑功能、建筑质量等分析，进而对建筑价值和特色做出评价（图3-27）。

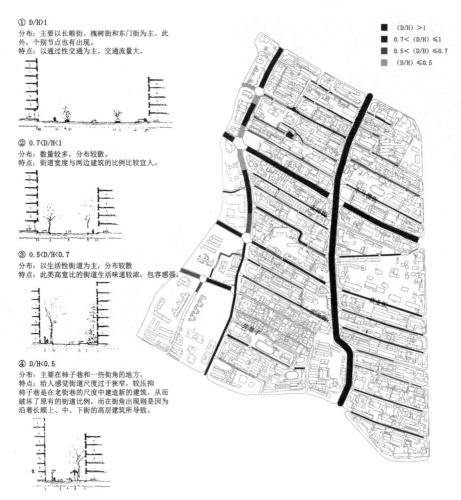

① D/H>1

分布：主要以长顺街、槐树街和东门街为主。此外，个别节点也有出现。

特点：以通过性交通为主，交通流量大。

② 0.7<D/H<1

分布：数量较多，分布较散。

特点：街道宽度与两边建筑的比例比较宜人。

③ 0.5<D/H<0.7

分布：以生活性街道为主，分布较散

特点：此类高宽比的街道生活味道较浓，包容感强

④ D/H<0.5

分布：主要在柿子巷和一些街角的地方，

特点：给人感觉街道尺度过于狭窄，较压抑

柿子巷是在老街巷的尺度中建造新的建筑，从而破坏了原有的街道比例，而在街角出现则是因为沿着长顺上、中、下街的高层建筑所导致。

■ （D/H）>1
■ 0.7< （D/H）≤1
■ 0.5< （D/H）≤0.7
■ （D/H）≤0.5

图 3-25　成都少城历史文化街区的街巷尺度分析

2112 - 2480
1744 - 2112
1376 - 1744
1008 - 1376
640 - 1008

图 3-26　都江堰市区山体高度 GIS 分析

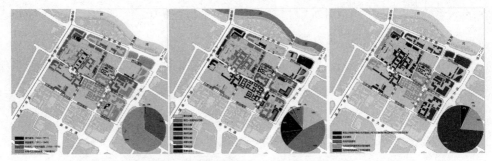

图3-27 成都文殊院历史保护街区的建筑相关分析

图3-28 都江堰城市特色风貌要素叠加斑块

（2）多因素叠加分析

在各专项分析的基础上可利用ArcGIS叠加分析法，即将两个或多个数据层进行叠加从而得到新的数据层。这不仅仅是不同图层矢量图形的简单叠合，也是所有要素属性的融合，本质上是空间意义上的布尔运算。通过该方法，可发掘不同要素空间及属性的关联，深化对更新片区的理解（图3-28）。

3）方法三：基于空间感知的问卷调查分析法

人是城市的使用者也是独特城市风貌的塑造者，而人对城市的感知和认识则是解读城市风貌的主要依托。通过与城市居民交谈、采访及绘制认知地图，可获取公众意象，亦即城市中大多数居民拥有的共同印象。在调研采访中，依据更新对象空间特征来确定所要调查的风貌要素，可以针对具体情况设定不同的调查要素，也可以将凯文·林奇提出的"城市意象五种要素"作为关键要素选取的参考。

采用针对风貌要素进行人群访谈的调查方法，可了解城市公众印象、当地的特色风貌和文化习俗等内容，以及特色风貌要素的辨识度和感知度，为特色风貌要素的提取及后续分析提供依据。

4）方法四：基于机器学习的街景图片分析法

街道是城市风貌的主要载体，是由人行道、绿植、街道家具和建筑等构成的风貌要素集群。通过对大量城市街景图片的分析，可提取特色风貌要素的特点和参数，具体有以下两类分析：

（1）对城市街景图片进行语义分割

语义分割是指计算机根据图像的语义来进行分割，对图像中的每一个像素进行分类，是街景图片分析中应用得较广泛的一种分析手法。对城市街景图片进行语义分割可以将街景图像中的人行道、绿植、街道家具和建筑等要素识别并提取，可分析街景中各要素占比。根据陈昱宇[15]的研究，可采用谷歌发布的Deeplab-V3训练模型进行机器学习训练，参考谷歌发布的Cityscapes街景分类训练集，对城市街景图片进行语义分割，并利用百度的人工智能图像分类识别平台，进行街景图片分析。

以图3-29中的某街道景观为例，按照30m的间距爬取所有街道共10332张图片，通过对街景图片中各项内容的语义分割，可计算出每个街景点的绿植占比、建筑占比、天空占比等多项指标。

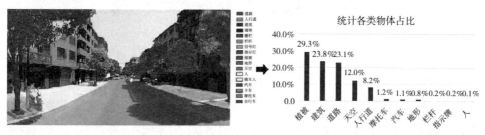

图3-29 采用Deeplab模型进行语义分割的街景图片

（2）对现状建筑进行色彩提取——基于建筑色彩聚类的街景图片分析

提取街景图片中的建筑，将每一张街景图片中的建筑色彩进行K-means[1]色彩聚类

---

1 K-means算法是最常用的聚类算法之一，通过该算法可将具有相似特征的多个样本聚为一类。

分析，并汇总每一张图片中提取出的建筑色彩。对此汇总色彩结果进行二次聚类分析，可得到某一区域现状建筑的主色调（图3-30）。

5）方法五：基于VR的眼动追踪分析方法（视觉感知采样）

传统的热力图分析中使用的眼动数据是二维的（图3-31），无法反映街道空间的三维特征。因此，在构建的VR虚拟现实世界中引入眼动追踪方法，旨在模拟测试人们在现实环境中的认知思维、空间知觉和行为活动。采用该方法，可测量被试者在观看特定风貌要素时的眼睛运动轨迹和注视时间强度，从而通过一定量的实验样本找到某空间内受到最多关注的风貌要素。

在数据采集端，对实验数据进行整理和总结，以三维点云的形式对观察者的空间行为进行可视化分析（图3-32）。其中，红色代表大的视觉焦点，黄色代表中焦点，绿色代表低焦点，灰色代表无焦点。可见，建筑物的檐口、柱廊是被关注最多的要素。

6）小结

综上所述，不同的提取与分析方法可交叉应用于不同的风貌要素提取工作中（表3-12）。

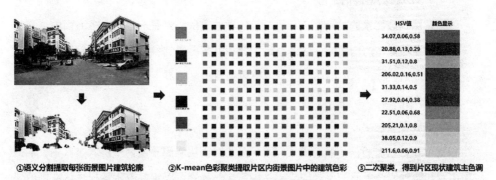

①语义分割提取每张街景图片建筑轮廓　②K-mean色彩聚类提取片区内街景图片中的建筑色彩　③二次聚类，得到片区现状建筑主色调

图 3-30　基于二次 K-mean 色彩聚类的现状建筑色彩提取过程示意图

图 3-31　被试者对空间要素的眼动追踪（注视时间）热力图　　图 3-32　被试者对空间要素的眼动追踪热力图

风貌要素系统		风貌要素	提取与分析的主要方法
中观层次	街巷格局要素	街巷网格	GIS、问卷调查
		特色街道	GIS、问卷调查、街景图片
		天际线	GIS
		孔隙率	GIS
	开放空间要素	公园绿地	倾斜摄影、GIS、街景图片
		公共广场	倾斜摄影、GIS、街景图片
		山水边界	倾斜摄影、GIS、问卷调查、街景图片
微观层次	建、构筑物要素	建筑组合	倾斜摄影、GIS
		建筑体量	倾斜摄影、GIS
		色彩材质	倾斜摄影、问卷调查、街景图片、VR
		风格细部	倾斜摄影、问卷调查、街景图片、VR
		第五立面	倾斜摄影
	环境构成要素	地标节点	问卷调查、街景图片、VR
		小品家具	街景图片、VR
		历史环境	问卷调查、街景图片、VR

3.4.1.3 风貌要素评估方法

城市风貌构成要素的复杂性决定了对其的评估方法必然是一个综合多方面的过程，其核心在于评估体系的构建。评估体系是一套拥有多要素的参数集合，能够相对全面、客观、准确地描述城市风貌的品质[16]。本节采用目前学术界应用得较多的主客观相结合的AHP层次分析法。

（1）风貌要素层次分析

根据AHP层次分析法，风貌要素体系可分为准则层和因子层两个层次。其中，准则层由中观和微观两个层面的要素构成，并且包含一系列可以定性或定量描述该准则的要素，即因子层的各个要素，如街巷格局、特色街道等（表3-13）。

某城市更新区域风貌要素AHP层次分析划分表　　　　　表3-13

准则层	因子层
中观层次风貌形态要素	街巷网格
	特色街道
	……
微观层次风貌形态要素	建筑体量
	色彩材质
	……

（2）建立判断矩阵

邀请专家以问卷或直接咨询的方式对以上要素打分（表3-14）。对结果统计构造出数个判断矩阵（表3-15）。将每个矩阵中的每行多组数据相乘求得平均根植，并进行归一计算，得出分析所需的最大特征根的数据[17]（表3-16）。

因子层专家问卷（AHP法）示意　　　　　　　　　　表3-14

	非常重要 5：1	重要 4：1	比较重要 3：1	稍微重要 2：1	同等重要 1：1	稍微重要 1：2	比较重要 1：3	重要 1：4	非常重要 1：5	
街巷网格 A1										特色街道 A2
										建筑体量 B1
										色彩材质 B2
										……
特色街道 A2										建筑体量 B1
										色彩材质 B2
										……
建筑体量 B1										色彩材质 B2
										……
色彩材质 B2										……

判断矩阵示意　　　　　　　　　　表3-15

	街巷网格A1	特色街道A2	建筑体量B1	色彩材质B2
街巷网格A1	1	3	1：3	1：5
特色街道A2	—	1	1：5	1：5
建筑体量B1	—	—	1	1：3
色彩材质B2	—	—	—	1

因子层评分结果示意　　　　　　　　　　表3-16

	街巷网格A1	特色街道A2	建筑体量B1	色彩材质B2
街巷网格A1	1	2.718	0.874	0.240
特色街道A2	—	1	0.364	0.191
建筑体量B1	—	—	1	0.366
色彩材质B2	—	—	—	1

（3）各要素权重的确定

使用数个要素进行综合评价时，要素权重反映了该要素对评估对象的影响程度。所有要素的权重之和为1，某一要素的权重所占百分比越大，则表明该要素在综合评价中越重要，即对评估对象的影响越大。

用准则层要素除以同级要素最大特征根的数据之和，即可得出该要素影响目标层风貌的百分比。同理，可求得某准则层的各因子层要素的影响占比，再与准则层的百分比相乘可得影响整体风貌的百分比[17]（表3-17）。由该表可知，对某城市建成区的风貌而言，影响最重要的三项要素因子是街巷网格、建筑体量以及色彩材质，这也是规划设计阶段需要重点考量的对象。

因子层因子组合权重示意　　　　　　　　　　表3-17

准则层	权重	因子层	权重	组合权重
中观A	0.638	街巷网格A1	0.613	0.391
		特色街道A2	0.211	0.135
		……	0.176	0.112
微观B	0.362	建筑体量B1	0.581	0.210
		色彩材质B2	0.395	0.143
		……	0.024	0.009

该阶段的主要成果——风貌要素的权重赋值及排序，为下一阶段规划工作中的风貌塑造提供了依据。要素的权重赋值越高，说明该风貌要素特色越明显或可挖掘的潜力越大，在规划阶段需作为重点关注对象；若权重赋值居中，则表明该要素有一定的塑造特色风貌的潜力，但仍需进一步强化；若权重赋值较低，则说明该要素现状特征不明显，不具备作为特色风貌要素的条件，或要素特征消失、被掩盖仍需深度挖掘。

3.4.2 从中观层次到微观层次的风貌特色规划设计传递路径

城市更新区域的风貌形态规划是在原有的城市建设基础上，对老城形象与环境进行有机且循序渐进的形象改善，强调对原有城市肌理、街巷格局、空间环境的延续与对重要建构筑物的保护保留，对有价值的原真风貌的延续，对独特地域风貌的塑造。

为了创造出彰显城市特色的空间环境与风貌意象，城市更新区域的风貌形态规划设计也应遵循以下原则：

①注重城市风貌整体协调的同时体现风貌特色的多样性；

②关注建筑与周边景观、周边非同期建筑的协调性；

③重点以人的风貌感知为基础进行规划设计；

④满足经济性、可行性、可持续性原则。

3.4.2.1 风貌特色规划设计

如前文所述，城市更新区的风貌规划设计是基于前期对风貌要素的识别、分析、评估，并从中观、微观两个层次上开展的。

中观层次的风貌规划设计主要以片区的有机更新为工作对象。针对街巷格局与开放空间中的各类风貌要素，如街巷肌理、天际线形态、绿地系统、山水界面等对片区风貌起着结构性的主导作用的要素进行规划。

微观层次的风貌规划设计主要以片区中的个体更新改造为工作对象。针对建（构）筑物、景观环境中的风貌要素，如建筑体量、色彩材质、小品家具等展现风貌个体的形态特征，又直接影响和反映片区整体形态及周边协调性的要素进行设计。

中观层次对微观层次的风貌要素状态具有主导性，并引导微观层次要素在各项指标中体现上一层次的风貌特色要求，在规划设计过程中也具有时序优先性。

1）中观层次：强调中观层次风貌要素的结构性作用

中观层次的风貌形态规划设计要素，重在探讨建筑群体与城市山水、格局之间的协调关系，其核心要素（如天际线、街区格局等）对于总体风貌形态特征的呈现往往起到结构性作用，而依附于此的微观要素均应对其有所响应，与前者共同塑造出统一整合的城市。

（1）以都江堰总体城市设计为例

都江堰总体城市设计是以55km²的中心城区为研究对象（图3-33），其中城市特色与风貌塑造是总体城市设计的重要内容。都江堰作为一个典型的山水城市，"西北依山、东南环田、一江出川、九水穿城"构成其自然生态底色，也形成了这个山水城市的独特风貌。

项目在前期评估阶段工作中，结合现场踏勘、文献研究、问卷调查，借

图3-33　都江堰城市山水格局

助GIS数字技术录入现有自然山体、河流水系、历史文化及公共服务设施等要素信息，依据其影响力、环境品质等参数建立价值评价体系，并进行多因素叠加分析（图3-8），协助判定得知现状资源相互孤立、离散，缺乏融合及呈现的空间，整体特色不彰。

都江堰整体的城市空间格局，以山、水、城格局为特色。以古城片区的风貌规划为例，作为历史文化名城核心区，首先应对其整体空间格局进行保护。

对于山体，最重要的有两点：第一是远山可观，强化城中处处可见的视觉感受（图3-34）；第二是近山可游，形成山城交界处，亲切而舒适的坡地空间（图3-35）。

对于水系，水与城交织的格局（图3-36），造就了城中处处都有与水对话的空间。都江堰水网形成了"大–中–小"三种类型尺度的滨水空间，也为三种不同的沿水活动提供了条件。小尺度水系可近水、亲水，中尺度水系如墨石河、江安河等可观水并承担部分公共活动，大尺度水系如金马河可游水并承担城市级公共活动，整体可塑造丰富、有趣、宜人的滨水空间，这是激活滨水活力的前提。

对于城市建设区，在古城片区设计范围内呈现的三种肌理，分别反映出清至民国、民国时期及新中国成立后的时代特征，这是时代变迁的印记，设计应当反映每个空间板块不同特征和主题（图3-37）。

评估阶段发掘的本底特色要素汇集的空间结构，运用类型学方法将其归类为边界、

图3-34 古城片区视廊分布图

图3-35 古城和山体相接类型分布图

图 3-36 古城片区水系分布图

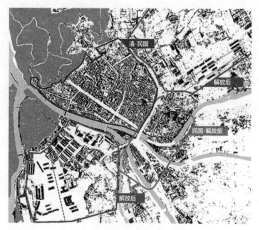

图 3-37 1970 年航拍城市肌理

廊道与斑块三种类型。边界即城山边界与城田边界，廊道即水系廊道与道路廊道，斑块即旧城核心与新城中心，三者共同构成中观层面风貌要素体系，并构成了"一核两翼、三轴六心、五廊串珠"的总体风貌格局，为资源提供呈现空间。微观层面的建（构）筑物与环境等风貌要素均是附着在这一结构上呈现的。

规划设计阶段的风貌规划工作包含两个方面：一是在中观层面上对这一要素体系的强化，例如以城市边界及水系廊道作为连续贯通的生态基础框架，在严格控制生态"三线"的基础上，布局城市公园、绿地、广场等开放空间（图3-38）；二是在微观层面上对附着在这一体系上的界面、节点等载体进行风貌的引导和塑造。

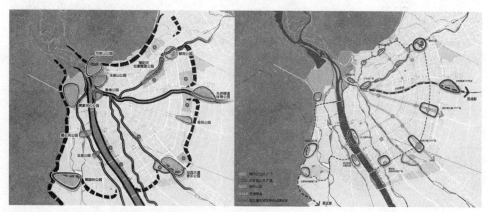

图 3-38 开放空间布局（原有与规划对比）

（2）以都江堰金马河片区专项研究为例

都江堰金马河片区项目，面积约5.28km²，为实现城市建设与山水的协调统一，特开展专项研究，关注的是建设高度与山体轮廓线的关系。

为了让优美的山形轮廓得到足够的呈现，以"显露赵公山双层山体轮廓线"为高度控制原则，包含三个控制要点：①山体层次丰富地段，建筑不遮挡第一层级山体轮廓线（图3-39）；②局部制高点，不突破山体轮廓交叉点（图3-40）；③控制绿廊两侧建筑高度，使建筑掩映在绿树之中（图3-41）。

传统天际线分析仅能表达二维立面上城市总体天际线与山体轮廓线的关系，城市与山体的三维透视关系容易被忽略。为体现城市与山体的多层次关系，通过GIS分析法分析天际线，进行精准高度控制。采用"多点位动态连续分析+重要视点优化修正"的分析方法，模拟沿江连续观察面，在金马河东岸每100m选取一个观测点分析建筑高度，然后将多个视点叠加分析（图3-42），用GIS计算出各个地块的建筑高度（图

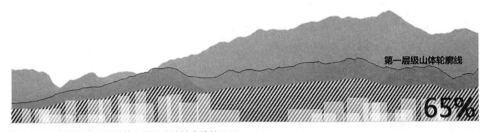

图3-39　建筑高度不超过第一层级山体轮廓线的65%

图3-40　局部制高点不突破山体轮廓交叉点

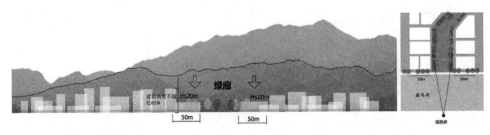

图3-41　控制绿廊两侧建筑高度

3-43）。并选取重要视点进行天际线高度修正（图3-44），最终得到片区高度控制图（图3-45）。

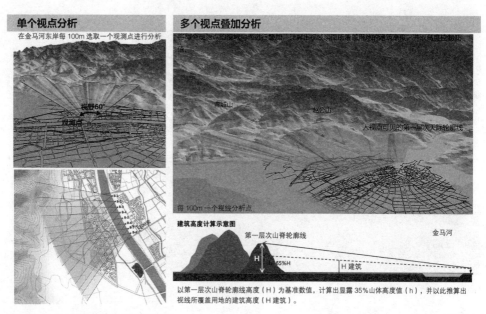

图 3-42　多点位动态连续分析（GIS）

金马河西岸·天际线规划
　　数据分析方法

GIS计算出各个地块的建筑高度

根据所得到的视域扇面，计算出金马河西岸至都汶高速之间用地的建筑高度。

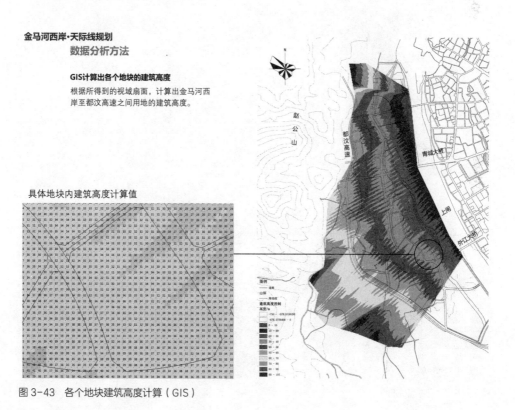

图 3-43　各个地块建筑高度计算（GIS）

图 3-44 重要视点修正天际线

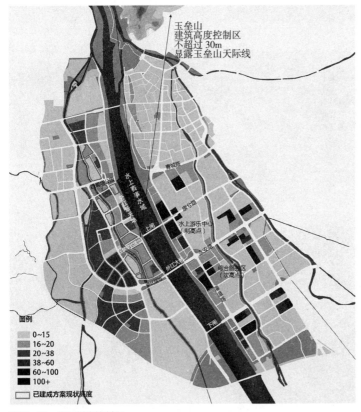

图 3-45 片区高度控制图

（3）以《文殊院历史文化街区保护规划》为例

文殊院历史文化街区位于成都市中心两江环抱区域及历史上的大城范围内，追溯历史格局，街区延续了唐里坊制式，街区内道路多呈丁字形交错，形成丁字里坊的格局。其中，九条主要道路从清代延续至今，形成"九街五庙，丁字里坊"特色空间格局。独特的街区格局决定了街道与建筑的尺度及肌理，也决定了其风貌的独特性（图3-46）。

因此，如何传承并保护文殊院历史街区独有的街区格局是该保护规划的重要议题。具体路径展开如下：

①依据评估阶段的分析结论，明确规划阶段重点关注要素

提取最能展现街区格局风貌特征的要素进行分析与评估，针对街区整体格局提出了具体风貌保护策略。对展现街区格局特征的街、巷、坊空间展开分析（图3-47）。

②空间格局的保护与延续

"九街十庙、丁字里坊"是文殊院街区最重要的特色格局，这一格局虽延续至今，

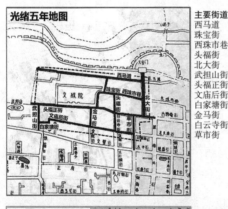

图3-46 文殊院历史格局演变对比

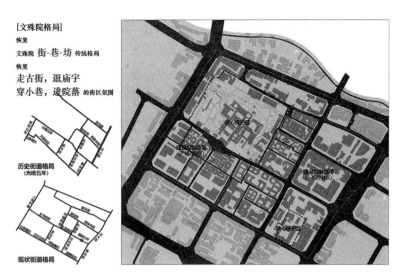

[文殊院格局]

恢复

文殊院 街-巷-坊 传统格局

恢复

走古街，逛庙宇
穿小巷，进院落 的街区氛围

历史街道格局
(光绪五年)

现状街道格局

图 3-47 文殊院街区格局简图

但已面临空间尺度扩大、部分内巷消失等问题，规划提出保护街巷坊格局的三大措施：

措施一，严格保护现有路网结构，通过不拓宽道路红线、严控车行道宽度、建筑退距特殊控制等措施保持原有街道的空间尺度，延续历史街道的空间感受与传统风貌。如对建筑退距的研究中，按照现状建筑与道路退距控制修缮建筑与新建建筑退道路红线距离，以延续传统街道空间尺度及街道空间感受（图3-48）。

措施二，延续街巷肌理，打开并适度织补内巷，恢复纵横相通的街巷格局。如打开现状文殊坊一期酒店板块封闭的步行内巷，在可建设的地块内增设尺度适宜的步行内巷（图3-49）。内巷宽度控制在4～10m，对外开放，以步行、消防为主。

措施三，恢复合院建筑群环抱公共建筑的里坊格局，严格保护由建筑和园林共同构成的公共建筑整体，其周边以严格控制区和一般控制区形成不同的保护分级和保护要求（图3-50）。以保护文殊院正门广场的空间感受以及文殊院街步行感知为目的，划定文殊院院门正对地块进深70m（以金马巷延长线为界），西至文殊院西侧第一个寺庙建筑（距文殊院院门约100m），东至金马街（距文殊院院门约90m）的区域为严格控制区。由三处文殊坊牌坊划定的大众所认知的文殊院周边区域为一般控制区。

③除了街巷格局的保护与延续外，针对街区内新建开发项目可能造成影响的街道空间、街区肌理、建筑院落尺度等中观层面要素进行统计分析，通过基于GIS平台展开的相关数据统计分析，提出具体风貌设计策略。

其一，街道空间涵盖街道尺度、街道景观等要素，是行人对街区风貌直观感受的重要空间载体。

措施【建筑退距】
不改变街道空间感受
建筑退距特殊控制

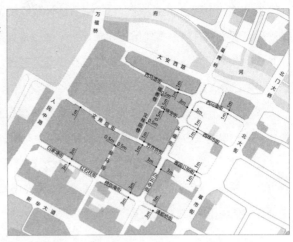

图 3-48　文殊院街区建筑退距研究

措施
延续现有巷道肌理
打开并适度增补内巷

图 3-49　织补内巷，恢复纵横相通的街巷格局

措施【合院建筑群】-建设控制地带
延续合院建筑群肌理
依据对核心保护区的影响划定严格控制区

图 3-50　建设控制地带分区图

以街道尺度要素为例，通过GIS平台统计现状街道空间尺度（寺庙建筑高度）规律来确定紧邻文殊院道路两侧新建建筑高度，通过对街道的视线研究，仅仅控制第一层界面高度，放宽后侧建筑高度仍然会影响街道空间感受。因此除第一层界面建筑高度不大于10m外以外，严格控制后侧区域建筑不大于15m（图3-51）。

其二，对于历史街区周边规划设计，街区肌理是整体格局与空间形态的重要内容，新建、改扩建建筑应延续现状肌理与尺度，与现有肌理相协调。

《文殊院历史文化街区保护规划》对不同历史时期的建筑肌理量化分析（图3-52），并以其为参照，对不同分区的建筑体量进行管控，确保后续新建与改建建筑方案可以进一步延续传统街区肌理与建筑风貌（图3-53）。

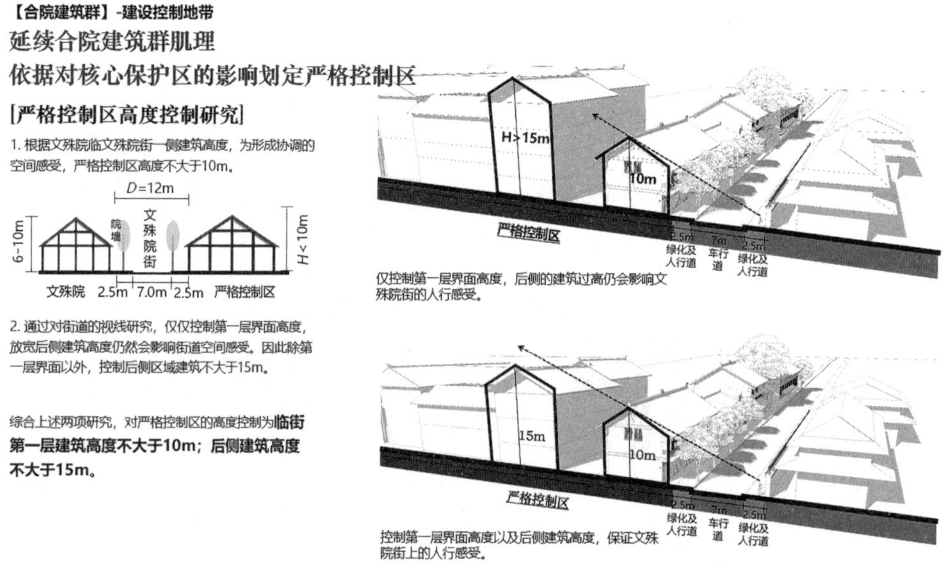

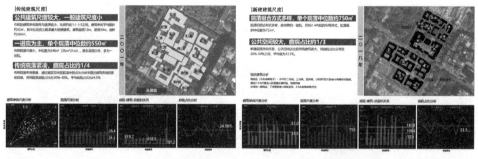

图3-51　紧邻文殊院的严格控制区高度研究

图3-52　2001年拆迁前文殊院片区传统院落肌理分析与2018年文殊坊一期院落肌理分析

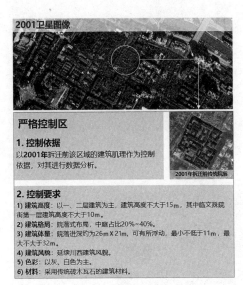

严格控制区

1. 控制依据

以2001年拆迁前该区域的建筑肌理作为控制依据，对其进行数据分析。

2001年拆迁阶段传统院落

2. 控制要求

1) **建筑高度**：以一、二层建筑为主，建筑高度不大于15m，其中临文殊院街第一层建筑高度不大于10m。
2) **建筑格局**：院落式布局，中庭占比20%～40%。
3) **建筑体量**：院落进深约为26m×21m，可有所浮动，最小不低于11m，最大不大于32m。
4) **建筑风貌**：延续川西建筑风貌。
5) **色彩**：以灰、白色为主。
6) **材料**：采用传统砖木瓦石的建筑材料。

一般控制区

1. 控制依据

以2018年文殊坊一期的建筑肌理作为控制依据，对其进行数据分析。

现存历史风貌建筑

2. 控制要求

1) **建筑高度**：高度分三梯级控制，15m片区（临福善巷、珠宝街以及文殊院街南侧片区）；18m片区（临白家塘街、楞伽庵街片区）和24m片区（临大安西路、北大街）。
2) **建筑格局**：院落式布局，中庭占比20%～50%。
3) **建筑体量**：单个院落约755㎡，可上下浮动20%。
4) **建筑风貌**：多层建筑体现川西建筑风貌特色；高层建筑与周围建筑风貌相协调。
5) **色彩**：以灰、白色为主。

图3-53　形态控制分区要求

（4）小结

在上述项目中，总体风貌形态塑造的核心在于开放空间格局的保护与延续。开放空间格局是承载风貌形态的骨架，也是其他要素所呈现的基底。其中，山水边界、天际线等构成开放空间格局的要素是都江堰风貌形态特征的核心要素，而其他中观层面或微观层面的要素，如街道空间、建筑组合等是格局特色的补充与延续，丰富整个城市的风貌形态。

2）微观层次：强调微观层次风貌要素的协调性作用

微观层次的风貌形态规划设计要素，在遵循中观层次要求与原则的前提下，聚焦于建（构）筑物与景观环境的构成要素，如建筑物的体量、色彩、材质、风格，景观环境的空间尺度、材质、风格、家具小品、植物配置，等等。

以《安仁镇历史建筑历史文化街区保护与利用规划》为例。

安仁镇位于成都平原西部，距大邑县城8km的安仁镇是中国历史文化名镇，也是住建部首批国家特色小镇。这里汇集了保存完整的27座民国公馆，丰富的民间收藏园，以及独具川西特色的林盘与田园。安仁的独特之处，在于其整体呈现出小（小巧谦和）、雅（宁静雅致）、巧（精巧细致）的气质；而这些气质都是通过人的感知而呈现的。保护规划的主要工作之一是对小镇风貌的管控，为了达到最好的管控效果，无论是管控范围的划定还是对管控要素的选择及要求，规划都从感知出发，以人的感受为重点，确保安仁小、雅、巧的气质在后期的发展中得到最大限度的保护（图3-54）。

（1）风貌管控范围划定

传统的保护规划使用以核心保护区为中心平移出一定距离的方法划定保护范围，大多以重要道路为边界，造成边界内外主要行进路线两侧空间形态差异较大。安仁管控范围及管控层级的划定，不再使用传统方法，而是从人的感知路径出发，辅助运用视线分

图 3-54 安仁小、雅、巧的气质

析、步行距离适宜性等技术手段，确保人在主要行进路径上对视线所及的空间产生延续统一的感知效果（图3-55、图3-56）。

（2）风貌管控要素排序

在确定风貌管控范围的基础上，为了进一步明确管控重点、做到有的放矢，规划对建（构）筑物及景观环境的构成要素，根据其感知的难易程度进行排序。越容易被人感知到的要素，对风貌的影响越大，其管控力度也应越严。例如在建筑的构成要素中，有体量、色彩、材质等，而人在不同距离中，对以上元素的视觉感知能力是不同的。距离

图 3-55 确定重要的区域与展示界

图 3-56 通过视线分析确定展示界面两侧的控制范围

较远时，建筑体量带给人的感官印象最为深刻，色彩次之，而材质要在人处于较近距离时才能感知。因此在风貌管控中对建筑体量管控需最为严格，色彩次之、材质再次，在景观环境要素的控制中，亦采用相同的逻辑，对公共空间、街道的尺度控制最严，大面积呈现的颜色及材料次之，家具小品的样式则再次之（图3-57）。

（3）风貌管控数据量化

在明确不同要素的管控等级后，为最大程度避免因为描述模糊造成的管理困难，规划又对不同要素管控的具体数据进行量化：对安仁主要建筑的体量、色彩、材质、风格，公共空间的尺度，铺装及家具小品样式进行了详细的数据采样与分析。通过模型对比，研究不同管控区域内适宜的公共空间尺度、建筑体量、色彩等，让新建建筑与公共空间以配角的形象呈现，维护原有历史资源的统领性地位。

例如在建筑体量管控中，规划选择安仁最重要的17座老建筑测量其面宽与高度，同时也采集了重要建筑周边建筑的体量数据，根据数据间的相互关系，加之模型对比的方式，最终确定特定区域内新建建筑体量管控的具体要求（图3-58、图3-59）。

安仁保护规划基于感性，强调了感知在风貌控制上的巨大作用；落于理性，将数据采样及分析运用于具体管控标准，构建了一套由管控范围、管控要素与量化数据共同构成的更加有效的风貌管控体系。

城市风貌形态是具象与抽象要素综合集成的结果，是承载城市文化与生活的载体和空间表达，具有中观、微观不同层次的表现与影响。在丰富而经典的规划与建筑理论方法支撑下，也应充分结合数字化技术的优势，更加精准采集、分析、理解、规划风貌形态要素。

图3-57 体量、色彩、材质与感知距离的关系

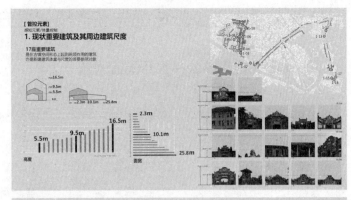

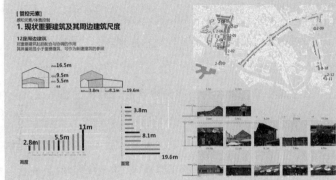

图 3-58　建筑体量数据采集

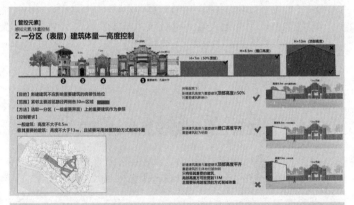

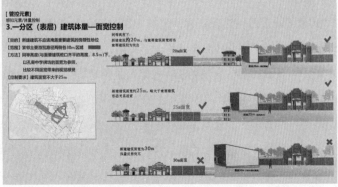

图 3-59　建筑体量模型对比

3.5 公共服务设施增配与服务质量提升关键技术

3.5.1 旧城更新中公共服务配置问题

随着现代生活水平的提高，旧城区域普遍存在公共服务设施难以满足居民日益提升的生活服务需求。具体表现为：

①设施总量不足、规模小。由于条件限制，区域在进行旧城更新时，没有足够的空间来建设符合规范面积标准（一般指"千人指标"和"服务半径"标准）的某些公共服务设施。

②分布零散。旧城区公共设施布局凌乱，缺乏统筹；社区商业业态混杂，经营层次低，引起垃圾堆放、噪声污染、交通堵塞等问题。

③设施配套功能不全。部分体现时代需求的各类设施，如垃圾分类回收、健康管理、养老等设施在旧城区严重缺乏。

④服务层级低、专业性不够。大部分服务还是由政府提供，没有发挥市场自由选择的优势，同时也忽略了居民的实际需求，导致部分服务内容停留于表面，未能起到切实方便居民的作用。[18]

针对以上四点问题，本节将从技术规定及未来公共服务设施的发展趋势两方面阐释旧城更新中公服设施配置可以采取的部分措施；同时结合实际案例，对这些措施的实际运用进行解析。

3.5.2 旧城区公共服务设施规划标准

3.5.2.1 一般区域公共服务设施配套标准

城市公共服务设施配套主要参考标准包括：《城市公共设施规划规范》GB 50442—2008和《城市居住区规划设计标准》GB 50180—2018。其中，《城市公共设施规划规范》主要对城市级公共服务设施进行配置，对应城乡用地分类与规划建设用地标准中的A类用地；《城市居住区规划设计规范》主要对居住区级公共服务设施进行配置，对应城乡用地分类与规划建设用地标准中的R22类用地。

在布局方法上，通常采取"千人指标"和"服务半径"结合的方法，通过千人指标计算出需要的设施规模和数量，并进一步照每项设施相应的服务半径进行布局，使设施的位置满足规划区居民的出行要求（表3-18～表3-20）。

公共配套设施的分级布局原则 表3-18

等级	人口规模/人	公共配套设施服务半径/m	公共配套设施布局方式
居住区	30000~50000	800~1000	适应居住区规划结构，按三级布局
居住小区	10000~15000	400~500	适应居住区规划结构，按两级布局
居住组团	1000~3000	150~200	布置趋向分散

城市公共配套设施布局相关标准 表3-19

居住区规模		居住区		居住小区		居住组团	
类别		建筑面积/m²	用地面积/m²	建筑面积/m²	用地面积/m²	建筑面积/m²	用地面积/m²
总指标		1668~3293（2228~4213）	2172~5559（2762~6329）	968~3835（1338~2977）	1097~3835（1491~4585）	362~856（703~1356）	488~1058（868~1578）
其中	教育	600~1200	1000~2400	330~1200	700~2400	160~400	300~500
	医疗卫生（含医院）	78~198（178~398）	138~378（298~548）	38~98	78~228	6~20	12~40
	文体	125~245	225~645	45~75	65~105	18~24	40~60
	商业服务	700~910	700~910	450~570	100~600	150~370	100~400
	社区服务	59~464	76~668	59~292	76~328	19~32	16~28
	金融邮电（含银行、邮电局）	20~30（60~80）	25~50	16~22	22~34	—	—
	市政公用（含居民存车处）	40~150（460~820）	70~360（500~960）	30~120（400~700）	50~80（450~700）	9~10（350~510）	20~30（400~550）
	行政管理及其他	46~96	37~72	—	—	—	—

城市居住区公共配套设施布局相关标准 表3-20

类别	项目名称	服务规模/（万人/处）	服务半径/m	设施布局要求
教育	幼儿园	0.7~1	300	设于阳光充足，接近公共绿地，便于家长接送的地段
	小学	1.5~3	500	不宜邻近城市主干道
	中学	3~6	1000	—
医疗卫生	综合医院	10	—	设于交通方便，环境较安静地段
	门诊所	3~5	500	设于交通编辑、服务距离适中地段
	卫生站	1~1.5	300	—

类别	项目名称	服务规模/（万人/处）	服务半径/m	设施布局要求
文化体育	文化活动中心	4~6	—	结合或靠近同级绿地安排
	文化活动站	1~2	300	结合或靠近同级绿地安排
	体育活动中心	4~6	—	—
	居民健身场地	0.5~2	300	结合绿地安排
商业服务	日常商业服务	居住区4~6，居住小区1~2	居住区≤500 居住小区≤300	—
	农贸市场	—	500	
	储蓄所	—	—	与商业服务中心结合或邻近设置
社区服务	社区服务			每小区设置一处，居住区也可合并设置
	养老院	≤12		
行政管理	街道办事处	3~5		
	派出所	3~5		要有独立院落
	居委会	≤1		
市政公用	公共厕所	1~2		设于人流集中处
	垃圾收集点		70	
	居民停车场		150	

3.5.2.2 旧城区公共服务设施配置标准

由于旧城土地与空间有限，公共服务设施难以按照规范标准配置。针对此类情况，部分地方政府颁布了针对旧城区改造公服配置的规定，这些规定呈现较强的一致性，主要是：以面积折减的方式解决区域配套不达标的问题；鼓励公服设施的综合性设置；进行多途径开发与建设方式的探索。

1）以面积折减的方式解决区域配套不达标的问题

（1）例1：上海市《上海市控制性详细规划技术准则》(2016年修订版)

旧城区的公共服务设施面积折算标准主要参考上海市主城区内环和内外环之间的公共设施平均达标率，分别是60%与80%。

①公共空间确有困难的建成区，其用地面积比例要求可按照0.8的系数进行折减。其他不足部分可以通过地块内空间向公众开放等方式补足。

②区级/社区级社区公共服务设施建设，如保障用地面积确有困难，可采取保障建筑面积的方式，用地面积相对折减，折减系数介于0.6~0.8。折算系数分别如表3-21、表3-22所示：

区级公共服务设施用地面积折算系数表　　表3-21

设施类型 ＼ 地区	内环内地区	主城区内环外地区	新城、新市镇
文化设施	≥0.6	≥0.8	≥0.8
体育设施	≥0.6	≥0.8	≥0.8
医疗卫生设施	——	≥0.8	≥0.8
教育设施	——	≥0.8	≥0.8

注："——"表示对用地面积不做强制性要求

社区级公共服务设施用地面积折算系数表　　表3-22

设施类型 ＼ 地区	内环内地区	主城区内环外地区	新城、新市镇
派出所、设施预留用地	≥0.6	≥0.8	≥0.8
社区卫生服务中心	——	≥0.8	≥0.8

注："——"表示对用地面积不做强制性要求

③基础教育设施用地确有困难，应保障建筑面积符合设置标准，用地面积可折减，折算系数介于0.6~0.8。折算系数如表3-23所示：

基础教育设施用地面积折算系数表　　表3-23

设施类型 ＼ 地区	内环内地区	主城区内环外地区	新城、新市镇
用地面积	≥0.6	≥0.8	≥0.8

（2）例2：成都市《成都市公建配套设施规划导则》（2010）

①旧城区居住区级公共服务设施

旧城区居住区级公建配套以"6+8"方式进行配置（居住区服务中心叠建6项+独立设置8项）。旧城区居住区服务中心，总建筑面积约9600m²，用地规模不少于5000m²。用地折算系数约为0.5，建筑折算系数约为0.64~0.8。

②旧城区社区级公共服务设施

旧城区基层社区级公建配套设施采用"基层服务中心叠建"（包括4项+独立设置4项）即"4+4"方式进行配置。旧城区基层服务中心总建筑面积约2290m²，折算系数约0.72。[19]

（3）例3：杭州市《杭州市城市规划公共服务设施基本配套规定》（2016年修订版）

杭州市中心城区实施难度较大的公服设施主要有：基础教育设施、文化广场（公园）、居住区体育中心、社区健身等，这些设施需要一定的用地面积，但是市中心的用地非常紧张，因此设施实施难度大。基于以上情况，上述公服设施的用地面积不低于该规定标准的0.7，或者不低于改造前的用地面积。市中心改造中可以通过新建、改建、置换、租赁、共享等多种形式配置。[20]

2）鼓励公服设施的综合性设置

除了系数折减外，另一个方式就是鼓励各类设施的综合设置。综合集中设置的社区服务设施与分散设置的相比，具有更多优势：更加节约用地，通过整合更多资源使服务更加高效，更加便捷地满足居民日常生活服务需求。

因此，各地纷纷出台相关政策，对于综合集中设配置社区服务设施进行引导并提出了配置要求，对于应包含功能，最小规模都进行了规定，如社区综合体和邻里中心配建的公共服务设施应当具备的功能和配置标准（表3-24）。[21]

社区综合体和邻里中心公共服务设施配套标准　　　　表3-24

类别	主要内容	建筑面积 / m^2	配建要求
社区管理	街道办事处	≥1500	可选
	社区日常服务	≥1200	必备
	社区养老服务设施	≥1000	必备
社区商业	农贸市场	≥2000	必备
	邮政服务网点	≥100	可选
	其他商业设施	≥3000	可选
文体休闲	文化活动中心	2000－3000	必备
	综合健身馆	≥2500	可选
	绿地与广场	≥2000（占地）	必备
	综合运动场	2000～10000（占地）	可选
医疗卫生	社区卫生服务中心	2000～3000	必备
市政设施	社区公交集中停靠站	≥1000	必备
	地下机动车停车场	按标准配置	必备
	自行车存放点	按标准配置	必备
	公共厕所	≥100	必备
	再生资源回收站	≥120	可选
	生活垃圾转运站	≥800	必备
	换位休息站	≥20	可选

3）进行多途径开发与建设方式的探索

在开发方式上，依据服务设施的层级确定不同的合作模式。如民生类（教育/医疗

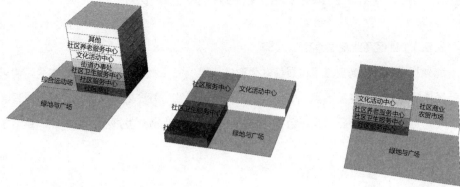

图 3-60　综合体空间形式和功能业态组合示意图

等）服务设施以政府投资引导为主，同时进一步鼓励民间资本参与，灵活运用政府补贴、减免等形式。对于社区综合体的选址，在旧城区统筹考虑，采用多种方式灵活植入。

在建设方式上，进一步强化建筑空间布局和功能组合的引导。根据不同的空间环境要求，采用多样化的建筑形体组合方式（图3-60）。并且研究各类公共服务设施的使用条件，优先保障使用频率高或者具有特殊建设条件的设施布局。如有临街需求的服务设施（农贸市场、社区商业、医疗卫生等）和无临街需求的服务设施（社区用房、社区服务中心、文化活动中心等）分开设置，避免相互干扰。[22]

4）旧城区公共服务设施配置标准总结

公共服务设施在现存地方规范中有独立占地、综合设置、共享使用三类设置形式。

①独立占地：中学、小学、幼儿园、派出所、医疗卫生、社区卫生服务中心、绿地、公交场站、加油加气站以及设施预留用地。

②综合设置：除独立占地设施外，鼓励各类综合服务设施综合设置，如居住服务中心就宜包括行政管理、社区服务、体育、文化及其他配套设施。

③共享使用：学校图书馆、体育场馆各类训练中心等文化、体育设施，有条件向居民分时开放；老年大学、职业培训等与社区文化活动中心和各类活动室共享使用；日间照料中心与社区卫生服务中心、卫生服务点共享使用。

这些方式在一定程度上缓解了旧城区公服设施压力，但仍存在局限性。例如医疗卫生、幼儿园仍然要求有独立的用地，但在一些先进国家的案例中，已经出现医疗设施与商业、幼儿教育混合的综合性服务设施。这些设施对用地和面积的要求更低，同时更多依赖于线上作业，对于旧城区的公服配套建设更为友好。针对这样的情况，我们在下面一部分未来公服设施发展趋势中再做分析。

3.5.3 结合未来公共服务发展趋势提供公共服务

3.5.3.1 社区商业发展趋势

此处探讨的社区商业是指以居住区为载体，提供便民服务、满足居民日常生活需求的社区便民商业，如农贸市场、早餐店、便利店、理发店等。虽然我国社区商业建设起步较晚，但在部分城市已引起社会各界的关注，也是未来商业发展新的增长点。目前主要呈现以下趋势[23]：

1）规模化、多样化及完善化

社区商业向更加规模化、多样化及完善化发展，并且伴随多功能的复合发展，居住与商业开始出现边界模糊的状况，增加了社区商业的发展空间。表现为：

①传统菜市场开始"消失"，取而代之的是更综合的社区超市；

②生鲜超市、便民服务中心、便利店成为社区必选项；

③手机上的消费、服务类APP增多；

④集吃喝玩乐于一体的小型商业MALL成为新住宅小区的标配；

⑤不仅仅是提供日常消费的场所，更要提供社群邻里交往等体验性服务。

2）较强的韧性和弹性

社区实体商铺对交通、物流等因素的依赖性较小，货品来源、营业时间等也都更为机动灵活。社区电商，前置仓已经成为标配，即将之前的中心仓分散并前置到社区，通过"三公里半径、一小时达、30分钟直送、仓店一体"的模式，使之更加方便快捷，并有持续稳定的供应能力。[24]

例如，阿里巴巴集团在2019年9月推出盒马mini，基于社区生活日常需求即配的一站式解决方案。2019年12月推出体量更大一些的盒马里，将"社区购物中心"搬上网，基于门店周边三公里人群生活所需，提供商品与服务，用户可以到店或在线下单，无缝衔接，同时侧重社区，增加配钥匙、家政、修手表、保洁、美容美发这样的社区服务（表3-25）。

表3-25

盒马系列

盒马鲜生门店体系	
门店类型	特点
盒马鲜生	4000m²以上大店，模式为"生鲜+超市+餐饮+外卖"。
盒马里	800m²选址城市CBD写字楼，主要为商务白领提供早中晚餐及下午茶。海鲜可现买现制。零售较少，没有蔬果区。首家店铺于2017年底在上海北外滩白金湾广场开业。

盒马鲜生门店体系	
门店类型	特点
盒马mini	$300 \sim 500m^2$，定位教区、城镇、县市。以散装非标品为主，放大活海鲜冰海鲜比例，同时引入面条、熟食等现制现售品类商品。
盒马小站	城市区域前置仓，只提供外送服务，填补盒马鲜生空白区。上海已开两家店。
盒马菜市	社区菜市场，蔬菜蛋禽肉产品为散装，选品更关注一日三餐食材。有海鲜区没有现制区。首店在上海五月花广场开业。

盒马mini、盒马里可以看作是阿里巴巴集团撬动未来社区零售的一个实验场，而这场实验的内核则是背后的数字化。线上线下高度统一，可以在线下购买，也可以在线上下单，借助数字化的技术，优化从仓储管理、上架标准、线上销售、货品配送、到店服务到数据反馈的新零售回路，[24]为空间有限的旧城区提供更灵活的社区零售服务。

3.5.3.2 医疗服务发展趋势

1）互联网技术在医疗服务领域的运用为远程医疗创造了条件

互联网医疗是把现代计算机技术、信息技术应用于整个医疗过程的一种新型的现代化医疗方式，是公共医疗的发展方向和管理目标。随着数字化医疗的发展，逐步出现：

①线上问诊就医：通过在线问诊、远程会诊、网购药物等实现普通疾病、慢性病的居家问诊就医。

②移动数字健康管理：利用穿戴式设备建立个人健康云档案。

③医疗算法：日常医疗更加依赖算法、AI助手，帮助平衡地域之间的医疗资源。

④同伴匹配服务：匹配平台能够加强人与服务之间的联系；匹配平台促进本地辅导、技能分享、志愿服务、资源交换、结识朋友；匹配平台帮助建立为居民提供商品和本地服务的社区。[25]

2）医疗系统的结构性转变

①分级诊疗体系及流程优化：形成综合及专科医院医疗—社区医疗—居家医疗–移动医疗的分级诊疗空间体系，社区级别医院增多。

②线上线下结合的医疗：传统线下的要点、医院、诊所向线上线下结合转型，为患者、老人提供到家、远程服务。

3）弹性医疗空间出现

模块化智能建造技术发展使空间变化更加灵活，无人驾驶医疗救护车内部即可治疗，加上实时采集数据、灵活移动、弹性可变的医疗空间,使得我们能更及时有效地应对突发公共卫生事件。物联网技术的发展,可根据城市物联网干之下的用户出行数据及时作出疾病预测,当紧急公共事件发生时,城市中的医疗空间、居住空间、出行工具及个人穿戴设备等都可成为物联网感知组件,实时追踪疾病感染者的信息,为疾病防控提供帮助。

4)社区医院发展的政策引导

2019年3月,国家卫健委办公厅发布《关于开展社区医院建设试点工作的通知》。社区卫生服务中心将转变为社区医院,可开展更多种类的医疗服务,提供更全面的诊疗服务。

3.5.3.3 教育服务发展趋势

近年来,国家对教育信息化的重视为有限空间中的城市教育服务设施更新开拓了新的路径。

一是教育资源的供给方式,以互联网企业和社会教育机构作为专业教育机构的补充。二是探索网络化教育的新模式,扩大优质教育覆盖面,促进教育公平,让更多的学生同时共享优质教育的资源。三是鼓励学校和互联网企业合作,对接线上、线下的教学资源,让技术和教师的教学需求之间能够无缝链接。四是开展学历教育的在线课程,给学生提供更多的可选择性(图3-61)。

1)线上线下结合的学习方式,突破固定时间与空间的限制

在线教学、微媒体教学、混合式教学的创新学习模式,让学习突破固定时间与空间

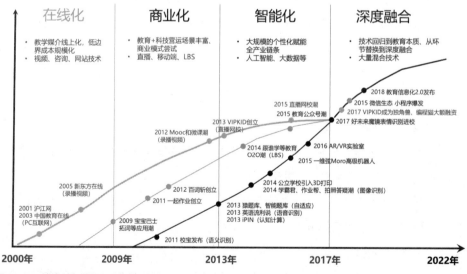

图 3-61　教育服务设施发展趋势

的限制。人们不再局限在传统的固定时间、固定学校学习，而是可以根据各自的需要，在自由的时间多样的空间，以多样的方式进行学习。同时基于人工智能的适应性学习技术可以突破现有的线性学习模式自动检测学习水平和状态，调整学习方案与进度，为学生提供差异化的教学方案（图3-62）。

2）教育空间的改变

随着集中化大型教育空间减少，将出现更多碎片化学习中心，教育选址更接近社区。同时教育空间配备大量智能化设施，促进教学效率与学校管理。

例如，美国普渡大学Wilmeth学习中心，该学习中心包含27间教室，每个都围绕主动学习而设计，学生可以在教室内自由移动，与其他同学交流讨论，而不是单纯听老师传授。其建筑内部设有教室、图书馆，常规学习空间，协作空间，交流讨论空间等（图3-63）。

综上所述，现代公共服务配置主要呈现出服务设施综合化、服务内容线上化、服务

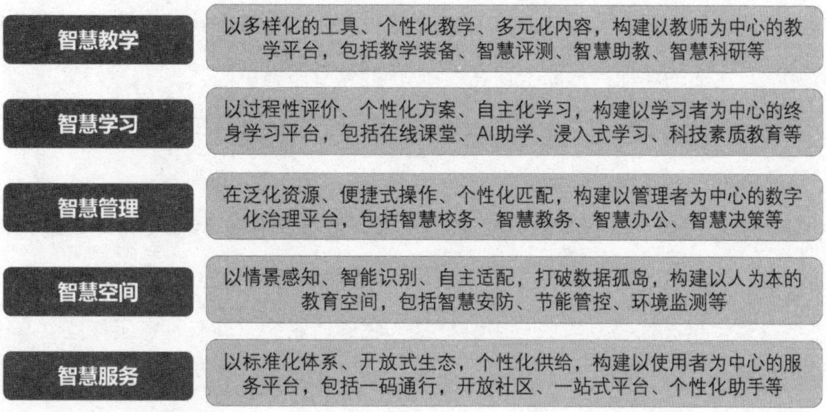

智慧教学	以多样化的工具、个性化教学、多元化内容，构建以教师为中心的教学平台，包括教学装备、智慧评测、智慧助教、智慧科研等
智慧学习	以过程性评价、个性化方案、自主化学习，构建以学习者为中心的终身学习平台，包括在线课堂、AI助学、浸入式学习、科技素质教育等
智慧管理	在泛化资源、便捷式操作、个性化匹配，构建以管理者为中心的数字化治理平台，包括智慧校务、智慧教务、智慧办公、智慧决策等
智慧空间	以情景感知、智能识别、自主适配，打破数据孤岛，构建以人为本的教育空间，包括智慧安防、节能管控、环境监测等
智慧服务	以标准化体系、开放式生态，个性化供给，构建以使用者为中心的服务平台，包括一码通行，开放社区、一站式平台、个性化助手等

图 3-62　线上线下结合的学习方式

图 3-63　美国普渡大学 Wilmeth 学习中心

主体市场化、参与对象多元化的特色。同时在互联网技术发展下，各类线上服务平台的广泛应用将有效缓解旧城公共服务中空间需求的矛盾，是未来公共服务发展的重要趋势。

针对以上特点旧城区公共服务设施改造主要有以下几个重点：鼓励设施的综合设置、共享使用，尽量减少独立占地，或者以混合用地的方式实现设施的综合设置；多功能的空间设计，以小型空间满足多样需求；对于能够以线上方式解决的公共服务内容，对其占地面积及建筑面积不做硬性规定；利用互联网、快递前置仓、无人售卖、数字医疗等先进技术，增加服务的便捷性；增加垃圾分类回收、健康管理、养老等体现时代需求的各类设施。

3.5.4 旧城公共服务设施更新案例

3.5.4.1 倪家桥党群服务中心·成都

玉林街道倪家桥社区党群服务中心建成以前，社区原有办公面积仅为100m²。2018年在武侯区区委、玉林街道党工委指导下，通过国有资产划拨、整合驻区单位资源、底商返租等方式将街道国资、市干道指挥部资源和非公企业雅苑茶园场地提供给倪家桥社区共建党建文化活动场地，形成了现在2000m²的党群服务中心。

实施路径：国有资产无偿提供给社区，并邀请玉林的创意工作室无偿入驻，并开展相应的文化活动，大大提升社区活力。

功能组合：服务中心以党群活动中心及社区服务工作站为主要功能，辅以创意办公、咖啡馆、社区图书馆及院子文化创意园等丰富的社区活动空间（图3-64）。

主要特点：玉林家桥党群服务中心将社区服务功能的空间与创意工作室共享，通过大量文创品牌的入驻，开展丰富的文化活动，如"民谣音乐节"、"中国西班牙文化艺术

图 3-64　倪家桥党群服务中心

交流分享会"、"成都吃相'快闪展'"、艺术展览、音乐现场LIVE、脱口秀等,大大增加了社区活力,让居民积极参与到各项社区活动中。[26-28]

3.5.4.2 望平社区 · 成都

由政府出资,万科集团代为打造的望平社区,如今已成为成都市建设的社区典范。区域内改造包括一个博物馆、一个书店、一条小吃街、一条滨水特色休闲街的打造,以及数个公共空间及老旧院落的整理。

实施路径:由万科引入各个品牌店铺进行经营,对于博物馆、社区活动室等项目,政府每年有一定的补助。

功能组合:万科集团主要打造了猛追湾博物馆、几何书店、香香巷小吃街、滨河休闲街等几个网红点,以商业的繁华带动周围社区繁荣。

主要特点:望平社区通过猛追湾博物馆与几何书店构建起社区活动最重要的公共空间,之后再通过香香巷小吃一条街以及滨水休闲商业街打造,为社区注入商业活力。最后依托猛追湾故事馆、梅花剧院、天府熊猫塔等文化场景,搭建中外文化交流平台;联合万科公司共同策划推出"烟火猛追、万象更新"主题开街、亮灯仪式以及"我和我的祖国"快闪等引人气、聚商气活动向中外人士积极推广滨河文化、川剧文化、美食文化、熊猫文化等本土文化品牌,增强社区活力。[29]

通过一系列空间与活力重塑的措施,望平社区将社区服务与社区商业发展充分结合,成为市场主导构建公共服务体系的典型代表(图3-65)。

图3-65 望平坊城市更新

3.5.4.3 金牛区石人南路社区服务中心·成都

金牛区石人南路社区服务中心将社区商业与社区公共服务相结合，由开发商搭建社区服务平台，主要由商业模式丰富社区服务类型，同时举办各类社区活动为商业带来人气，是一种良性的组合模式。

实施路径：商业方代为打造。

功能组合：服务中心将社区超市作为社区服务的中心，在超市中增设社区活动中心、儿童游乐中心、图书室、餐饮食堂、银行邮政等居民日常所需的功能。

主要特点：以社区超市为核心的服务设施综合设置，同时利用互联网、快递前置仓、无人售卖、数字医疗，等等先进技术，增加服务的便捷性。

金牛区石人南路以社区超市为核心，在超市的空间里容纳社区图书馆（兼作社区活动中心），社区图书馆（兼作社区办公空间），并以商业运营的方式提供老年人就餐便利站、邮局、快递中心、儿童托养所等，极大地丰富了社区公服功能。同时积极开展各类社区活动，如邻里节日、邻里课堂、邻里集市等，增加社区活力提高居民参与积极性（图3-66）。

图 3-66　金牛区石人南路社区服务中心

3.5.4.4 KRONA知识与文化中心·挪威

KRONA知识与文化中心位于挪威的康斯博格市，建筑面积约2.4万m²，是一栋包含大学设施的综合体。项目在提升该市文化基础设施的同时，激发多元群和学科之间的交流。

实施路径：市政府全额投资新建。

主要功能：文化中心以3个电影院、1个图书馆、1个600座礼堂、大学设施教室为核心，配以实验室、市政办公设施、画廊、会议室等空间。

主要特点：KRONA知识与文化中心以灵活多样的公服空间为主要特色，将多种可共享空间的服务设施综合设置，如食堂可转换为咖啡厅、公共图书馆转换为剧院门厅、美术馆转变为电影中心酒吧、会议室可转变为演讲、会议、表演音乐会等。在此基础上注入大量城市文化活动，如职业教育、知识分享、公共活动、公共社交、会议演讲、艺术表演等，形成城市文化中心（图3-67）。[30]

3.5.4.5 慧剑社区中心·四川什邡

项目对于原有的影剧院进行保留，通过保持影院墙体肌理和记忆，在观众厅集中布置新加建体量，重新植入社区公共服务功能。建筑面积约3170m²。

图3-67 挪威KRONA知识与文化中心

实施路径：社会投资为主（梦想改造家项目组）。

主要功能：社区中心包含舞台、活动大厅、艺术工作室、创意室、舞蹈室、餐厅、社区服务中心、阅读室、非物质文化遗产传承室、会议室等多项功能。

主要特点：慧剑社区中心是典型的老旧建筑改造成为社区公共服务中心的代表。项目保留老旧建筑的历史记忆，同时植入公共服务功能与居民各类活动，如演出表演、艺术展示、创意办公、居民集会、非遗展示、会议会展等，是历史与现代生活结合的优秀案例（图3-68）。[31]

图 3-68　慧剑社区中心

3.5.4.6 Kampung Admiralty社区综合体·新加坡

Kampung Admiralty是新加坡首个将所有公共设施和服务空间融合在一个建筑体量里的公共建筑综合体。它属于新一代的公共祖屋项目，也是应对新加坡老龄化趋势的老年社区。建筑下层区域为社区广场，中层区域为医疗中心，上层区域则是社区公园和老年公寓，形成了一个垂直村落。建筑面积约8981m²。[32]

实施路径：新加坡建屋发展局统一投资并运营。

主要功能：综合体包含社区广场、餐饮区、购物中心、医疗中心、社区公园、社区农场、托儿所、老年护理中心、老年活动中心、老年公寓，是一个立体的综合服务中心。

主要特色：新加坡Kampung Admiralty社区综合体以大型综合体的形式将社区服务集中，提供社区集会、社区演出、社区庆典、屋顶休闲、康养护理等多种社区服务空间。同时利用综合体屋顶打造社区公园，形成独具特色的城市农场（图3-69）。

图3-69 Kampung Admiralty 社区综合体

案例对比汇总表　　　　　　　　　　　　　　　　　表3-26

案例名称	总面积	功能组合	可弹性使用的空间	活动	改造前建筑功能	实现路径
1.倪家桥党群服务中心·成都	2000 m²	党群活动中心+社区服务工作站+创意办公+咖啡馆+图书馆+院子文化创意园	a）图书馆+咖啡馆可以用来举办社区课堂、社区艺术活动等 b）院子平时可以用于居民聊天休憩，周末成为社区集市，节日里举办各类游园活动 c）活动中心二楼平时用作创意工作室办公使用，每个工作室都定期开放，让居民参观了解	举办"民谣音乐节"、"中国西班牙文化艺术交流分享会"、"成都吃相'快闪展'"、艺术展览、音乐现场LIVE、脱口秀等15类主题特色活动超过200次。形成"12+1""倪来听""听长者故事，绘倪家文创""阿卡贝拉天团""后市场"及"谱造司工作坊"等	国有闲置资产	政府主导邀请创意企业参与+居民参与

案例名称	总面积	功能组合	可弹性使用的空间	活动	改造前建筑功能	实现路径
2.望平社区·成都	—	猛追湾博物馆+几何书店+香香巷小吃街+滨河休闲街	a）几何书店可用作社区活动中心+社区课堂 b）滨河区域可用作举办各种小型露天表演	"烟火猛追、万象更新"主题开街、亮灯仪式、"我和我的祖国"快闪、梅花剧院	—	政府出资商业团队建设及操盘运营
3.金牛区石人南路社区服务中心·成都	8000 m²	社区超市+儿童游乐中心+多功能活动室+餐饮+银行邮政+书店+五金安装维修+快递接收+保洁服务中心	多功能活动室平时用作书店，必要时用于社区活动组织、志愿者服务	就业培训就业指导、邻里烘焙课程、老年人凭"爱心就餐卡"可享受高质量的就餐服务、志愿者活动、早教培训	—	商业主导+开辟部分区域用于非营利的公共服务
4.KRONA知识与文化中心·挪威	2.4万 m²	3个电影院、1个图书馆、600座礼堂、大学设施教室、实验室市政办公设施（画廊、会议室）	食堂可转换为咖啡厅，公共图书馆转换为剧院门厅，美术馆转变为电影中心酒吧，会议室可转变为演讲、会议、表演音乐会等多种灵活开放的功能	职业教育、知识分享、公共活动、公共社交、会议演讲、艺术表演	新建	政府投资建设+部分用于非营利公共服务+部分社会商业化运营
5.慧剑社区中心·四川什邡	3170 m²	舞台、活动大厅、艺术工作室、创意室、舞蹈室、餐厅、社区服务中心、阅读室、非物质文化遗产传承室、会议室	舞台可作为电影放映室和展示大厅，亦可作为居民活动室使用	演出表演、艺术展示、创意办公、居民集会、非遗展示、会议会展	三线工厂（四川石油钻采设备厂）影剧院	社会资本投资+政府运营和使用
6.Kampung Admiralty社区综合体·新加坡	8981 m²	社区广场、餐饮区、购物中心、医疗中心、社区公园、社区农场、托儿所、老年护理中心、老年活动中心、老年公寓	社区广场作为综合体起居室承办节日庆典和购物集市，屋顶社区公园兼具社区农场的功能	社区集会、社区演出、社区庆典、屋顶休闲、康养护理	新建	政府投资建设+部分用于非营利公共服务+部分社会商业化运营

由表3-26可知，大部分社区服务中心建筑面积集中在2000～8000m²区间，基本综合囊括社区基础服务的各个方面，建设的资金来源也更趋向于多元化。同时在后期运营的过程中，会更加注重居民的参与性，以丰富的活动内容增加社区活力。

3.5.5 旧城更新中公共服务设施增补流程

旧城更新中公共服务设施增补的流程大致可分为两个阶段：评估阶段、规划阶段。具体流程如图3-70：

1）评估阶段

评估阶段以千人指标与区域控规为主要参考依据，主要核实该区域需要建设的公共服务设施是否落地；同时对周边居民进行走访，了解其需求，重点关注在控规规划之外，居民是否对某类服务有迫切需求。

2）规划阶段

经评估明确需要增补和建设公共服务设施后，可以根据区域的实际情况，具体选择是利用现有用地进行增补，还是减少用地或与其他公共服务设施叠建的方式进行增补，或者仅以增加设施的方式在现有公共服务空间中增设，甚至不占用空间仅以网上平台的方式进行增设。

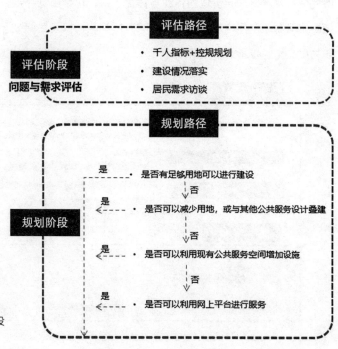

图3-70 旧城更新中公共服务设施增补流程

3.6 文化价值的保护传承关键技术

历史文化与当代文化共同组成了每个城市、每个地区独特的文化基因。城市更新中的文化价值，既包括由历史空间、历史事件、习俗传说等构成的历史文化价值，也包括由城市现代文化、人文特质、社区生活等组成的当代文化价值。

文化价值亦可分为物质文化与非物质文化两大部分：物质文化中，除了街巷格局、文物建筑、古树名木等历史空间要素外，修建年代较短但具备显著时代特征，或对地区产生重大影响的近现代建筑，以及城市重要的现代文化设施，在城市更新中同样具有保护价值。而非物质文化，则包含了在城市历史演变中所形成的社会关系、文化作品、民风习俗、传统技艺等非物质文化遗产，以及新技术影响下所形成的当代社群文化、潮流文化、科技文化等。

在城市更新中，既要强化对城市历史文化的挖掘与保护，也要延续当代文化的精华特色，更要重视物质空间与非物质文化的整体保护，以传承完整的城市文化记忆，保存地区文化特色。

本章节所探讨的文化价值保护传承关键技术，基本可分为以下两类：①文化价值的评估技术，包括城市更新区域中的特色街巷格局、反映各时代特征的建（构）筑物、环境要素等物质空间的评估技术，以及社会关系、民俗技艺、人文活动等非物质文化的价值评估技术。②文化价值的传承与保护技术，包括街巷格局、建筑空间、文化设施、环境要素等物质空间在规划中的保护与延续策略，以及民间技艺、社会关系、社群生活等非物质文化的传承策略（图3-71）。

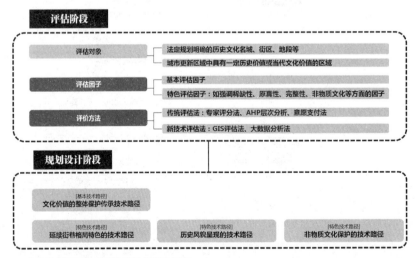

图3-71 文化价值的保护传承关键技术研究框架

3.6.1 文化价值的评估因子与评价方法

3.6.1.1 评估对象

规划层面的文化价值评估技术常见的应用对象包括城市中心城区、传统街区、工业遗产集中区、历史风貌集中区、传统社区、老旧院落等。纳入评估对象的标准包括：

①法定规划中明确要求保护的历史文化名城、历史城区、历史地段、历史文化街区；

②更新区域内具有一定规模、有历史时代特征的街巷格局；

③更新区域内具有一定历史价值的建筑物，包括挂牌保护的文物保护单位、历史建筑，工业遗产以及具有传统风貌特色的普通建筑；

④更新区域内具有一定历史价值的环境要素，包括古树名木、广场公园、构筑物等；

⑤更新区域内具有一定反映地区人文特色的社会关系、生活习俗、民间技艺、非物质文化遗产等；

⑥更新区域内具有显著的当代文化特征，包括但不限于当代社群文化、潮流文化、近现代特色建筑、重要文化设施等。

符合上述任一标准的城市更新区域，均应结合区域自身特色开展文化价值评估工作。

3.6.1.2 文化价值评估传统技术方法：定性与定量结合的价值评估技术

定性与定量相结合的评估技术，在城市更新过程中最为常用。它通过专家评分、AHP层次分析等技术方法，对各类与文化价值相关的因子进行量化评估。结合量化后的评估结果，由评估者对区域文化价值进行定性评价。

1）技术路径

（1）确定评估对象、评估主体以及评估载体；

（2）通过实地调研、相关文献查询比对、历史资料搜集、卫星图片对比等方式对区域内街巷格局、建筑景观以及非物质文化遗产的文化价值进行初步评估；

（3）在初步评估基础上，通过确定评估层级，选取评估指标与评估因子，形成评估体系；

（4）对评估体系中的各类评估指标权重进行赋值；

（5）对评估结果进行分析和研究。

2）评估因子

在定性与定量结合的价值评估技术中，评估因子一般是由评估者通过对区域文化特色进行初步判断，结合区域自身特征，选择适宜本区域的评估因子。常见的文化价值评估因子包括：

（1）基本评估因子

①城区、街区整体评估因子：路网结构、街道尺度、院落尺度；

②物质空间评估因子：文物保护单位、历史建筑等重要建（构）筑物的位置信息、建造年代、结构材料、建筑层数、历史使用功能、现状使用功能、建筑面积、用地面积、风貌特色等；

③历史环境要素评估因子：位置信息、年代、树木种类、构筑物结构材料等；

④非物质文化评估因子：非物质文化遗产名录、类型、社区人口、年龄、社会关系等。

（2）突出历史文化价值稀缺性与代表性的评估因子

①整体稀缺性与代表性：街区类型的稀缺性、街巷格局的稀缺性与代表性；

②个体稀缺性与代表性：历史建筑、文物古迹、环境要素的稀缺性、与时代特征的关联度。

（3）强调原真性、完整性、延续性的评估因子[33]

①历史价值评估因子：街区历史年代久远度、历史建筑规模遗存度；

②整体形态评估因子：周边环境原真呼应度、街区建筑年代变化度、街区整体风貌维护度；

③街巷系统评估因子：历史路网体系变化度、主要街巷界面连续度；

④公共空间评估因子：重要公共空间遗存度、公共空间体系完整性；

⑤重要建筑评估因子：重要建筑原真遗存度、重要建筑风貌维护度；

⑥街区边界评估因子：重要边界保护遗存度、重要边界风貌维护。

（4）强调格局、肌理等大环境整体性特色的评估因子

①与外部环境的关系：与自然山水的互动关系、与城市街区的空间关系；

②街巷格局因子：格局构成要素的完整性、街巷公共空间遗存度；

③院落肌理评估因子：院落布局的地方文化特色性、原有形态保持度；

④空间界面评估因子：街巷的历史界面整体性与连续性、街道历史界面的文化性。

（5）强调以人的感知与体验维度的评估因子

①感知路径与感知场所：游览路线及游览区域中视线所及范围；

②感知元素：感知范围内的建筑体量、色彩、材质、风格。

（6）强调非物质要素的评估因子

①生活延续评估因子：传统生活习惯的延续性、核心区原住民人数的稳定性；

②社会结构与社会关系评估因子：使用者性别、年龄结构与街区内社会关系；

③文化空间评估因子：重要场所与历史文化的相关度、传统生产地和生存空间的原真性；

④非物质文化评估因子：街区非物质文化遗产、业态结构及两者相关性、文化产业、文化品牌、文化影响力等。

3）评价方法

（1）专家评分法

首先定性选取指标，划分等级，确定不同级别所对应的分数，再由专家打分评价。该方法操作路径相对简单，但价值评价具有一定主观性，专家池的规模也对评价结果有较大影响。因此，该方法适用于文化遗存相对单一的城市更新区域。

（2）层次分析法

层次分析法，又称AHP(The Analytic Hierarchy Process)，是通过将评估对象中与历史价值相关的因素拆分为多个层级，对各层级的权重进行赋值，结合数学方法确定层级内各评价指标的相对数值，形成对评估对象历史价值定量分析。

该方法较常应用于对历史文化名城、历史文化街区等历史资源较丰富的区域，利用层次分析法可为区域内相对复杂多样的历史价值提供更加清晰的评价体系。而针对单个历史建筑或环境要素的价值评估，则较少采用该方法。

（3）意愿支付法[34]

定性与定量相结合，通过调研公众支付意愿来判别遗产保护价值的评估方法。首先向专家问卷调查确定指标，再向公众大量问卷调查分析数据，以此判断公众是否愿意为文化传承付出更多的成本。

该方法更多的是从经济角度评估文化价值，因此，不宜作为主要的文化价值评价方法，只可作为现有评估体系的补充，或为更新区域文化保护的成本投入决策提供参考。

3.6.1.3 文化价值评估新技术方法：基于GIS与大数据的价值评估技术

GIS及大数据评估技术在城市开放空间、风貌、文化等多个方面均有应用。其中，GIS在文化价值方面的评估应用，主要是针对规模尺度较大、现状情况复杂、历史资源类型极其丰富的区域，通过GIS平台建立历史空间要素与现代文化设施数据库，对区域内"量大面广"的文化点位进行更加精准的量化评价，以获得准确的价值评估结果。大数据在文化价值方面的评估应用，主要是针对人流密集度较高、非物质文化呈现明显多样性的区域：通过大数据工具，对区域内复杂的社会关系、人文活力、文化设施使用率等内容进行数据采集，形成准确的人群画像与非物质文化特征评价。

由于GIS及大数据评估技术在大数据处理、动态数据抓取等方面具有天然优势，在面对历史遗存规模大、非物质文化极其多样的区域时，与传统评估技术相比更加精准快捷。因此在城市更新中，GIS及大数据技术也逐渐成为较为常用的文化价值评估技术。

（1）基于GIS平台的文化价值评估因子

GIS针对更新区域的文化价值评估因子主要以物质空间要素为主，包括

①历史文化用地边界，主要包括法定保护的历史城区、历史文化街区边界、历史地段边界、历史文化风貌区边界等。

②历史街巷格局，街道密度、街道长度、街道间距、街道角度、街道高宽比、院落孔隙率等。

③历史建筑属性，建筑层数、建筑质量、建筑高度、建筑体量、建筑面宽、建筑功能、建筑面积、建筑年代、建筑保护级别、建筑结构特征、建筑风格特征、建筑材料特征、建筑色彩特征、建筑屋顶形式等。

④历史环境要素，历史构筑物、古墓葬、古遗址、城墙、古石桥、古树名木及其他环境要素。

⑤当代文化设施，社区、区级、市级、省级、国家级公共文化设施及其他民营文化设施（包括且不限于文化活动中心、美术馆、艺术馆、博物馆、图书馆、展览馆等）。

（2）基于GIS平台的文化价值评估路径

①GIS数据采集，采集主要通过现场踏勘测绘、房屋入户调查、文献资料搜集、网络开源数据等多种方式进行。

②GIS数据建库，将上述各类文化价值评估因子转译为图形数据与属性数据，输入数据库。

③GIS数据分析，在数据建库的基础上，通过叠加分析工具，将两组或多组要素之间的相互制约或促进的关系信息，以数据的方式呈现出来，用于进一步分析其规律和特征。[35]

④归纳总结，结合GIS平台的数据分析，对研究区域空间内与文化价值相关的形态要素进行归纳总结：包括对区域所呈现的文化特征进行直观描述、对历史空间要素的内在逻辑规律进行描述、对不同时期的历史空间形态及街区历史演变规律进行描述等。

（3）基于大数据的文化价值评估因子

大数据针对更新区域的文化价值评估因子主要以非物质文化要素为主，包括

①社会关系评估因子，人口数量、年龄结构、人口流动等。

②人文活力评估因子，人群活力空间分布、人群活力时间分布、活动类型等。

③文化设施评估因子，文化类设施比例、文化类设施使用效率、文化设施分布、最受大众认可的文化类设施、使用者口碑等。

④文化产业/文化品牌评估因子，文化产业类型、文化产业构成、文化产业分布文化品牌影响力、文化认同感等。

⑤非物质文化遗产评估因子，非遗文化影响力、参与者评价、参与者构成等。

（4）基于大数据的文化价值评估路径

①大数据采集，采集手机信令、政府网站、社交网络和商业网站等提供的兴趣点、签到数据、国民经济发展情况等数据。[36]

②大数据分析，运用各类大数据分析软件对评估区域文化价值相关指标进行叠加分析。

③归纳总结，基于大数据数据分析结果进行归纳总结，对区域内非物质文化特征进行描述。

3.6.2 文化价值的保护传承技术路径

在规划层面探讨城市更新区域的文化价值保护传承，可将其理解为对更新区域内具有一定文化价值的街巷格局、建（构）筑物、环境等物质空间要素，与社会关系、文化习俗、民间技艺等非物质文化要素的整体保护传承（图3-72）。

3.6.2.1 文化价值整体保护传承的基本技术路径

①评估区域内各项物质空间要素与非物质文化的价值、特点和存在问题；

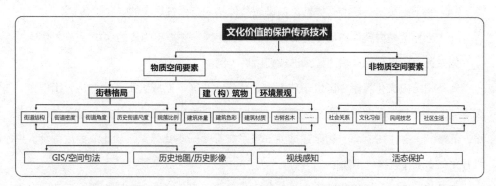

图3-72 文化价值的保护要素与技术方法

②确定文化传承的总体原则和保护传承内容；

③对更新区域内整体空间格局进行完整保护，包括特色格局延续与历史格局局部恢复；

④对更新区域内具有一定文化价值的建筑物、构筑物和环境要素提出分类保护整治要求；

⑤对更新区域内具有地区人文特色的民间技艺、生活习俗、原住民社会关系等非物质文化遗产提出保护传承策略与规划措施；

⑥提出传统街区、历史建筑、文化空间的活力更新规划策略；

⑦提出规划实施保障措施。

3.6.2.2 物质文化要素的保护传承技术

物质文化要素的保护传承技术，包括以城市街道与建筑群落为核心的整体空间格局保护以及单体建（构）筑物、环境景观等物质要素的保护传承。

1）基于历史地图与历史影像的文化价值保护技术

在城市更新区域中，历史街巷格局、历史建筑风貌等物质文化要素，常常因城市的开发建设而被掩盖。通过对历史地图与历史影像的查证，可以从复杂的现状街道与不同时代建筑中，梳理出具有价值的特色格局与特色风貌，并以此为基础提出保护范围与策略。该技术路径一般包括以下步骤：

（1）搜集与城市更新区域有关的史料文献、历史地图与历史影像；

（2）将各时期的历史地图、历史影像进行对比分析，以判断格局及建筑风貌的演变历程与背后原因；

（3）对城市更新区域进行田野调查，通过挖掘当地原住民的口述历史，补充历史格局与建筑风貌的细节要点；

（4）基于上述基础研究，提炼总结区域整体格局与建筑风貌的文化价值；

（5）划分区域内整体格局与历史建筑的保护范围，并提出相应的保护或复原策略。

以四圣祠历史文化风貌片区保护规划项目为例。

四圣祠历史文化风貌片区位于成都市大慈寺北片区，武成大街以北，庆云街以东。四圣祠街的得名，是由于过去在这里有一座四圣祠，祠中祭祀孔子的四大弟子曾参、颜回、子路、子游。1894年，街区建成并开设了成都第一座礼拜堂，从此成为成都地区中西方文化交流与碰撞的早期中心。

四圣祠历史文化风貌片区作为成都新文化思想发展之源，其街区格局也反映出了在

20世纪早期西方文化进入成都后，对成都传统的合院式布局产生的冲击与影响。新中国成立后四圣祠街区成为医院宿舍区，后续修建的部分板式住宅与违章搭建逐渐掩盖了街区的特色格局。本规划通过历史地图与历史影像的比对研究，分析了四圣祠片区在各时代的格局演变，复原了清末民初时期的街区肌理，并以此为依据指导街区总体格局的保护策略。其主要技术路径包括：

①通过史料查询，对四圣祠街区演变的重要节点进行初步研判（图3-73）。

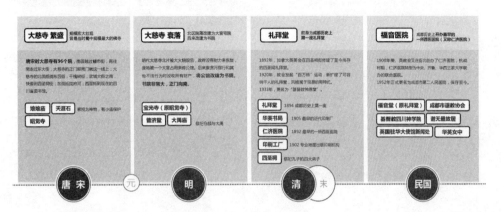

图 3-73　基于史料文献的四圣祠街区格局重大变化分析

②对比清光绪五年（1879年）、清宣统三年（1911年）、民国22年（1933年）等三个时期的历史地图，并与卫星地图作对比，对四圣祠街区的结构性变化进行分析研究，初步判断四圣祠街区的历史格局经历了三个主要阶段：一为清代以四合院民居为主的阶段，二为民国时期中西两种格局并存的阶段，三为新中国成立后多个时期街区格局混杂的阶段（图3-74）。

③通过整理史料文献、口述历史、现状资料，结合成都类似街区的横向对比，确定四圣祠街区最具代表性的阶段是其民国时期作为首个西医医院而闻名于成都的阶段。在此基础上，以历史影像为依据，通过将现存历史资源与已消失历史记忆（街道、广场、建筑）进行叠合（图3-75），对四圣祠街区在该时期的历史格局进行溯源并提炼价值。

④明确四圣祠街区的历史格局特色为"中西格局，融合并存"：四圣祠北街为历史上的西医医院与教堂区，其格局特征为围绕若干独立西洋建筑而形成的庭院式布局。四圣祠西街为医院周边的民居区，其格局特征为致密排列的四合院布局。两种截然不同的格局在同一个街区内融合，反映出了民国初期成都本地文化与西方外来文化的交融与结合（图3-76）。

清光绪五年	清宣统三年	民国22年	2018年
明代庆云街南面有一水塘以及一条小河，并有建有大禹庙。原则有大益书院，因而两侧街道誉名为书院街及书院南街。	清代大禹庙重建变为祭祀仓颉为主的，改名惜字宫，惜字宫南侧建有宝光寺与普济堂。	1892年在四圣祠北街，加拿大基督教传教士赫斐秋，加拿大医生启尔德在此建所，创建礼拜堂及福音堂（仁济医院），印刷所等。	四圣祠街区大量川西民居被拆除，四圣祠街打通成为城市主干道，武成大道。市二医院规模逐渐扩大，周围区域修建了以多层围合式为主的现代小区。

[基本特征] 街道格局已经形成 **[现存遗迹]** **街道**–庆云西街 书院街 书院南街 　　四圣祠街、四圣祠北街 　　小洞庭街 **建筑**-大禹庙 大益书院 四圣祠 **景观**–庆云西街水塘 　　落魂桥、双凤桥	**[基本特征]** 街道格局保持不变 街道名称改变 **[现存遗迹]** **街道**–庆云西街 　　惜字宫街、惜字宫南街 　　四圣祠街、四圣祠北街 　　天涯石街 **建筑**-惜字宫 宝光寺 普济堂 **景观**–庆云西街水塘 **[消失遗迹]** 建筑—大益书院 四圣祠 景观—落魂桥、双凤桥	**[基本特征]** 街道格局保持不变 街道名称改变 **[现存遗迹]** **街道**–庆云西街、庆云南街 　　惜字宫街 　　四圣祠街、四圣祠北街 　　天涯石街 **建筑**-仁济医院及周边建筑群、 　　印刷工厂 **景观**–庆云西街水塘 **[消失遗迹]** 建筑—惜字宫 宝光寺 普济堂	**[基本特征]** **修建主干道引发格局变化** 四圣祠西街消失，打通成为武成大道 **[现存历史建筑]** **街道**–庆云街、落虹桥街 　　惜字宫街 　　武成大道、四圣祠北街 　　天涯石街 **建筑**-福音堂及周边建筑群 **[消失遗迹]** 建筑–印刷厂

图 3-74　四圣祠街区各时期历史地图对比研究

历史遗迹一览

1892年加拿大基督教传教士来到成都在四圣祠北街建立了了第一座礼拜堂，从此这里成为了**早期成都地区中西方文化交流与碰撞的中心**，此后这里还开办了成都历史上最早的西医院，还有育婴堂和印刷厂。

仁济男医院
福音医院早期的全名一直叫仁济男医院，只能治疗男病人，因为清代末年中国的道德观念与行为习惯，男性与女性不允许有肢体接触，哪怕是外国传教士开班的医院也不可能男女混杂。

仁济女医院
1896年教会又在惜字宫街开班了一所仁济女医院专门治疗女病人，1940年仁济女医院毁于火灾，一时无法恢复，仁济医院才将妇孺医院并入男医院，并改名为四圣祠医院。

四圣祠
传闻四圣祠街口有一座四圣祠，祠中祭祀孔子的四大弟子曾参、颜回、子路和子游。旧址在今四圣祠北街的四川神学院。

华英书局
福音医院东侧有华英书局，基督教会创建，出版英文书、报。

英国驻华大使馆新闻处
民国30年至34年英国驻华大使馆新闻处成都办事处设于华英书局中，经常以茶会招待新闻界和各党派人士、社会名流、学者，散发中英文新闻资料，座谈时局。

印刷工厂
清代末年，著名的维新派学者、编辑出版家傅樵村所创办的成都图书局与1902年在惜字宫街开班了印刷工厂（1906年取名为印刷公社），是成都市最早的专业地图出版印刷机构。

图 3-75　结合历史影像复原四圣祠街区重要建筑布局

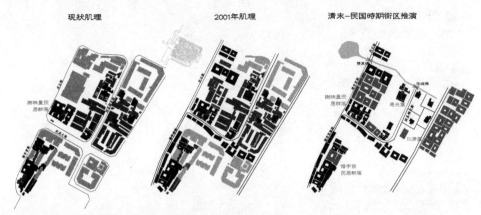

历史格局演变

[现状肌理]
四圣祠北街: **点状分布的西洋小楼**
行列式低矮住宅
大型公共建筑

武成大街: **北侧多层建筑&合院式民居**
南侧高层建筑

[清末-民国 肌理推演]
四圣祠北街: **围绕西洋小楼形成的开阔庭院**

四圣祠西街: **致密排列的合院式民居**

现状肌理 　　　　　　2001年肌理 　　　　　　清末–民国時期街区推演

图 3-76 　结合历史地图与历史影像的四圣祠街巷格局演变分析

⑤通过对四圣祠历史格局价值的研究与梳理,提出"一街·两苑"的四圣祠历史格局全要素保护方案:以历史街道—四圣祠北街为轴,将合院式布局为特色的"中苑"与独立庭院式布局为特色的"西苑"进行串联,并从整体格局、街巷肌理、空间尺度等多个方面进行保护策略构建,包括拆除对历史建筑完全遮挡并影响历史格局的危房与违章建筑,保护历史街道、最大程度恢复福音医院建筑群由庭院环抱的格局、控制建筑体量,保护四圣祠西街民居群的四合院落格局等措施,将最具价值的"中西融合"格局在街区中进行开放与呈现(图3-77)。

2)基于GIS与空间句法的整体格局保护技术

基于GIS与空间句法的整体格局保护技术,其应用对象主要是更新区域中具有一定历史特征的街巷格局。这些街巷格局作为地区文化中的重要形态表征,反映了不同地区在历史演进中受到自然环境、政治经济、社会文化等因素影响后所形成的结构形态。同时,延续至今的历史街巷格局又影响着当代居民的行为模式与生活方式,进而决定了街区的现代文化特征。

通过历史地图与历史影像对比研究,可首先对区域格局特色进行初步研判。在此基础上,通过空间句法与 GIS 相结合的分析,可对街区的整体格局及其价值进行量化分析,从而确定街巷格局的具体保护内容与保护策略。其常见技术路径包括:

图 3-77　四圣祠街区整体格局保护目标与保护原则

　　①通过GIS平台对规划区域的街巷空间结构进行研判，同时辅以不同历史时期地图纵对街巷肌理的演变进行解析，形成历史肌理与现状肌理的对比分析：包括且不限于对街道尺度、街道层次、街道密度、街道角度、地块轮廓、院落比例、建筑体量等各类相关要素的对比与分析。

　　②结合Depthmap+空间句法分析技术，对街道结构性特征与潜力分析进行辅助分析，包括视线整合度、选择度等。

　　③基于上述分析结果，提炼规划区域的历史街巷结构的量化特征与文化价值。

　　④围绕街巷格局特征，提出规划区域既有街巷格局保护延续策略，包括街道层次、街道密度、街道线形、街巷疏通、院落比例等结构性保护策略，以及街道宽度、建筑退

距、建筑高度、建筑面宽等空间尺度延续策略。

⑤在有条件的基础上，针对格局破坏严重且缺乏特色的区域，可对局部已消失的历史格局进行恢复，如景观形式恢复历史街道、广场，重塑街区格局特色。

⑥针对相邻新建区域，提出街巷规划的策略，包括控制新建街巷尺度，避免出现尺度突变。新建街道在满足建筑布局需求的基础上，尽量延续传统格局的基本形制等策略。

3）基于视线感知的历史风貌保护技术

历史价值的呈现建立在人对空间环境的视线感知之上。通过分析基于人视线分析所形成的感知路径、场所、区域，可将原本隐藏在街巷之中的历史建筑、历史构筑物、历史环境要素最大程度地呈现。其基本技术路径主要有以下三个步骤：

（1）根据人的感知路径/场所的重要性划分控制区域

①通过资源分布与人流分析确定重要的区域与展示界面。其中主要人流和历史文化资源集中的路径界面为一级界面。连接一级界面与周边重要节点相连的路径为二级界面，以此类推，可根据项目需求确定是否对界面再作进一步分级。

②在此基础上，通过视线分析确定展示界面两侧的控制范围（视线分析一般以在街道对侧看不到后方建筑屋顶为宜，即界面上视线可及范围内的空间形态）。同时，根据用地情况与节点空间需求，对重点控制范围进行修正。

③结合界面划分与视线分析，划分控制层级区域。以历史文化街区为例，法定规划中所明确的核心保护范围与一级界面及其重点控制范围，可划分为第一分区；建设控制地带与二级界面及其重点控制范围可划分为第二分区；其他环境协调区可划分为第三分区。

（2）在划分控制层级区域后，制定单体建筑控制的标准

①以历史价值呈现为核心的风貌保护技术，应基于人的感知对建筑体量、色彩、材质、风格等风貌要素进行重要性排序。一般而言，不同距离人能够感知到的元素是不同的，体量带来的观感印象最深、冲击最大，色彩次之，而材质则要在近人尺度才能感知。因此，基于人感知的建筑元素中，体量最为重要，色彩、风格、材质次之。

②对规划区域内建筑体量、色彩、材质、风格的数据进行采集与统计，并对各元素的数据指标划分层级。

（3）以控制分区为单元形成各要素的具体控制要求，不同分区与元素间不同层级形成对应，以此构建各分区的具体控制条件。

3.6.2.3 非物质文化的活态保护技术路径

不同区域中不同社会群体带来的生活方式、文化习俗、社会关系的差异最终会决

定区域文化乃至城市历史延续等非物质层面。在完成对区域非物质文化完整的价值评估后，对其展开的保护与传承策略应是多维度并行的。如通过延续原有城市空间模式去传承传统的邻里生活方式，或通过留住原住民去保护邻里社会关系，或在业态规划中引入非物质文化遗产从而保护民间技艺。一般而言，针对区域内非物质文化的传承保护技术的基本路径可总结如下：

①对更新区域不同时期的文化记忆、生活模式进行梳理，对构成地区人文特色的空间模式、功能业态、文化氛围进行研判。

②明确保护与发展对象，确定街区非物质文化中真正具有价值且必须保护的部分。

③确定发展模式，提倡小规模、渐进式、自下而上或上下结合的更新模式。

④建立参与主体，明确各主体职责，一般包括街区所属政府部门、原住民与使用者、相关领域专家学者、其他非政府组织等参与主体。

⑤提出传承并活化非物质文化遗产相关的业态规划与活动策划。

⑥提出延续街区传统生活模式的建筑空间更新策略。

⑦提出承载街区文化特色的景观设施规划策略。

⑧提出展示街区历史记忆的文化空间布局策略。

⑨提出原住民社会关系保留延续的实施举措。

以耿家巷—崇德里历史文化风貌片区保护规划项目为例。

耿家巷—崇德里历史文化风貌片区位于成都市大慈寺南片区，红星路以东，王家坝街以北，东大街以南。该片区中最为著名的历史街道为龙王庙正街，该街道清末民初曾有大量的名人公馆与家族祠堂聚集，至今仍有部分历史建筑遗存。

由于清末"湖广填四川"，龙王庙正街北侧修建了四座客家人的家族祠堂，新中国成立后，部分祠堂被拆除，保留至今的邱家祠堂为广东邱氏家族于清末修建的祭祀祖先的家族祠堂。而拆除后的空地兴建合院及独栋民居，成为新中国成立早期的居民大院（图3-78）。

作为成都中心城区仅存的客家祠堂，邱家祠堂不仅具备物质空间价值，更为重要的是，其背后所蕴含的家族与社群关系、存续百年的传统习俗等非物质文化，与街巷院落空间形成了紧密的共生关系。除此之外，龙王庙正街作为成都最具生活气息的老街，其所承载的老成都生活习俗同样也是非物质文化的重要组成部分。这一背景下，项目启动了针对街区社会关系的多项调研工作，以此作为街区非物质文化保护的基础，探索原有社会关系存续、原住民参与街区运营治理的新方式。

调研的对象包括两部分：一为街区的原住民，即新中国成立后一直居住于此的居

邱家祠堂

建筑编号	建筑名称	建筑年代	原使用性质	占地面积（m²）	建筑层数	保护等级
1	邱家祠堂	清末	祠堂	1824	1F	市级文保单位

历史沿革

该建筑是"湖广填四川"时从广东移民至成都的邱氏家族祠堂，**是成都中心城区保护至今最为完整的祠堂建筑。**

清同治年间，每到春秋两祭，私企的邱氏族人都会赶来，摆上三牲十四果十二碗祭拜先祖。邱家祠堂设有宗亲会，购置铺房田地产，永久生息，以维持祭祀开支。新中国成立后，邱家祠堂全部转为直管公房，并作为立业公房使用，现有居民38户，其中仅有两户还属于当年的邱氏家族。

建筑风格

川西民居风格的四合院，主体为砖木结构，现存三进。

头进面积不大，两庑未置房间；二进显得宽敞，无开间，两厢回廊环绕；三进院子中间辟有一方大池，族人祭拜得绕大池进入正厅，厅内高敞轩昂。

中院和后院两侧各有两个天井，布局严谨，梁架结构完好，造型恢弘。邱家祠的大门如今已是难得一见的大宅门，门斗重脊高檐，红漆的大门配上雕花门墩，牛腿上还有祥瑞饰物。

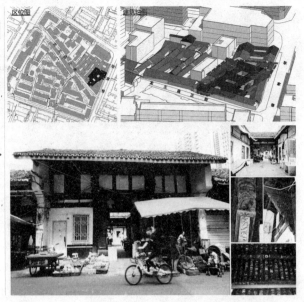

图 3-78 文物保护单位邱家祠堂

民，约十余户，其中最为年长的潘姓老人为20世纪30年代出生于此。邱家祠堂中，邱氏后人或家属剩8户。二为占街区比例较大且居住时间较长的外来租户，他们多数人在街区中开设店铺，对街区生活文化有着不同于外人的见解。两种群体的调研访谈有利于从更多的视角了解街区的非物质文化价值。

调研的形式包括随机走访、入户访谈、问卷调查等多种形式。此外，利用邱家祠堂举办坝坝宴的机会，对曾经居住于此的老居民进行了更大规模的调研访谈，深度了解邱家祠堂乃至龙王庙正街的历史细节，从而明确街区非物质文化中真正具有价值且必须保护的部分（图3-79）。

基于上述社会调查内容，保护规划围绕非物质文化保护提出了若干措施，包括更贴近于街区历史的业态引导、功能策划、文化设施、文化景观、非物质文化引入清单等内容（图3-80）。在此基础上，项目提出将"原住民参与、原生业态延续、原有生活场景保留"作为非物质文化活态保护最核心的实施举措（图3-81）。通过小规模、渐进式、自下而上的居民参与，将街区非物质文化中最重要的价值——"社区生活与社群关系"进行延续与保护，并以此推动街区的活力再生。

以少城历史文化街区保护规划与"伴随式"城市更新项目为例。

少城历史文化街区位于成都市中心，北至西大街，南至金河路、东至东城根街、西

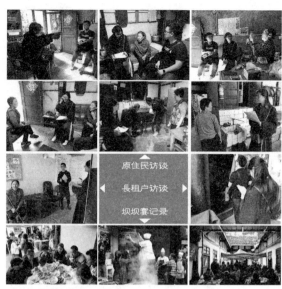

[社会调查]

本次调查内容包括住户迁入街区时间、产权情况、家庭情况、居住环境、邻里关系、街区历史、未来参与街区工作意愿以及住户对保护规划意见和建议等。本次访谈对象主要为耿家巷街区的原住民，该部分居民多数是上世纪五六十年代迁入耿家巷，从小在街区长大，对街区历史与变化极其了解，感情十分深厚。另，我们也对街区内一部分长期租户与社区工作人员进行了访谈，通过另一视角了解街区现状与问题。2018年10月13日，我们受邀参加邱家祠堂最后一次坝坝宴，并作现场访谈与记录；

在社会调查中，主要反馈信息集中在以下三个部分：

1.口述历史

目前街区内原住民多为五六十年代迁入街区，对街区内老建筑的细节与变化极其了解。本次社会调查极大的丰富了邱家祠堂、龙王庙正街70号等建筑的历史信息。

2.邻里关系

龙王庙正街的四合院经历了从家族祠堂或私宅大院转变为单位大院的过程，但合院而居的模式对强化邻里关系起到了非常大的推动作用。在社会调查中，我们发现街区内邻里关系十分融洽，天井庭院也成为居民每日聚会聊天最重要的公共场所。

3.居住环境

居民对居住环境的意见主要都集中于现状环境条件较差，如没有卫生间、没有天然气、用电负荷大、火灾隐患大、街道排水设施不足等问题。但对老建筑的结构质量赞赏有加，在512地震期间，据传邱家祠堂历史建筑几乎未受损，仅仅“掉了几片瓦”。

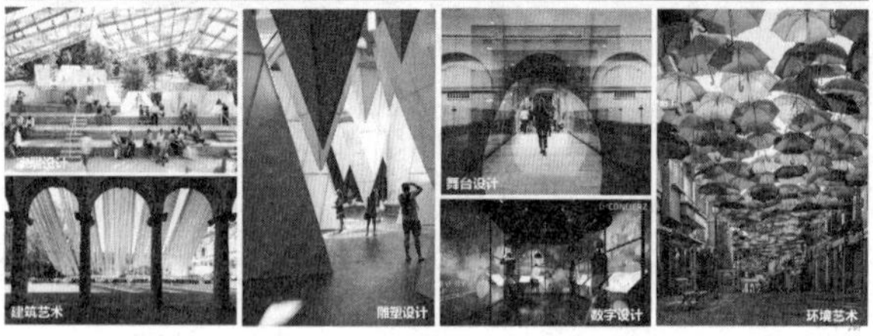

图 3-79　基于家族脉络与社会关系的街区社会调查

核心保护范围内建议引入活动类型：**创意设计+本土艺术交流+非遗宣传**

	文化广场+开放院落+历史建筑	历史型街道
创意设计类活动	①12个月+12设计行业+52个创意设计周 ②大师画展 ③时装周 ④动漫节 ⑤建筑双年展	①灯光秀——再现祠堂 ②街道雕塑展 ③创意市集
非遗宣传类活动	①非遗集市 ②造物节-传统手工艺商品展	
艺术交流类活动	①本土艺术家沙龙 ②小型艺术论坛	①社区绘画展

文博展览类	邱家祠堂 尹昌衡公馆 龙王庙正街70号民居（内院） 龙王庙正街60号民居（内院） 红石柱横街四合院	文化展示/文化商业/文化创意/文化体验	小型博物馆/文化展示馆（展示客家文化、市井民俗或民国历史等） 非遗文化展示中心 设计师工作室 传统工艺作坊 文化创意坊 文创零售 小型画廊 主题书店
文博展览类	核心保护范围内新建建筑	社区文化服务	文化活动中心 社区书屋 公益讲堂 文化站
时尚消费类	龙王庙正街70号（临街） 龙王庙正街60号（临街） 龙王庙正街46号 耿家巷临街建筑 崇德里民居		品牌旗舰店 精品零售 轻餐饮
精品民宿类			①精品酒店 ②小型民宿 ③艺术家服务公寓 ④配套商业

图 3-80　耿家巷 - 崇德里街区业态与活动引导清单

至同仁路，整体保护范围面积111.8hm²。在少城历史文化街区保护规划中，通过历史地图与影像对比、GIS与空间句法分析等技术方法，保护传承了该片区的物质文化价值。这一案例也体现了中建西南院在少城历时近10年的“伴随式”城市更新，以及在非物质文化延续与培育方面的技术路径与实践经验。

（1）基于历史地图与历史影像的少城整体格局保护

少城自秦而始已有2300余年历史，通过秦、隋、清、民国等时代历史地图与现代少城的街区肌理作对比，确定了其总体格局反映了清代的主要特征：整体街道体系简单清晰，形如鱼骨状布局。以主街为脊骨，以尽端式的巷子为鱼刺（后与外围街道相通，打

[原有街道市井生活延续策略]

原住民：除鼓励原住民居住在街区内，还应鼓励原住民参与街道改造、店铺经营与
文化宣传活动之中；

原生业态：保留龙王庙正街最具特色的市集、特色美食等业态活动，但建议将其集
中于龙王庙正街南侧（建设控制地带内）布置；

原有生活场景：通过街道步行空间改造，增设专门的外摆摊位，围绕古树名木增
设小型公共空间，延续龙王庙正街极具市井气息的街道氛围

社区型商业现状分布　　社区型商业位置调整

[邱家祠博物馆——"再现祠堂"]

VR/AR技术重现龙王庙正街四座客家祠堂原貌，让游客深度体验四川地区
家族祠堂特色

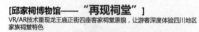

[文化服务中心非遗文化展示厅——"锦江集"]

利用核心保护范围内的新建四合院建筑，结合建筑东侧广场，借鉴金牛区
花照社区非遗宣传站模式，展示并体验非物质文化遗产，形成了集非遗展
示、非遗参与、非遗传承、就业服务为一体的教学、展览、体验式文创模
式。

[非遗+设计："非遗创意坊"]

利用片区内现状一处小型工业建筑，改造为非遗创意坊，开展剪纸艺术、瓷
胎竹编体验比、举办传承人培训班等项目

图 3-81　耿家巷－崇德里街区非物质文化活态保护相关策略

破尽端式布局）。各条平行街道长约400m，避免外部道路过多的干扰。街道之间具有较
高的"连接度"（小巷串联），街道之间形成商业业态的交流和互动，以及街道氛围的互
相渗透。少城的街道肌理明显有别于成都而更接近北京，体现了一定北京胡同的特色，
其独特性与完整性在成都乃至全国都较为罕见（图3-82）。

　　少城的街区格局决定了其街道与建筑的尺度及肌理，进而奠定整个少城片区的空
间框架，是城市中不可复制的历史样本。通过历史地图、历史影像与当代地形资料的对
比评估，规划明确了"鱼骨状"街区格局是少城最为重要的文化价值。在这一认知上，
规划结合其他相关软件的辅助研究，提出了对少城"鱼骨状"格局保护的各项要求，包
括保护路网结构关系、不减少道路数量、保护道路空间尺度、不随意变动道路线形及走
向、不随意拓宽道路宽度、保护街道空间感受、恢复部分已消失的历史街道，强化"鱼
骨状"街区东西走向的密肋格局、拆除危房与违建，疏通并恢复南北互通的肋网格局等
具体技术举措（图3-83）。

图 3-82　少城历史地图对比研究

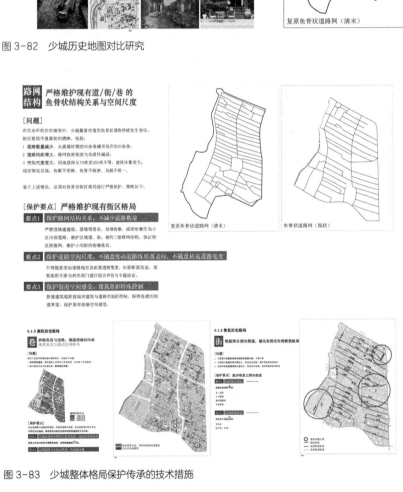

图 3-83　少城整体格局保护传承的技术措施

（2）基于空间句法的少城街道量化评估与规划验证

为了更加精准地保护传承少城整体街巷格局，通过depthmap+空间句法分析对街区格局进行了各项要素的深入分析，以确定在"鱼骨状"街区格局中街道的结构性特征与潜力。

①通过对街区大区域空间整合度分析，明确少城"鱼骨状"街区空间更支持片区级生活与商业活动的发展。

②通过小区域整合度分析，明确少城街区更适宜短距离步行活动及生产服务类产业。

③通过小区域空间的选择度分析，划分少城整体格局中各类街道的空间活动特征，如目的性的社区步行活动、通过性步行活动等。

④通过叠加分析，梳理出少城街道中的结构性特征，将街巷划分为交通主导型的街道、综合型街道与产业发展潜力型街道（图3-84）。

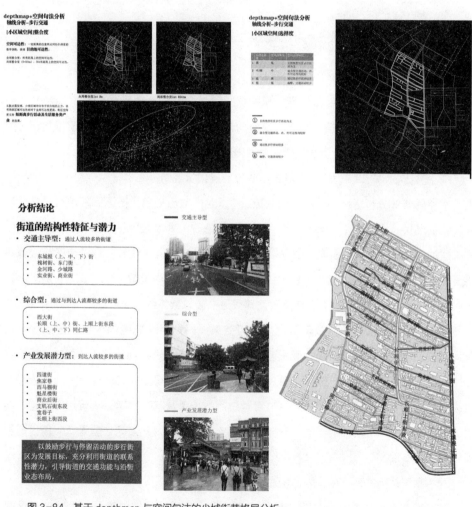

图 3-84　基于 depthmap 与空间句法的少城街巷格局分析

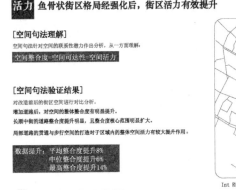

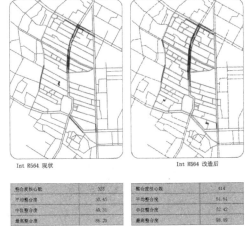

图 3-85　空间句法对少城街区格局保护进行验证分析

　　基于空间句法对少城街道展开的研究成果，结合其他相关评估结果，项目针对整体格局提出了若干保护举措，并通过空间句法对优化后的街区结构进行模拟验证（图3-85），确保强化后的"鱼骨状"街区活力得到有效提升。

　　（3）基于GIS的少城历史建筑量化评估与新建建筑规划控制

　　在空间句法分析基础上，保护规划通过GIS对少城历史文化街区肌理进行了量化研究，包括现状41个建筑（院落）以及77个天井（庭院）的尺度分析，明确了构成少城空间肌理的主要建筑层数、面宽、进深等各项指标的分布及其中位数，以及街区核心保护范围中各院落式建筑的孔隙率、长宽比的集中分布区间与中位数（图3-86）。通过将街区肌理的指标量化，确保后续新建与改建建筑进一步延续传统街区肌理。

　　基于GIS平台展开的建筑院落尺度分析结果，规划对更新范围内新建建筑院落层数、面宽、进深、孔隙率、天井面积、天井长宽比等指标进行规划控制（图3-87），保证新建建筑尺度与既有建筑协调一致，避免整体建筑格局呈现突兀变化。而对于规模尺度较大的新建项目，规划则要求新建项目延续原有"鱼骨状"肌理，建筑组团沿巷道布局，减少建筑实体、墙面的错动，形成连续的空间界面，以此强化"鱼骨状"街区的界面特色。

　　（4）基于伴随式设计的少城非物质文化活态保护

　　在少城的非物质文化中，除了民俗技艺、文化传说等传统要素外，少城的社区生以下研究信息可运用于新建方案参考：

建筑体量

统计现状1183个建筑，对其尺度进行分析：

通过外接矩形对其长度与宽度进行统计，并通过数据分析得出分布规律：

层数

集中分布：1-12层

中位数：5层

建筑的层数，主要反映建筑的高度分布情况；

面宽

集中分布：2-61m

中位数：12m

建筑主要采光面的长度，反映建筑主界面尺度；

进深

集中分布：1-17m

中位数：5 m

建筑纵深的的长度，反映建筑物次要界面尺度。

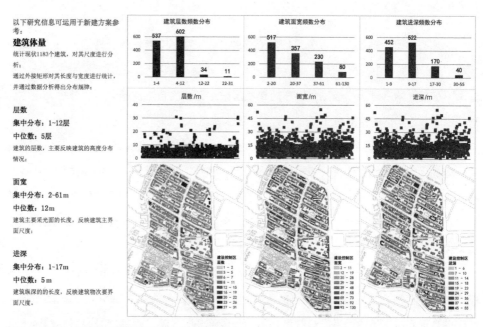

图 3-86　基于 GIS 的少城街区肌理与建筑体量分析

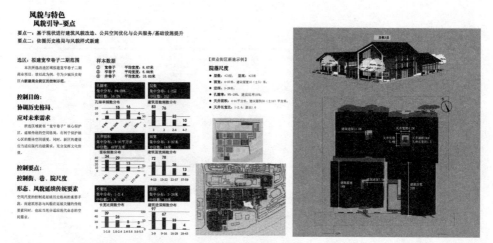

图 3-87　少城历史文化街区既有建筑样本研究与新建建筑规划控制

活场景、创意文化与人文气息，同样具有极高的保护价值。而非物质文化与物质文化相比，往往需要更长时间进行传承与培育。正因如此，"小规模、渐进式"的伴随式设计一般也被看作是非物质文化保护传承的重要技术路径。

以少城片区为例，中建西南院城市设计研究中心于2012年开始参与少城的城市更新工作，在近10年的伴随式设计中，通过搭建工作平台、公众参与的空间改造、法定规划编制、相关政策扶持等多个方面展开对少城非物质文化的培育与保护，其具体的技术路径与技术要点包括：

①建立共识，确定原则。在2012年开展的"少城小通巷片区街道整治"与"少城片区城市更新研究"中，规划确定了公共区域和自主改建区域界线，在保障公共区域（人行道）不被侵占的基础上，鼓励居民在建筑底层限定范围内自主改建、自主外摆、自主使用，以此形成丰富的街道商业氛围，培育社区人文气息。

②保护价值，划定红线。在2018年开展的"少城历史文化街区保护规划"中，通过对少城扩大化的系统性研究，将街区格局、历史建筑、环境要素、非物质文化遗产等内容纳入法定保护的范围。在非物质文化保护中，通过保护规划明确少城的文化产业发展方向，文化产业引导清单，民俗旅游环线与特色业态空间，进一步保护传承少城的非物质文化核心价值。

③综合提升，多方参与。在2019年开展的"宽巷子国际社区城市设计"中，在政府、居民、商户、企业等多方参与的工作平台下，搭建起少城共治共建的社区治理机制，结合规划所提出的街道场景营造、活动节庆策划等举措，持续培育少城的社区人文氛围与文化创意产业（图3-88）。

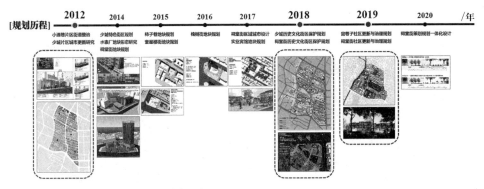

图 3-88　中建西南院在少城片区的伴随式设计历程

3.7 产业更新与空间适应关键技术

良好的产业功能配置是维系城市持续动力与活力的关键。旧城区部分原有产业因环境污染、经济性降低、供需调整等原因，逐渐外迁、迭代或转型。一些新兴产业也亟需补位。新旧产业功能置换所涉及的空间适配性问题是城市更新的关键议题。

城市更新设计中与产业功能相关的关键技术聚焦于两个阶段：①评估阶段。该阶段

图 3-89　产业更新与空间适应关键技术研究框架

着重于对更新区域产业功能现状进行分析，对新产业的导入进行研判，结合片区优势确定未来产业发展方向。②规划设计阶段。在上一阶段所确定的方向指导下，制定产业准入门槛，对不同且相关联的产业功能进行合理的空间布局，改造存量空间以适配新的功能，为产业更新创造条件（图3-89）。

3.7.1 产业与空间评估

评估阶段，通过详尽的调研，对产业现状的类型细分、构成比例、空间分布情况进行摸底。在此基础上，结合上位产业规划内容，确定城市更新产业发展目标，为后续产业更新落地提供依据。

1）产业现状分析方法

产业现状调研方式多样，传统技术方法包含田野调查、工商部门登记信息整理等；数字技术方法包括互联网大数据分析、POI（Point of Interest）数据分析、点评数据分析等。传统方式所采集的信息较完整，但不包含其用户评价和影响力等社会信息；网络数据有直观的地理坐标,且具有大量真实使用人群对于其的描述性信息,但此类信息可能不完整,时效性较差。如今已有较多研究对传统分析方法做出总结,本节将重点介绍以上两种方式结合运用的分析方法。

POI数据获取更为方便快捷,因此可以运用POI数据,对更新区域进行产业定性研究。将更新区内的POI数据与更大城市范围内各门类产业数据的占比进行对比分析,可得到更新区域主导的产业功能类型。

以成都市金牛区新桥—九里堤国际化社区城市设计为例。

通过将规划范围与向外扩大一公里的城市区域范围内POI进行对比分析,可发现相较于大范围城市区域,规划范围内餐饮服务、生活服务占比更多,企业、购物、商务功能占比更少偏少,因此该范围产业功能更偏向于生活性服务业(图3-90)。

更为细致的产业分析可将传统的田野调查、工商部门登记信息与地形图信息录入GIS,通过建立产业与空间载体之间的直观联系,便于形成平面分布图,热力图等反映区域产业分布特征的定性分析图纸(图3-91);也可按数量或按面积导出产业构成比例的等定量分析图纸(图3-92)。该集成了现状产业信息的GIS数据库,亦可根据更新方案的调整,实时反映出拆迁、改造的建筑面积统计和成本估算。

通过工商部门和网络点评信息,可梳理出部分具有一定独特性、体现地方特色的老字号产业内容。对这类产业业态应进一步实地考察,了解产业发展情况、经营主体的意见和未来发展计划。在产业更新过程中能够更完整地保留、延续、发展本类特色产业。

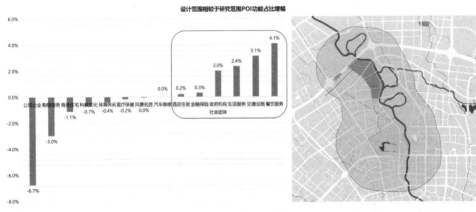

图3-90 新桥社区POI分析

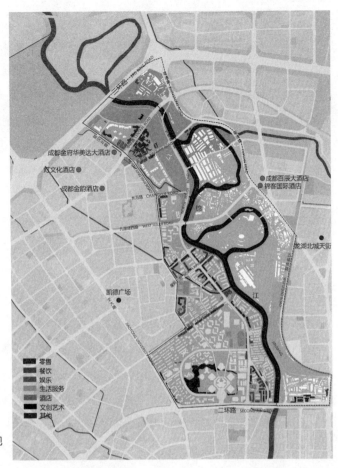

图 3-91 新桥 - 九里堤社区现
状生活服务业态分布

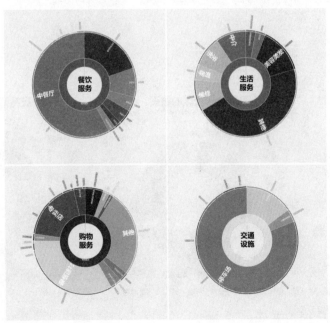

图 3-92 新桥 - 九里堤社区现
状生活服务功能构成比例

2）需求研判与可引入资源梳理

城市更新在谋求区域提质升级，社会公平福利的基础上，也需充分了解居民和商家、政府、开发商、运营商等利益相关方诉求，遵循市场化逻辑。

更新区域内居民和商户作为使用主体，他们的需求应充分地进行收集和分析。这部分方法可参考3.8节相关技术方法，按人群特征比例，随机抽样，通过问卷调查、访谈调查等多种方式，收集居民对于现状产业的问题及对未来拟引进的产业建议等；了解商户的经营现状和困难。建立能够反映区域居民、商户的需求数据库。

政府、开发与运营商作为城市更新的主体，将承担新产业导入的主要工作。由政府相关部门提供意向的产业招商名录，结合开发商、运营商自身的产业以及品牌资源，建立城市更新可引入产业、企业资源数据库。

需求库与资源库作为非空间的产业基础信息，将影响产业更新目标的制定和业态布局。

以成都市武侯区望江国际化音乐社区城市设计为例。

社区将依托四川音乐学院建设国际化音乐社区，产业方面也将引入音乐演出、音乐餐厅、培训等相关配套产业。设计团队通过大量线上线下问卷调查，总结出社区居民支持社区发展音乐主题产业，以及对有关于噪声扰民的担忧（图3-93）。根据该需求数据库，设计在发展引入音乐产业的同时，将影响较大的业态控制在现状酒吧街区域，以最大化减少对于社区居民的干扰（图3-94）。

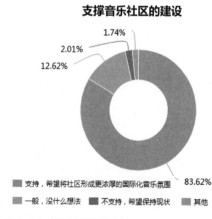

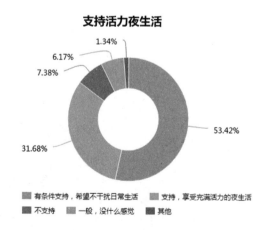

图 3-93　望江社区问卷调查

图 3-94　望江社区产业规划结构

3）产业发展方向

城市更新主体应委托专业团队梳理既有产业规划、评估其目标、实施路径等，并结合现状，从合理性、前瞻性、可操作性三个角度进行规划反思。

合理性，即研判规划目标是否符合当下宏观政策方向，是否与产业功能现状相适应，特别是针对编制时间较早的规划，更应关注规划合理性的评估。前瞻性，是在合理的产业定位前提下，将新兴行业、研发创意等前沿产业内容纳入研究范围，探讨产业升级的可能性。可操作性，即在明确产业发展目标的基础上，根据现状产业分析的结论，评估目标与现状之间的差距，制定具有实施性的产业更新时间计划和资金筹措方案。应遵循以下原则：

①保护区域特色产业，包括呈现地方特色的产业，承载片区历史文化的老字号等。保护的内容不仅局限于业态本身，还应包括原有业态所在的空间感受与环境特征。

②延续与人群密切相关的产业，包括支撑区域经济与就业的主导产业、生活性服务业等。延续此类产业功能的同时，宜逐步优化其所在的空间环境品质，提升更新区域使用主体的获得感和幸福感。

③置换低碳可持续产业，淘汰或迁出高污染、产能过剩的产业功能，对现有低能级、附加值低的产业功能进行提质升级，减少对环境的影响，提高对能源的利用效率。

④导入新兴的、创新型产业功能，包括基于数字经济、共享经济、人工智能、文化创意所衍生的功能业态，其对应的空间环境可以通过文化的表达及科技的植入，呈现全新的城市空间意象。

在对既有产业规划充分评估的基础上，明确更新区域内需保留、延续、置换、导入的产业内容后，受托团队应开展产业规划，制定具体的产业更新计划，用于指导下一步的产业更新落地与实施。

3.7.2 产业更新规划设计

产业更新的落地和实施是保证城市更新策略得以实现的重要环节。

1）产业更新导引模式

在上一阶段确定的产业更新计划指导下开展产业更新落地实施工作，具体的步骤如下：第一，根据前期调研，围绕保护、延续、置换、导入四大类产业内容，根据其上下游产业链、配套需求、城市更新实施主体的产业资源库等因素确定具体的细分产业内容。并结合相应的交通、区位、土地资源、产权关系、周边环境等影响，确定业态功能分区。产业更新成功与否的另一项重要指标在于能否持续地运营，创造现金流。因此在初步确定产业内容后，应充分评估政府的资产、行政管理能力、运营企业的资本实力、招商管理运营能力、商户的内容和品牌以及目标客群的偏好和消费能力，综合拟定未来实施运营的方式和计划。第二，制定产业业态导则，确定意向的产业目录以及相关配套。具体实施可以采用强制的产业白名单、黑名单来保证产业落地，该方式严格按照业态导则执行，便于管控，落地性强，门槛清晰；另一种方式，政策引导，相对而言采用市场化调控的机制，具有一定弹性。通过对于有意向引入的产业给予税收减免优惠等定向优惠政策，吸引目标企业入驻，同时不排斥其他意愿强烈的业态入驻。

2）产业更新与城市既有环境的适应性

产业更新在规划层面，应考虑产业更新与城市既有环境的适应性。该适应性体现在两个方面，一是产业与城市空间的适应性，二是产业与城市功能的适应性。

产业更新不同于新建产业项目，不是完全让空间满足产业的需求，而更多的是筛选相匹配、相适应的产业类型，填充利用既有的空间载体。城市更新中普遍存在的载体包括单个楼栋、由楼栋组成的院落空间、连续的街道空间以及由上述空间构成的街区。各类空间均有其不同的特征，包括易达性、公共性、所属楼层、附带室外空间、室内空间尺度等。准确研判空间载体与拟更新产业之间的适应性以及产业与空间场景的匹配度，是产业与城市空间适应性研究需关注的主要问题。在此基础上，产业更新须进一步探讨其产业链上各个环节的空间布局关系。将完善的产业上下游、相关的配套服务功能，在平面距离与立体空间关系上进行精细的安排。

产业与城市功能的适应性体现在引入产业与生活的互动。在易达性高的区域，如街角空间、建筑首层界面，宜引入与生活相关度高的产业业态，或布局向公众开放的共享功能，促进新产业与居民生活的交互。同时面向未来，预留使用的弹性，以轻建造、可变的布局，来满足未来不确定的功能和使用者对于空间使用需求的最大灵活性。

3）建筑空间及建成环境的适应性改造

为使产业和空间相契合，产业更新在建筑层面对既有建筑内、外部空间进行改造，一方面为了满足产业功能的基本空间需求，另一方面也有利于优化提升老旧建筑整体环境。在功能适应性改造前，应对建筑基础信息进行调研评估并分析其潜在的风险，调查内容包含：

①建筑的基本状况，修建年代、所有权归属、建筑使用功能、建筑周边环境（含地形、交通等）、建筑使用现状等；

②建筑外部状况，建筑高度及层数、外观风格形式、门窗围护结构、屋顶样式风格等；

③建筑内部状况，建筑结构形式、建筑水平交通及垂直交通的流线组织、建筑荷载、建筑安全疏散距离等。

在梳理建筑基本信息，对其结构安全性得出初步评估的基础上，根据新的产业功能，确定室内外空间设计的特殊需求，进行针对性改造。如在成都中车机车厂改造项目中，设计利用原有联合厂房的大尺度空间，改造为多标高的创意集市、半室内展演中心和温室花园；利用既有的Y形检修棚工业构筑物，外部加装玻璃围护结构，改造为产品展销中心。在满足新功能使用需求的同时，保留老建筑独特的结构美学。

通过对近400个国内外优秀适应性改造案例进行归类，对改造类项目进行了宏观的数据透视分析（图3-95）后发现，功能置换以工厂、仓库、市政建筑、办公建筑、商业建筑、住宅较多，多改造为办公、商业、酒店公寓、文化公共类功能。其中工厂、仓库等功能空间在城市发展历程中闲置率、淘汰率较高，改造经验多，经济性、适应性、易改性好，也便于操作。这类建筑多以大空间、公共性空间为主，具有多种改造的可能性，功能转换较为容易；而小的空间如公寓、住宅等，由于受结构和空间的限制，功能转换具有一定局限性。

本次分析通过数据展示了功能适应性改造经验比例，侧面反映了功能置换的可行性和难易度。涉及案例多，如工厂改造为办公、文化类，办公、学校医院改造为酒店公寓相对来说改造难度更小，也有更多现成经验和方法；改造案例少，或没有出现的实例，

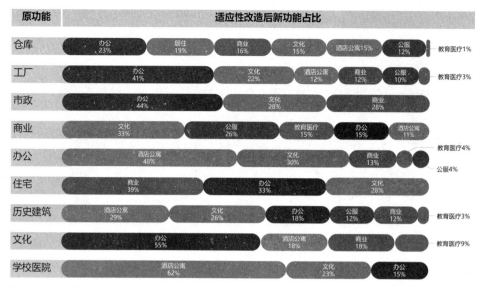

原功能	适应性改造后新功能占比					
仓库	办公 23%	居住 19%	商业 16%	文化 15%	酒店公寓15%	公服 12% 教育医疗1%
工厂	办公 41%	文化 22%	酒店公寓 12%	商业 12%	公服 10%	教育医疗3%
市政	办公 44%	文化 28%	商业 28%			
商业	文化 33%	公服 26%	教育医疗 15%	办公 15%	酒店公寓 11%	
办公	酒店公寓 48%	文化 30%	商业 13%		教育医疗4% 公服4%	
住宅	商业 39%	办公 33%	文化 28%			
历史建筑	酒店公寓 29%	文化 26%	办公 18%	公服 12%	商业 12%	教育医疗3%
文化	办公 55%	酒店公寓 18%	商业 18%		教育医疗9%	
学校医院	酒店公寓 62%	文化 23%	办公 15%			

图3-95 适应性改造项目数据透视分析

如办公改造为教育医疗或公共服务设施，相对而言难度更大，需投入更多的资金与技术。综上所述，适应性改造的核心在于空间形态关系，以及功能组织形式的转变，需充分考察原有建筑的现状和拟改造建筑对空间的需求，以确定改造可行性和策略。具体内容将在建筑专章展开阐述。

以成都东郊记忆创意产业园为例。

成都东郊记忆创意产业园区位于成都成华区，前身为20世纪50年代的中苏合建的成都国营红光电子管厂，2010年由刘家琨和国内多名建筑师，以及中建西南院对建筑及园区进行设计和落地，改建为融合历史和音乐文化的工业文化创意产业园区（图3-96）。

在总体功能布局上（图3-97），园区北临建设南路，是区域的主要交通干线和园区的门户入口。园区以音乐产业为核心，形成了较为完整的文化产业链，并结合城市空间环境现状，将上游文化艺术服务、文化创意、推广服务等布局于南侧用地内部，以减少周边环境的干扰，创造良好的创作环境；中游文化用品的生产销售、文化演艺服务等布局于用地中央，分列于园区内的主要轴线中央大道两侧，形成活力和功能聚集的核心，同时便于交通组织与人流集散；将下游文化艺术的附属服务、文化传媒服务、文化娱乐服务、文创产品销售等沿建设南路布局，临城市的主要道路形成服务性的商业界面。

建筑空间适应性改造方面，将原有的生产空间转变为文化消费空间，需根据厂房的空间布局、体量大小、立面造型、采光性能等，因地制宜地配置产业资源。在通过对现状工业建筑的评估基础之上，根据各建筑历史文化价值的不同分为三类——有较高文化

图 3-96 成都东郊记忆创意产业园

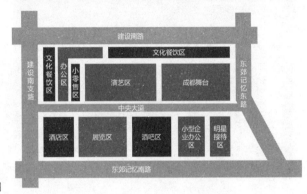

图 3-97 功能布局图

历史价值的保留建筑物、外观无保留价值的改造建筑和拆旧建新的建筑（图3-98），对这三类建筑有针对性地进行更新设计改造。

第一类保留建筑物，设计策略为尽量保持原有的立面及空间，对建筑安全进行评估后进行抗震加固，适量加入有时代感的设计元素，增加园区文化语言的整体性，如园区内的42号楼。

第二类改造建筑物，保留原有的大跨度空间，对建筑的外立面、功能进行改造，使其立面风格与园区氛围达到统一。如园区内的18号楼，原为彩色电视机显像管生产线的转配车间，改造后的功能为特色餐饮；园区内的4号楼，保留工厂的大车间，改造为展示和演出空间，为大型展会、演唱会等提供场地。

第三类新建建筑物，多为立面破损严重及建筑功能或安全评估无法满足现在需要的建筑物，采用新旧融合的外观更新方式进行设计。

同时，在产业更新空间适应性改造设计中，考虑到未来不确定的功能需求，宜预留弹性空间（图3-99）。如1号楼改造为大型室内演出展览场馆，考虑到1号楼原始建筑层高较低，为增加建筑对多种活动的弹性使用场景，在其中以新旧融合的方式加建

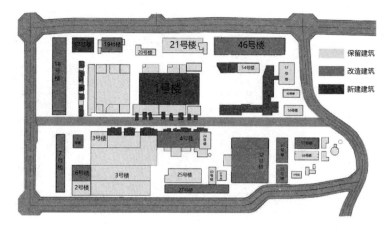

图 3-98　建筑适应性改造分类

图 3-99　建筑预留弹性空间

了层高19m的附属建筑，提高了场馆高度，满足多种演出活动的可能。当前整个园区共提供了演艺场所11处，其中新建场馆4处，空间容量跨度从300m²到5000m²，从容纳人数几十人的小剧场到满足2000人观赏的演艺中心，多种空间为大型演艺、产品发布会、会展、年会等不同功能提供了可能性。弹性空间的预留，是产业更新保有长远适应性与灵活性的重要手段。

3.8 人群研究与公众参与关键技术

城市更新不仅是对旧城区实体空间环境的改造，也是对社会关系的延续与重构。人群参与贯穿于城市更新设计的全过程，从前期评估到规划设计，再到后评估阶段，此外人群研究与更新设计中的文化延续、空间提升、服务完善、产业适配等也都有密切关联。故而人群研究应当作为城市更新规划中重要的一环，当前相关规划对于人群的研究主要集中于对于人群的评估及引导参与。同时，对象人群不仅仅局限于原本生活在此区域的居民或商家等，也包括迁入或未来将要迁入该区域的人群。

本章节从评估、规划设计两个阶段对城市更新中的人群进行研究（图3-100），旨在梳理各类方法侧重方向及适用场景，并总结更新规划实施路径及重点关注内容。

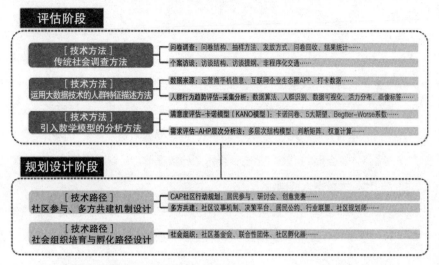

图 3-100　人群研究与公众参与关键技术研究框架

3.8.1 人群需求评估及活力分布

对更新区域内人群特征、更新需求及社会风险的了解，是开展城市更新规划的基础。随着数字技术的发展，社会调研在传统的访谈、问卷调查等方式基础上拓展出大数据人群画像等多种方式。

本节重点讨论传统社会调研、大数据人群画像及数学分析工具三类方法。在实践中，三种方法可组合使用。

1）传统方式：社区调研

（1）问卷调查

问卷调查是最为常用的传统社会调研方法，通过设置系列问题并回收答案的方式采集资料。城市更新调研中应注重问卷设计与问卷发放。

①问卷设计

人群调研中常使用结构型问卷，即以选择题为主，限制回答范围。此类型问卷便于保持答题人答题意愿，同时也便于统计。针对不同人群问卷题目应有其侧重点，本地居民更关注公共服务设施，商户更关心街道管理政策，游客则更关心服务与体验。

②问卷发放

通过问卷星等网络平台进行转发是当前流行的问卷发放方式，将链接或二维码分享至社区工作人员，请其配合发放，可即时在后台监测问卷填写数量与统计结果。同时，对于电子产品使用不熟悉的老年人，需配合社区工作人员采用辅助填写或纸质问卷的形式进行调研。

（2）个案访谈

个案访谈法应用于对单人、家庭或社区相关管理部门进行的深入、细致、全面的访问调查，以个案现状对群体现象进行猜想和推导，形式为面对面谈话与口头问答。个案访谈应选择在社区居住或工作时间较长的对象，以获得足够有效信息。与问卷调查法不同，个案访谈调查的样本量更少，耗费更多的精力与时间，同时对访谈员的工作技巧有一定要求。此方法具有深入、全面的优点，但在低样本量的情况下，易得出偏颇或失真的信息。

2）数字时代：大数据人群画像

大数据人群画像，是基于大量用户人群的手机信令、APP打卡等空间地理信息，对群体构成、行为模式，及人群需求等多个要素进行标签化的技术手段。大数据人群画像主要分为数据采集与画像生成两个阶段。

（1）数据采集

①数据来源

常见的数据获取方式：通信运营商手机信令数据、互联网企业数据及网络开源数据等。大数据通常需要与电信运营商（中国移动、中国电信、中国联通等）、互联网企业（腾讯、百度、阿里等）或数据公司合作获取。而相较于手机信令数据，互联网企业生态下APP数量多、覆盖广泛、黏性强大，更能通过用户标签信息对用户特征进行分析。

②数据提取

对应特定的目标数据：位置（居住地、工作地）、性别、年龄（隐私仍存在争议问题），制定提取算法流程以筛选有效数据。

【例】在对上海市铜川水产市场的研究过程中，统计用户在多个工作日的位置数据，在非工作时间区间内，某位置频次大于阈值时则判定为居住位置信息[37]。

基于上述原理不仅可得出用户居住地点与工作地点的位置数据，还可进一步推论出通勤时间等其他信息。

（2）画像生成

画像生成是指通过对获取的大数据进行筛查、分析并使用GIS等工具对数据可视化的过程。空间位置数据可直观呈现出人群分布，配合不同时段的活力分布情况，可以判断一个区域的主要功能属性，即场所画像。

　　应用于城市更新的大数据人群画像，除了获取性别、年龄、职业等人群属性信息，本质上是人群与空间位置关系的集合。既可以通过活力分布反映人群活动规律，也反映城市空间的使用效率，为之后的规划策略提供辅助判断。

　　如图3-101所示，遂宁市河东新区兴建了五彩缤纷路湿地公园等优质城市公共空间，而人群主要集中于老城区（船山区）与河东新区职业学校内，其使用效率并不高。究其原因是新区住宅区入住率较低，且城市大量的功能性建筑仍留在老城，以至人群活动主要集中在老城区。

　　此外，人群画像与城市空间相结合的评估方式也十分有效。城市空间活力分布模拟（图3-102），是人群的行为模式与具体的城市空间结合的模拟方法，它更清晰地反应人

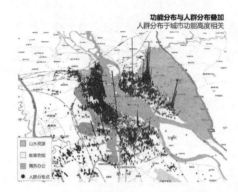
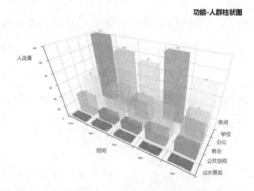

图 3-101　遂宁市总体城市设计人群分布研究

图 3-102　城市人群活力分布
模拟

群活力聚集的状态，通过不同属性人群的活动倾向与场所产生对应关系，又以各类空间场所的服务半径限定人群活动范围，综合模拟城市人群活力分布。

大数据人群画像主要应用于规模较大、流动性强、数据样本大且具有代表性的城市更新区域，在评估阶段准确把握大的现状分布趋势及通过数据分析深度挖掘人群其他属性，为规划设计及决策提供辅助。

3）进阶分析：数学模型

进阶分析基于问卷调查方式，引入数学模型进行分析，这类方法常应用于服务评价、公众需求等分析过程中。

本文以卡诺模型（KANO模型）为例进行详解。卡诺模型可用于对居民需求分类与排序，并得出公共服务供给水平与居民满意度之间的关系。

以社区公共服务满意度评估为例，影响满意度的五大因素有：①魅力型服务——居民期望之外的服务，提供服务时满意度会提升，不提供也不产生影响，例如文化会演等服务；②期望型服务——提供服务时居民满意度上升，不提供时满意度下降，例如社区中学、小学等设施；③必备/基本型服务——优化或提供此服务时居民满意度不变，不提供服务时居民满意度大幅下降，例如社区医疗、市场等设施；④无差异型服务——无论是否提供相应服务，居民满意度不受影响，例如邮局等使用频率较低的设施；⑤反向型服务——提供服务时居民满意度反而会下降，例如公共厕所、变电站等设施。

（1）问卷编写

卡诺模型问卷可与一般问卷一起编写，但每项服务点相关的题目应设置正反两个问题，正反问题注意区分表述，以防居民误解；题目宜使用单选题，确保调查结果具有区分度；在问卷填写前，对五个标准的选项给出解释，方便填写。

（2）计算分析

①首先按对照表，统计各类需求/服务的属性归属（表3-27）。

卡诺评价结果分类对照表 表3-27

需求/服务	负向（如果不提供某服务，您的评价是）				
	量表	很喜欢	理应如此	无所谓	勉强接受	很不喜欢
正向（如果提供某服务，您的评价是）	很喜欢	Q可疑结果	A魅力型服务	A魅力型服务	A魅力型服务	O期望属性
	理应如此	R反向型服务	I无差异型服务	I无差异型服务	I无差异型服务	M必备属性
	无所谓	R反向型服务	I无差异型服务	I无差异型服务	I无差异型服务	M必备属性
	勉强接受	R反向型服务	I无差异型服务	I无差异型服务	I无差异型服务	M必备属性
	很不喜欢	R反向型服务	R反向型服务	R反向型服务	R反向型服务	Q可疑结果

②统计每一类公共服务属性归类的百分比（公式中以A、O、M、I表示），并据此计算出Better-Worse系数，了解某一类服务对居民满意度提升的影响程度。

单项服务供给满意度：Better/SI=（A+O）/(A+O+M+I)

单项服务缺失满意度：Worse/DSI=-1×（O+M）/(A+O+M+I)

③根据计算结果，对分值较高的公共服务应当优先供给，供给的优先级排序为：必备/基础型服务>期望型服务>魅力型服务>无差异型服务。

相较于传统常规的统计分析方法，卡诺模型更精确反映公服需求的重要程度和需求次序，从而在规划阶段更好地指导公服的供给。不足之处在于卡诺模型未将变化的技术因素对服务满意度的影响考虑在内，此方法，更适用于老旧居住区、城乡接合部等城市配套相对不足的区域。

除卡诺模型外，回归分析法、AHP层次分析法等也是常用的数学分析方法。

纵观三类评估阶段的评估分析方法，传统社会调查操作便捷、信息精准，但获取数据为静态数据，且数据处理能力有限；而网络大数据则信息更广泛，具备挖掘价值，多维度反映人群活动趋势，但具备技术门槛，需要数据合作方；数学模型则适用于进阶指标的分析，更精确反映各分析要素间的关系（表3-28）。

评估阶段各项方法对照表 表3-28

技术方法	子项技术	关注要点	优势	不足	应用场景
传统社会调研	1.问卷调查 2.个案访谈 3.田野调查	问卷编制；沟通技巧	1.个体数据相对准确 2.可对个体样本进行深入研究	1.只能获取静态数据 2.大空间尺度下调研难度增加	1.社区微更新 2.居民需求评估 3.居民意见征求
大数据人群画像	1.手机信令 2.互联网生态圈APP数据	数据来源；数据提取算法	1.反映大尺度空间范围内人群分布趋势 2.节省时间与人力成本	1.对个体样本反馈不够精准 2.数据合作有门槛	1.大区域人群分析 2.居民空间活力分布评估 3.行为模式趋势评估
数学模型	1.卡诺模型 2.AHP层次分析法	建立有效模型	1.复杂数据的决策分析 2.挖掘高阶数据	1.计算略显复杂 2.结论不够直观	1.居民需求分析 2.社区服务满意度评估 3.社会风险评估

3.8.2 社区更新中的多方参与

人本理念是当代的城市更新规划的核心理念之一，多方参与则是实践这一理念的重要途径。

1）社区参与、多方共建机制

（1）社区参与

积极引导社区居民参与城市更新，是践行"以人为本"理念下城市更新的充分条件。社区参与的核心在于了解并平衡各方的真实需求。专业人员、周密计划、适当引导、多样开展形式是社区参与的必要条件，同时应遵循开放性、趣味性与灵活性、合作性、居民主导性、现场作业以及持续性原则。此外，社区参与不适用于大拆大建式的城市更新。

在居民区类型的旧城更新项目中，社区行动规划（Community Action Planning，以下简称CAP）[38]是引导社区居民参与的有效方式。CAP活动的具体内容包含以下几个阶段：

①发起和准备

通过现场踏勘调研、居民家庭走访，对居民委员会、街道办事处等相关部门机构的访谈，了解更新区域的发展潜力与阻碍。

②研讨会

以参与性强的现场活动组织吸引社区人群参与其中，在自然放松的状态及氛围中了解居民的真实意愿，并以此为基础对规划设计进行修改与调整。

③后续

开展一系列研讨会，在充分了解和认知居民的需求及意愿基础上，视实际情况而定进一步参与式设计。同时，通过导则、公约或项目计划等形式确保规划目标得以实现。

以扬州文化里试点为例，面对保护、开发进退两难的困境，相关政府部门与德国技术合作公司（GTZ）合作在项目中引入了社区行动规划。此次社区行动规划中，得益于研讨会现场举办的形式，居民积极参与，甚至主动拆除了所搭建的违章建筑[40]。

与传统自上而下式的设计模式不同的是，由于更多的社区参与，更广泛的居民意见听取，文化里更新改造取得了众望所归的规划成果，并因此而荣获联合国人居奖。

（2）多方共建机制

城市更新往往涉及多方的利益平衡，单独从某一方的目标或主观意愿出发，最终都难以实现项目的推进。搭建多方共建平台，是城市更新长效城市运营的关键。城市更新项目中涉及的多方，主要以政府、市场主体及公众三方为主。

①建立健全的社区议事、决策机制与对话平台

明确参与方是否有正式的法律约束，参与的阶段、参与形式、决策的执行者及参与方在参与中所处的地位。调动居民积极性，鼓励居民积极参与社区公共事务，自觉维护社区公共秩序，着力提升居民参与的主动性和能动性。

少城片区是成都市井文化及历史格局保存最完好的区域，其中宽窄巷子是著名的旅

图 3-103　宽窄巷子国际社区少城商居联盟

游景点。应对少城片区人流量大，商业众多却仍保留有大量居住的复杂情况，在社区的组织下，各商家、居民、社区三方联合成立了少城公社（商居联盟），并制定了商居联盟公约与商居联盟委员会制度（图3-103）。

②平衡各方利益，明确各方分工

"政府搭台，群众唱戏"。政府主要负责宏观把控与实施，以及财政方面的补贴与支持，包括与社区联合提供多样化的公共服务；社会企业与教育机构通过共享资源、人才培养、智力支持带动片区发展；社区及居民层面则通过积极参与、主动配合及自主改造等方式参与多方共建。

多方共建机制与社会组织引导是更新规划实施过程中常用到的途径。为应对不同的更新对象，共建机制应对有所区分。偏重商业的区域，强调政府、企业、居民的合作；偏重文化教育的区域，强调校区、园区、社区的融合；偏重居住的区域，则需要社会组织的介入实现社区可持续更新。

2）社会组织及孵化培育

城市更新改造离不开社会组织，在社区尺度的更新改造尤为明显。社区级社会组织为社区自治、政府治理提供衔接与互动平台，是居民参与社区管理、助力社区发展的重要载体。

（1）社会组织

城市更新较为密切的社会组织有两个：基金会和联合性团体。

根据《基金会管理条例》，基金会主要指利用自然人、法人或其他组织捐赠的财产从事社会公益事业为目的，依法成立的非营利性法人。以蛇口基金会为例，将所募集资金用于资助社区公益活动及社区项目，如关注贫困家庭的"暖冬行动"，鼓励创业的"蛇口创客"，展示历史的"蛇口改革开放博物馆"等。同时通过投资和理财收益平衡基金

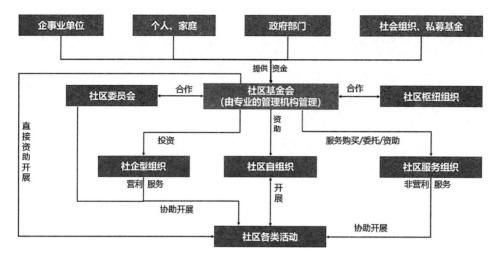

图 3-104　基金会组织流程

会的日常支出。此外，蛇口基金会也作为孵化器，培育其他社会组织（图3-104）。

联合性团体是指主要由不同利益需求的人群或各类社团组成的联合体，前文中提到的少城商居联盟是典型的联合性团体。

（2）社会组织孵化培育

社会组织培育的要点在于公信力建设与人才培养。社会组织培育协同机制如下[39]：

①以政府为培育主体、以购买服务为运作模式的行政培育机制；

②以企业为主体、以公益创投为支持形式的市场培育机制；

③以支持型社会组织为主体，以孵化器为载体的社会培育机制；

④以高校等教育机构为培育主体、以学历教育为主要模式的智力支持培育机制。

社区社会组织培育行政、市场、社会、教育四元协同整合机制。

第四章

城市更新设计关键技术市政篇

第四章 城市更新设计关键技术市政篇

针对城市更新区域普遍存在的交通及市政基础设施系统性差、配套不全、设备设施老化、安全隐患突出、内涝现象频发等问题，结合城市更新的难点和紧迫性，本章着重从交通出行改善、停车优化提升、管线空间优化配置、城市排涝系统完善四个方面入手，分析和探讨城市更新区域地上和地下空间的安全、有效利用的关键技术。

4.1 交通出行改善关键技术

在城市发展由增量变为提质的时代背景下，面对老城区交通拥堵、公共交通服务水平不高、慢行交通系统不完善、交通空间环境品质不佳等问题，城市交通出行改善成为城市更新的关键点之一。

本节从识别城市交通问题与发展需求的现状评估和需求预测入手，聚焦解决交通拥堵问题、提高交通出行品质。通过优化公共交通系统、改善慢行交通条件等，提高居民绿色出行方式选择概率，从而降低机动车交通需求；在适当增加交通设施供应的基础上，打通"断头路"、进行局部节点设计等，提高交通系统承载力；通过实施潮汐车道等管控措施，优化交通管理，提高交通系统的服务水平与运行效率；结合街道一体化设计理念[42]进行交通改造，"以人为本"提高出行品质、保障交通安全。

同时从整体发展角度，定性与定量分析相结合，科学制定交通更新方案，发挥交通在城市更新中的重塑功能与推动作用，提升城市综合承载力，提高城市更新的科学性和技术性。

4.1.1 技术路线

在对交通运行情况进行调查及评估的基础上，基于交通需求预测结果，从公共交通优化、慢行交通改善、交通容量挖潜等方面提出针对性优化方案（图4-1）。

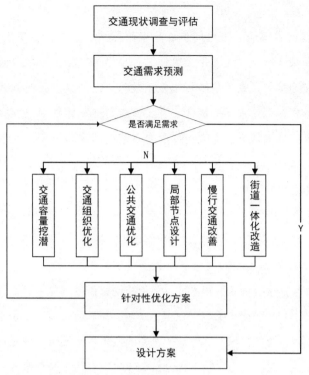

图 4-1　交通出行改善技术路线图

4.1.2 现状评估与需求预测

交通现状评估通过交通现状调查与分析来识别居民出行规律及交通运行特征，把握交通问题实质，并基于交通系统需求预测，分析供需缺口。

1）交通调查与数据分析

（1）调查内容

交通调查是进行现状交通评价、交通阻抗参数标定及未来路网方案确定的重要依据。城市更新涉及的交通调查主要包括居民出行调查、城市道路交通量调查、交通基础设施调查等。

①居民出行调查：对居民出行从出发到终止过程的全面情况的调查。

②城市道路交通量调查：主要有道路机动车流量调查、交叉口机动车流量调查、公交客流调查、非机动车流量调查、行人流量调查等。

③交通基础设施调查：主要有城市道路基础设施调查、公共交通基础设施调查、交通管理设施调查、城市对外交通枢纽调查等。

（2）调查方法

常用方法有问卷调研、路边问询、车辆牌照法、人工计数等人工采集及相关检测设备、视频采集方法。人工采集整体工作易学习操作，技术门槛低，相对于交通大数据处理较为简单，是目前项目中应用较为广泛的方法。但是其整体数据的精度不如大数据分析，调查人员的责任心及工作能力在一定程度上直接影响调查质量和结果，同时人工成本较高。在人力、财力有限的情况下，考虑到经济性及模型精度，常采用抽样调查，如居民出行调查抽样率一般为3%～4.5%[40]，覆盖面及数据量远远不如交通大数据分析。

（3）数据整理和分析

数据整理分析主要包括数据录入建立数据库（即将前述人工调查数据表格整理录入计算机，通过Excel或Access建立数据库）及通过获取交通大数据进行分析两种手段。

交通大数据包括手机信令数据（可以利用移动通信基站与手机的交互关系获得手机定位进而获取OD）、公交IC卡刷卡数据、车辆GPS轨迹数据、电子车牌数据、电子监控数据、互联网位置数据等。随着电子设备的技术发展及大数据时代的到来，交通大数据为全样本，实时、动态、精细化分析个体出行行为（如交通方式选择、路径选择和换乘等）提供了可能[41]。如基于手机定位获取OD、手机信令数据与机动车监测数据结合识别机动车出行轨迹；通过公交刷卡数据获取断面客流、站点客流、线路客流等。

2）评价指标体系

精准评估交通现状是整体改善交通运行条件的基础。选取传统的技术指标或设置权重进行综合量化评价是常用方法，而随着技术发展，建立系统性评价体系是未来的趋势。

（1）道路网络评价指标

主要有路网密度、路网等级级配、网络连接度等。除此之外也要考虑交通饱和度、居民出行时耗、平均行程车速等交通功能指标；平均换乘次数、公交线网密度、公交站点覆盖率等公共交通指标；万车事故率、路段空气质量等发展指标。

①交通饱和度：主要取决于道路的车流量和通行能力，是反映道路服务水平的重要指标之一。

②路网级配：各级道路的比例。对特大城市来说，快速、主干占比高，中小城市次支占比高，许多旧城区往往由于级配结构不合理而造成交通拥堵。

③网络连接度：可衡量道路网络的成网成环率，反映道路网络的成熟程度。

（2）综合评估系统

以数据中心为基础，考虑环境、土地、经济等评估要求，结合相关算法，构建包含道路运行、公交运行等在内的城市交通运行系统评估体系。综合评估系统建设成本较高，但综合实用性强、精确度高，是一种优化改善方案的决策工具。

3）交通需求预测

在城市现状交通出行特征分析的基础上，综合考虑业态更新、产业变化、开发强度调整等情况对交通出行的影响，基于城市更新规划方案，结合城市更新计划，预测未来年交通出行需求。

（1）四阶段需求预测模型

由"出行生成—出行分布—方式划分—交通分配"组成的"四阶段"法仍旧是目前最常用的交通需求预测方法，基于"四阶段"法建立的交通模型也是我国大部分城市在进行交通规划和政策研究时的分析依据。随着计算机技术的进步，基于成熟的"四阶段"理论体系，TransCAD、EMME/2、TranStar等交通软件在实际工程项目中应用广泛。

（2）交通—土地互动模型

传统的"四阶段"法对交通和土地（特别是土地开发强度）之间的关系考虑不足，交通—土地互动模型可以定量化建立城市布局、居民出行、交通网络、交通模式、交通流量之间的相互作用关系，为交通优化方案提供依据，同时反馈并支撑城市土地利用及开发强度的优化[41]。

（3）交通—环境协调发展

在以人为本、可持续发展理念的影响下，为实现交通与环境的良性发展，越来越多的规划方案会考虑城市居民个体出行行为特征及不同出行方式对环境的影响。总体思路为构建交通供需与尾气排放、噪声污染等关系模型，以环境效益为约束条件，通过调节个体出行方式，制定相关政策，来降低出行对环境的影响。

（4）基于大数据等新型建模技术

越来越复杂的交通问题及精细化要求不断提升，四阶段模型已无法满足实时、动态、精准的要求。随着大数据应用能力的提高，基于活动链的出行需求模型等新的建模体系及技术不断涌现，但从技术成熟度看，这些新型建模技术当前还处于理论研究为主的阶段，在工程应用中尚不成熟[42]。

4.1.3 更新路径与优化方法

城市快速发展使得早期建设的城市交通系统服务水平不能满足现有交通需求，从而引发一系列交通问题，如何在旧城片区的有限空间下进行交通优化改造是城市更新的重要组成部分。本节主要从公共交通、慢行交通、路网结构、交通组织等交通更新路径关键点进行优化方法探讨。

1）公共交通优化

（1）引入TOD发展模式

城市更新过程中，在有轨道站点的区域应结合周边用地进行一体化规划、设计，充分重视地上、地下空间的联动连接，瞄准轨道站点辐射片区的居民需求、游客需求，利用大型商业、办公区等与TOD站点间公共步道、连廊等，有机融合多样化服务，发挥轨道交通引导城市发展的作用。

（2）公交运营效率提升

公交站点位置和线路优化。基于居民出行调查、公交跟车调查等，注重公交站点的可达性，提高公交站点密度，结合居民日常出行需求改址公交站点，减少居民步行距离。在公交站点位置优化设置的基础上，适当减小公交线路长度，降低线路重复系数，提高发车频率。

公交站点品质提升。有条件的城市、区域，宜实施智慧公交站台、智能电子站牌、智能交互终端等，以便居民或游客实时查看公交运行信息、自助充值、查询地图或周边景点等信息。同时宜结合城市风貌、片区特色进行公交站点设计，提升公交站点整体品质。

设置公交专用道。有条件的城市、区域，为保障公交路权，可实施分时段的公交专用道，提高公交运行效率，降低路段居民的整体出行延误。

（3）公交接驳优化

多方式停车换乘系统。应根据城市轨道交通车站类型和区位进行集约化布局和规划，充分考虑与步行、共享单车、网约车、常规公交的多方式一体化接驳设计。可结合其他停车场共同建设、共享使用，并充分考虑未来用地的功能转换。

人性化的接驳环境。加强公交站台、地铁站点出入口与大型商场、办公区，甚至小区等人流集中区出入口之间的环境景观设计，设置诸如风雨连廊等人性化设施，一体化站台与出入口设计，提高出行品质。

（4）公交服务质量提升

通过调查充分掌握居民多样化的公交出行需求，在常规公交运营体系的基础上，精细化设置公交线路、提供特色化公交服务，设置社区公交、夜间公交、大站快线、预约公交等特色化、智慧化的公交服务，提升公交覆盖率和运营质量。

2）慢行交通改善

（1）人行道改造

保障人行道空间。以步行通行优先级最高分配道路空间，既有道路不得通过挤占人行道、非机动车道方式拓展机动车道，人行道过窄路段应拓宽至与全路段保持一致。街道小品等设施应以不阻碍行人通行为前提进行统筹设计。

完善人行道设施。加强标志标线标牌建设，在交通站点覆盖范围内的主要道路布设站点指示牌。符合条件的街道宜保证充足的街道照明、休憩、娱乐功能。

提高步行空间品质。强化与景观绿化、城市家具、功能业态相融合的一体化设计。

（2）保障非机动车通行空间

机非隔离。通过物理隔离、彩色铺装等实现机非分离、人非分离。

非机动车交通组织优化。通过优化路网交通组织，设置非机动车骑行区域，形成机非分流的交通走廊，减少快慢交通冲突。

（3）建立多维慢行系统

立体过街。在邻近城市重点商区、医院、车站等行人过街流量较大的区域，宜考虑地下过街通道或人行天桥，实现过街人车分离，改善慢行环境。商业、文化娱乐等两侧公共设施密集的路段应将其人流组织与空中连廊等立体过街设施充分结合、一体化设计，形成立体高效的慢行交通体系。

绿道。利用人行道与路侧绿地打造融合型绿道，有机整合绿道与街道慢行空间，串联主要文化设施及公园。

内外步行系统连续。加强小区内部步行道与外部人行道、地下通道、绿道等的衔接，如TOD站点，结合站点出入口地下人行通道，连接周边居住小区与商业区等高密度人流吸引点的出入口。

（4）无障碍设计

盲道。盲道线路应合理设置，充分体现人性化。线形应连续、顺畅，中途不得有电线杆、拉线、树木等障碍物，宜避开井盖铺设；人行道中的行进盲道应与公交车站的提示盲道相连接。

设置无障碍坡道、楼梯升降机等。临社区公共服务设施如幼儿园、社区医院、轨交站点出入口等，应考虑对老年、儿童、孕妇及其他残障人士的人文关怀，设置坡道、电梯等无障碍设施。

3）交通容量挖潜

（1）强化对外交通衔接

结合城市用地布局更新梳理对外通道，优化交通性主干路与对外通道、高速公路出入口、综合客运枢纽等交通设施的衔接。同时依托用地布局，促进职住平衡，疏解部分老城区城市功能至周边新城，提高内部交通需求，控制对外交通量。有条件地布局独立过境通道，增强新城区与老城区的通道联系，进行对内对外交通分流。

（2）优化道路网络级配

梳理交通性主干道，增强主要干路的贯通性，减少交通流的多次转换，分流现有通道的交通压力。

部分老城片区级配不合理导致各级路网功能混杂，主干路承担次干路功能，在明确交通干道后，将一些贯通性不佳、道路间距密集的主干路降级为次干路[43]，对其进行路权划分、断面改造等。

（3）打通断头路，减少梗阻

打通各类"断头路""丁字路"，进一步优化内部路网结构，形成完整路网，同时结合道路改造增加必要设施，强化路段通行能力。调整差异化道路断面及错位道路，减少交通流在节点多次转换导致的交通梗阻，缓解交通压力。

（4）梳理街巷道路，加密支路网

树立"窄马路、密路网"的城市道路布局与小街区理念，加密支路网，梳理街巷道路，能通则通，能连则连，增加开放度，完善交通管理，发挥街巷道路毛细血管作用，形成支路网微循环。

4）局部节点设计

（1）立体化交通节点

交通量较大的城市快速路、主干道，空间条件符合的，可设置立体交通节点，降低交叉口信号配时造成的延误，减少交通事故[43]。

（2）畸形交叉口改造

对于有条件的交叉口，可通过改善道路走向来优化交叉口平面线形；也可以通过清除交叉口障碍物等手段改善交叉口视距，并进行适当渠化。对于空间条件不足的交叉口，可实施交通渠化，分离车种、走向等；交通流合流时，应从小角度切入。对于条件较差的交叉口，可通过路段单向交通、邻近路段和交叉口分流等手段，减少畸形交叉口的交通流量，降低安全隐患和组织难度。

（3）交叉口渠化

引导车流、人流有序、安全地运行，减少车辆交叉口冲突、提高交叉口通行能力。如设置人行横道、交通岛和导流线、展宽车道等。可利用微观交通仿真软件VISSIM进行仿真建模，通过测算延误等指标来评价交叉口渠化效果。

5）交通组织优化

（1）单行道

老城区部分次支道路宽度不足，高峰期单向交通压力明显，且有就近的平行道路时，可将低等级道路设置为单行道。若有超过4条道路相交，宜将部分道路设置为单向交通，便于交叉口信号配时管控。

同时应系统性规划片区单向交通路段，避免堵点转移、区域路网运行效率降低。组织好片区内部公交线路和站点，做好交通渠化和路段标志标线引导，保障行人过街。

（2）分时管控

潮汐车道。结合交通调查，根据城市交通运行特征，在部分道路的早晚高峰实行潮汐车道划分，缓解高峰期因潮汐现象造成的交通拥堵。可以利用交通微观仿真软件进行仿真，定量分析潮汐车道实施前后的拥堵情况，科学设置潮汐车道。

分时段、分类型禁行。根据更新片区的功能布局、业态定位等具体需求，在特殊路段或区域，分时段、分类型禁止或允许指定车辆通行，结合科技手段运用，提高交通效率。

（3）右进右出

充分结合路段流量调查分析，在符合条件的主、支路交叉口实施右进右出。根据主干道实际条件，利用主干道中央隔离、单双黄线，以及主干道、支路禁左标志设置，实现右进右出管控。同时，右进右出将增加车辆绕行距离，存在加重片区拥堵隐患，应充分考虑片区整体路网交通压力，必要时结合片区微观交通仿真，科学合理设置。

6）街道一体化设计的交通改造

根据街道沿线建筑功能和场所活动功能属性，对街道进行分类，并以场所及活动为设计依据，分类分段进行个性化设计，重点从整体空间环境、关注人的交流和生活方式、街道空间管控等方面入手，提升交通空间环境品质。

（1）街道空间一体化

以"建筑到建筑、空中到地下"的整个街道空间作为整体统筹协调、一体化设计的范围，沿街公共建筑宜开放退距，与道路进行一体化设计，增加步行整体空间、优化步行环境，提升整体空间环境品质。

（2）连续的步行空间

规范过街和地铁出入口设施、集约化设置公共设施、保持人行道路面和铺装水平连续，保障步行空间的连续、贯通、衔接平顺，将步行空间有机融入城市绿道系统。

（3）交通稳静化

稳静化即宁静交通，通过各种措施降低机动车车速，从而降低机动车对居民生活环境的干扰，提高交通安全[44]。

道路流量控制。可利用中央分隔带等物理隔离手段削减交通流量，或改变道路线形，压缩机动车行驶空间。

道路车速限制。可针对不同类型街道进行限速管理，或可根据条件采用水平或者垂直线位偏移、立体减速标志、特定铺装、压缩车道宽度、减少车道数量、减小转弯半径、路缘外扩等方式，对车辆路段和节点速度进行管理。

（4）智慧街道

多杆合一。将路灯、信号灯、标志、监控、路名牌等设备、标志进行集约化设计，减少交叉重复、布局凌乱等问题，提升街道景观。

智慧街道服务。可在街道重要开放空间节点设置智慧公共艺术装置，扩展声音、图像、气味、触觉等传播媒介；增加智能旅游设施，利用多媒体展示街道历史和景点介绍等旅游信息；增加智能环保设施、智能照明、智能环境监控系统、智慧座椅等。

以釜溪河北岸滨河片区更新为例。

案例位于釜溪河北侧、自贡老城核心区，规模约40hm²，是自贡主要的文化展示空间。案例从提升老城形象、展示自贡文化、改善片区交通等角度，探讨如何实现老城复兴与有机更新。

（1）打造安全友好的滨河立体交通

改造前人车混行、平行道路对人行过街不友好，对滨河空间的阻隔作用较为明显。结合高差设置分离式道路断面、实现人车空间分流，打造完整的4hm²可进入的步行滨河空间（图4-2）。

（2）优化路网结构，完善交通组织

现状滨江路承担一定东西向过境交通流，未来东西向过境交通将通过江东路、汇柴山隧道进行分担。

解放路进行单向交通组织。保留现状地面道路，改为单向2车道，由东至西单向

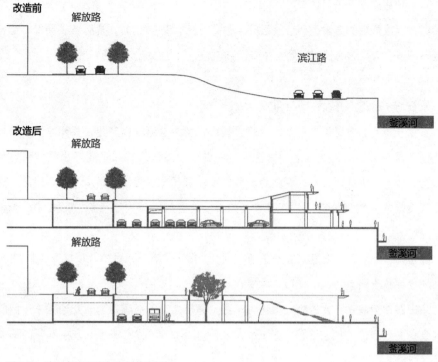

图4-2 滨河立体交通改造方案示意图

交通。

　　取消现状滨江路，紧邻解放路南侧设置单向下沉道路，单向2车道，由西至东单向交通。

　　（3）设置下沉道路接驳系统

　　设置接驳引道，实现车库进出车流的衔接；设置港湾车站，实现公交线路的无缝衔接（图4-3）。

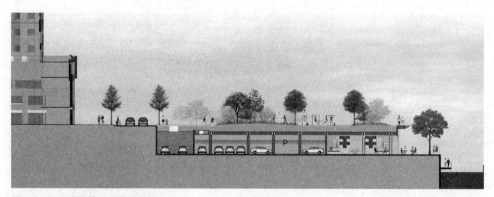

图4-3 下沉道路接驳系统示意图

（4）路段交通评价与仿真

通过对改造后的方案进行交通服务水平评价及VISSIM仿真，片区各主要节点通行条件良好，节点运行顺畅，片区到发车流衔接流畅，满足未来交通通行需求。

以石河子道路提升改造项目为例。

石河子市是新疆维吾尔自治区直辖县级市，曾经是新疆生产建设兵团总部所在地。现状就业区集中在北工业园区，居住则集中在中心城区，构成了高峰出行"南北大调动"的趋势。以明珠河为界，西侧为老城区，建筑开发强度较低；东侧为新城区，建筑开发强度较高。大部分市级公共服务，如学校、医院等集中在西侧，形成"东西小调动"的趋势。

通过对石河子现状交通问题的研判和评价，提出了有针对性的几项提升改造措施：

（1）完善干路系统

东三路作为联系南北的唯一贯通性干道，通行能力不能满足南北交通需求。因此完善其余纵向干道，分担东二路、东三路的交通压力，形成以"环线+方格网"为形态的道路网布局结构（图4-4）。

图4-4　路网系统完善示意图

（2）新增支路通道

石河子附属医院出入口不足，造成进入医院排队车辆倒灌至东二路。结合医院北侧老旧小区改造打通的支路网，新增3处进入通道，进行车辆分流，引导车流由北门进入医院，减小北二路交通压力，缓解北二路节点拥堵（图4-5）。

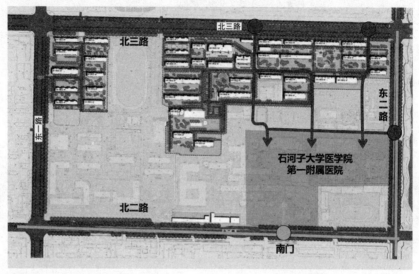

图4-5　新增支路系统示意图

（3）改造重要节点

北四路交叉口以南北向直行为主，干路相交节点宜进行立交化处理。在北四路设置下穿，提高南北向通行能力，适应南北大调动的交通功能需求。

（4）优化交通组织

在现状建筑出入口最集中的东三路北段，以北一路为界，将靠近建筑一侧的现状侧分带作为主辅路分隔带，进出车辆先进入辅道再统一进入主道，减少对主路车流的影响（图4-6）。

（5）完善公交与慢行

响应公交优先策略，设置3条公交专用道，将常规公交分为骨干线和支线两级，远期在现状侧分带位置局部间插设置公交站台。对明珠公园周边道路，拆除公园侧人行道，结合公园现状一体化打造慢行系统。在公园、大学、医院及公交站就近布设设置自行车停放区域，设置站点与站台距离不大于30m，为驻车换乘提供良好条件。

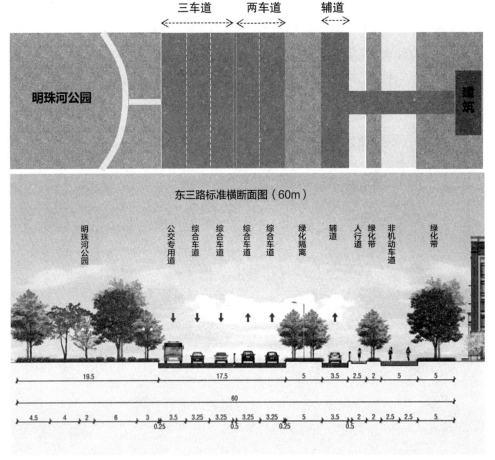

明珠河公园

建筑

东三路标准横断面图（60m）

明珠河公园

公交专用道
综合车道
综合车道
综合车道
综合车道
绿化隔离
辅道
人行道
绿化带
非机动车道
绿化带

19.5　　　　　　17.5　　　　5　　3.5　2.5　2　　　5

60

4.5　4　2　　6　　3　3.5　3.25　3.25　3.25　3.25　5　　3.5　2　2　2.5　2.5　5
　　　　　　　　0.25　　0.5　　　0.25　　　0.5

图4-6　改造断面示意图

4.2 停车系统优化关键技术

随着社会经济的发展，机动车保有量不断攀升，老城区普遍存在严重的交通问题，"停车难"尤为突出；同时人车混行、占用消防通道停车等安全问题也日益凸显。本节将从机动车停车现状评估入手，研究机动车停车问题，结合停车需求预测，通过调控需求、补充供给、加强管理、提高效率等途径优化停车系统，为实际工作提供借鉴。

非机动车停车可结合街道树池及街道附属功能设施之间空地、公交停靠站、轨交出入口等进行灵活布局，同时也可充分利用小区内各类消极空间、结合各类建（构）筑物设置，本节不做重点阐述。

4.2.1 技术路线

在调查现状停车情况并进行问题分析的基础上，基于停车需求分析，从系统最优角度出发，在增加供给、调控需求等方面提出针对性优化方案（图4-7）。

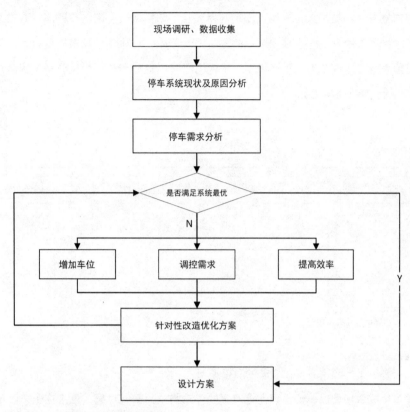

图 4-7　停车系统优化技术路线图

4.2.2 现状评估与需求预测

1）停车现状调查

与动态交通调查类似，静态交通调查也主要分为人工调查和大数据调查。由于缺乏成规模、可共享的详尽出行数据、停车数据和土地使用数据，根据实际项目需求进行人工调查较为常见，如停车位供给情况调查、停车行为与意愿调查、停车位利用情况调查等。

2）停车需求预测

停车需求可分为社会停车需求和基本停车需求。基本停车需求是指由车辆保有量引起的停车需求，即夜间停车需求，主要是为居民或单位车辆夜间停放服务；社会停车需求是指由车辆使用引起的停车需求，是日间停车需求的主要组成部分，主要由各种社会、经济活动所产生[41]。

停车需求受到城市人口规模、土地利用现状、车辆增长速率、市民出行方式及国家政策等多种因素的影响[45]，根据选取的影响因素不同，总体停车需求模型可以分为基于土地利用生成率的停车需求预测模型、车辆出行吸引模型和基于相关分析法的需求预测模型等几个大类（图4-8）。

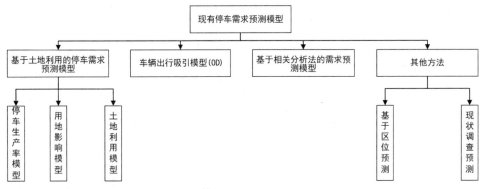

图 4-8 现有停车需求预测模型

（1）基于土地利用的停车需求预测模型

停车生成率模型以单位面积土地产生的停车需求为研究对象，难度在于求解不同用地功能地块的停车生成率，一般需要大量调查总结不同城市不同区域不同用地性质的停车生成率，美国和我国均有此类文献书籍，可以在参考已有研究生成率的基础上，根据实际项目，结合类似项目，进行停车需求计算。

用地与交通影响分析模型主要是从现状机动车拥有量及变化趋势入手，结合当前交通政策，考虑未来机动车拥有量和道路交通量情况，分析土地利用性质与停车需求之间的关系，是停车生成率模型的一种扩展延伸[46]，考虑因素更多，预测结果更加合理。

土地利用模型从土地利用情况、工作岗位及人员数量与停车需求之间的关系分析入手，重点考虑工作岗位和人员数量对停车需求的影响，适用于土地性质为商业用地或办公用地的单一地块[47]。

（2）车辆出行吸引模型（OD）

车辆出行模型建立的原理是考虑区域出行活动对停车需求的影响，意图寻找停车需求量和机动车出行吸引之间的关系，从而推导出区域的停车泊位需求，该类模型开展的基础是大规模的城市交通出行调查，因此，此类模型在实际项目中使用受限。

（3）基于相关分析法的需求预测模型

基于相关分析法的需求预测模型是一种宏观预测模型，以多元回归分析法为核心，从历史资料中，分析以往停车高峰时期的需求量与人口数、机动车保有量、建筑面积等相关参数之间的关系，预测未来停车需求。适用于城市功能相对完整区域的停车需求预测，数据收集的工作量较大。

（4）其他方法

基于区位的停车需求预测模型：在分析交通区位因素的基础上，结合势能、聚集规模等概念，对交通小区区位优势的量化研究[48]。

基于现状调查停车需求预测方法：对老城区高峰期路边停车现状情况进行调查分析，结合高峰期建筑配建停车情况和公共停车场停放特征，进行停车需求预测，用来解决常用城市停车需求预测方法对老城区停车需求进行预测时的困难和障碍[49]。

3）停车方案评估

在调查和分析的基础上，以系统最优作为目标，从政策、技术、社会环境等多方面，对停车方案进行评估。

指标体系包括违法停车率、税收、寻车到达时间、等待时间、停车费率、建设经营费用、大气污染、景观效果、房地产价格等。

评价方法主要集中在经济效益和交通效益两方面，如成本效益分析法、交通障碍率评价法等均为常用方法，不再赘述。

4.2.3 更新路径与优化方法

停车更新最重要的是解决供需矛盾问题，但一味地增加供给是不尽合理的，而应在政策调控和经济杠杆等需求管理的基础上，通过分区适度增加供给满足现状基本需求，同时加强停车管理，提高停车位利用效率，实现老城区静态交通供需平衡。

1）调控需求

（1）倡导"绿色出行"

倡导"绿色出行"政策，完善公共交通系统，在交通量需求较大的区间增设小型巴士、区域优化公交网络布局、完善公交接驳等，引导一部分小汽车出行转移为公共交通出行，减少社会停车需求。

（2）建设"P+R"系统

虽然公共交通出行可减少私家车的分担率，但不同出行人群出于不同出行需求，会选择不同的出行模式，在公共交通附近设立停车点可诱导更多居民选择公共交通方式出行。

建设"P+R"（Park and Ride，停车换乘）系统，设立衔接公共交通的"P+R"停车场、衔接通道及相关配套服务设施，能减少进入拥堵区域的小汽车数，缓解拥堵、停车位不足，为不住在车站附近的人提供了乘坐公共交通的办法。

"P+R"系统的推行，对于职住不平衡地区，如居住在新城区工作在老城区的出行者，提供便捷的公交出行组合，将减少老城区机动车出行需求，同时减少老城区的社会停车需求。

（3）实施差异化、动态化收费

不同区域差异化收费。对于不同地区的停车位实施差别收费，适当提高停车成本以减少对停车位的需求，如成都现行政策对城区分为四类区域，不同区域不同时间段路内停车收费标准不同。

动态调整收费。借鉴美国旧金山SFpark停车管理经验，通过需求响应式定价，对路内占道停车实施动态调整收费，减少巡游交通，引导临时占道停车向路外停车转移，控制路内停车需求，提高路外停车周转率，改善城市停车环境。

（4）完善购车政策

购车须自备车位。借鉴日本的管理办法，车主在上牌时要提供车库或车位证明，且实施实时监管，以确保减少新车主新增的停车需求对交通的影响。

精准化车牌摇号、拍卖。借鉴北京车牌摇号政策和上海车牌拍卖政策，精准化实施相关政策，如考虑以户口、居住小区业主等作为限定条件，在老城区停车位严重受限区，设置摇号、拍卖车牌等政策。

2）补充供给

（1）分区发展，差异化供给

根据不同片区的城市布局和交通出行特征，综合考虑人口与就业分布、土地开发强度、交通设施供应水平、道路交通承载能力和停车设施使用特征等因素，推行区域差别化的停车政策（表4-1）。

停车分区 考虑因素	一类区： 严格限制区	二类区： 一般限制区	三类区： 适度发展区
土地利用性质与强度	高密度开发的城市主、次中心	非高密度开发的城市次中心、城市集中建设地区内除中心区以外地区	其他区域
交通设施供应水平	公共交通供应充足	公共交通供应一般	公共交通供应较差
交通运行状况	交通运行状况较差	交通运行状况尚可	交通运行状况好
交通出行特征	公交分担率高	公交分担率较高	公交分担率低

严格控制区主要位于停车用地条件受限严重区，该区域人口集中，开发强度较高，停车需求量大，由于此地区的土地资源、道路网容量有限，停车供需矛盾较为突出，不可能无限制地满足停车需求，应积极采取其他停车措施。

一般限制区为已经或正在面临开发，具备一定的组团服务功能，是未来城市服务业较发达的地区，停车需求增长潜力巨大，停车供需矛盾初步显现。

适度发展区主要土地资源相对宽裕，可采用较为宽松的停车政策（表4-2）。

停车分区差别化管理策略表 表4-2

	严格控制区	一般控制区	适度发展区
供给模式	新建项目严格执行配建标准；利用零星土地、分散增设社会停车场，多途径增加供给	配建停车设施为主，公共停车场为辅，鼓励建设立体、机械式停车设施	配建停车设施为主，辅助以少量地面社会停车场
收费政策	提高停车收费价格，限制长时间停车需求	收费价格低于严格控制区	采用较低收费价格，拉开与城区价格差
管理措施	加强执法管理力度，从严治理路内违章停车；建立停车诱导系统，提高停车设施经营水平；鼓励配建停车设施对外开放，鼓励夜间向居民开放	严格执行配建标准，解决基本车位的需求；加强停车设施经营水平，提高既有设施利用率；加强公共交通建设，引导采用公共交通方式出行	严格执行配建标准，解决基本车位的需求；加强公共交通建设，引导出行方式选择公共交通；配合全市的停车治理，建立基本的停车管理秩序

（2）内部挖潜，缓解停车位不足

在不影响空间环境品质的前提下，充分利用小区内消极空间、闲置空地等拓展车位，或在不影响小区内部通行和底层采光的情况下，设置小区内部立体双层停车位。地势变化较大区域，可利用地形高差设置半地下停车位，同时做好周边绿化。有空间条件的，可考虑建设地下停车位，或利用民防工程改造地下车库，补充小区内部不能满足的停车位需求。

（3）外部补充，增设公共停车场

结合城市用地更新，利用小区周边拆违腾退用地建设公共停车场、地上立体停车楼，利用边角地散点布局微型停车公园，利用高架桥地下空间改造机械车库等。

充分利用地下空间，积极发展新型停车库。可利用绿化用地、公园、学校操场等，局部整合存量用地，开发地下空间建设地下停车场，设置混合功能，同时结合景观打造，改善人居环境，提升空间价值。除常规建设模式，还可考虑利用装配式地下停车库安装施工时间短、效率高[50]，沉井式地下停车库占地小、灵活性高[51]等优势（图4-9）。

图4-9 厦门行政服务中心沉井式地下车库

（4）合理设置路内停车位

适度满足停车需求，坚持路内停车位有偿使用，严格控制路内停车位数量。远期随着政策调控和供给增加，逐步减少路内停车位。同时清理人行道违章停车，结合管理控制和停车引导，治理"乱停车"。

3）加强管理

通过设置机非分隔带、阻车桩、禁停标牌等，结合监管措施，防止机动车占用非机动车道、人行道停车。

分时停放。对小区周边道路进行研究，在不影响通行的基础上，可适当施划路内停车位，实行固定时段（如夜间）停放，其他时段禁停的措施。

4）提高效率

智慧停车系统。全方位构建停车诱导系统、智能化管理系统，采用大数据、信息共享方式，引导车主快速找到周边有空余车位的路外停车场，提高车位的使用效率。

共享停车与错峰停车。老旧小区与周边商业、公司等合作，部分区域内部停车位对外开放，采用停车共享模式，错时错峰停车，提高车位利用率。

以崇州老城区停车系统规划为例。

崇州市位于四川省岷江中上游川西平原西部，距离成都中心城区约25km。案例通过制定崇州市主城区停车发展战略及策略，对停车需求进行预测，规划停车设施，并提出停车政策及管理建议。

（1）现状停车问题研判

崇州市中心城区规划范围面积约为41km²。市区内现状停车场11处，停车位共计2466个，总体停车位较少，不能满足停放需求。同时占道停车现象严重，缺乏公共停车场诱导标识和现代化停车设施，停车管理水平有待加强。需结合用地空间分布确定片区停车需求，完善停车场规划，重点满足功能片区停车需求（图4-10）。

图4-10　崇州市城区占道停车现状图

（2）停车分区发展策略

贯彻区域差别化的停车供应与管理理念，根据不同区域的人口、土地、交通等多种因素，合理分配停车资源，充分考虑未来可能形成的城市副中心，对崇州市中心城区城市停车分区划分为三类，制定差别化的停车发展政策，精细化调控停车资源与需求（图4-11）。

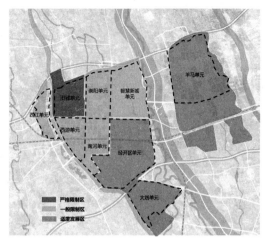

图 4-11 崇州市中心城区
停车分区示意图

（3）近远期合理供给

"建筑物配建为主，路外公共停车场为辅，路内停车场补充"是城市停车设施供应的基本方针。由于历史原因，崇州市城区配建停车位和社会公共停车场供应均严重不足，也是导致主城区内机动车乱停乱放的根本原因。

根据崇州市停车分区划分方案，有目的地引导城市不同地区机动车适度使用，逐步实现停车设施供应的合理结构。并在远期考虑到绿色发展、优化生态空间功能布局的发展要求和现代田园城市格局的发展目标，严格执行建筑物停车配建标准，降低路内停车比重，实现交通资源的合理分配（表4-3、表4-4）。

崇州市近期停车设施供应结构表　　　　　　　　　　　　　表4-3

	配建停车场/%	公共停车场/%	路内停车场/%
严格控制区	75	20	5
一般控制区	80	15	5
适度发展区	85	10	5

崇州市远期停车设施供应结构表　　　　　　　　　　　　　表4-4

	配建停车场/%	公共停车场/%	路内停车场/%
严格控制区	80	15	5
一般控制区	85	13	2
适度发展区	90	10	0

（4）立体复合设置停车场

考虑到旧城区等用地条件有限，可在符合公共停车场设置条件的城市绿地与广场、公共交通场站、城市道路等用地内采用立体复合方式增设公共停车场（图4-12）。

以釜溪河北岸滨河片区更新为例（案例背景及简要情况详见4.1.4，不再赘述）。

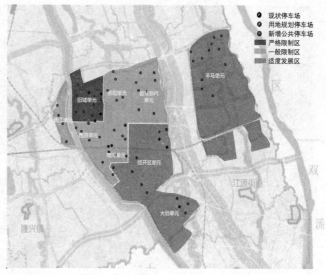

图4-12　公共停车场规划布局方案

（1）案例影响范围现状车位调查

对案例300m停车吸引范围内现状停车位进行调查，有效吸引范围内现状停车位约539个（表4-5，图4-13）。

现状停车调查表 表4-5

编号	建设形式	开放时间	停车泊位数/个	高峰时间段 停车泊位利用率/%	出入口个数
1	路边地面	全天	20	80	2
2	路边地面	全天	20	90	1
3	路外地面	全天	40	80	1
4	路边地面	全天	120	90	2
5	路边地面	全天	11	90	1
6	路外地下	全天	60	90	1
7	路外地面	全天	25	80	1
8	路边地面	全天	30	85	2
9	路边地面	全天	45	90	2
10	路边地面	全天	58	80	3
……	……	……	……	……	……
合计	—	—	539	85	—

图4-13　现状停车位分布示意图

（2）基于停车生成率的需求预测

基于片区更新设计方案，预测片区建成运营成熟后（预期2030年）片区高峰时段最大新增吸引人数约为2.8万人，采用停车生成率模型，预测目标年停车需求。目标年片区私家车停车缺口为150个，目标年新增私家车停车需求为110个（图4-14）。

$$P_j = f\left(L_{ij}\right) = \sum_i \alpha_i \cdot L_{ij}$$

（P_j：分区日停车需求；L_{ij}：小区土地利用指标；a_i：用地停车生成指标）

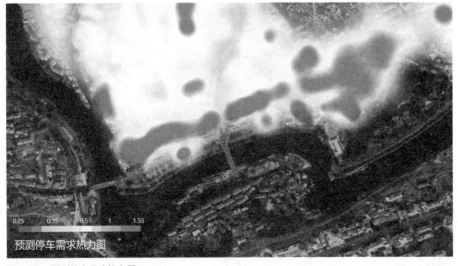

图4-14　预测停车需求热力图

（3）结合商业增设停车场

结合绿地、地下空间、路内空间等新增停车位，并结合商业设计地下停车库，引入车位引导牌等智慧停车系统，提供集约高效的停车设施支撑片区发展。新增停车位310个，在满足案例停车需求上，对片区停车缺口进行有效补充（图4-15）。

图4-15 地下停车库出入口设计效果图

4.3 管线空间优化配置关键技术

在城市更新区域中，市政管线普遍存在管线破旧老化、规格偏小、种类缺失、线缆蛛网密布、管线配套设施及消防设施不足等问题，需要统筹考虑并统一升级改造。由于市政管线种类繁多，囿于现状街巷局促的空间资源，在进行管道提质更新和管道系统增补时，管线综合布局困难重重，特别是重力流的排水管道更是受限严重。所以本节着重从排水管网性能、管线空间优化配置等方面进行延展和分析，而其他压力管线及配套设施的优化等内容本节不做重点阐述。

4.3.1 技术路线

根据管线改造特点，将全过程分为评估阶段、设计阶段两个阶段进行，并构建规划设计技术路线框图（图4-16）。

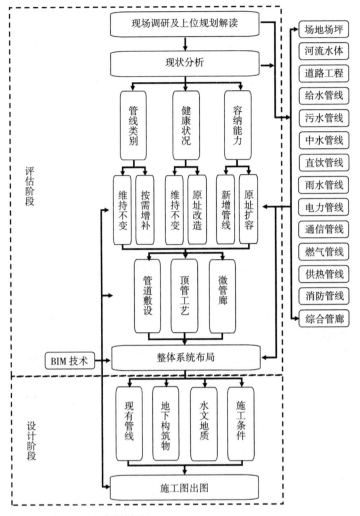

图4-16　规划设计技术路线框图

4.3.2 现状排水管网评估

1）现状排水管网摸底与排查

现状排水管网规格及运行状态可以通过CCTV技术、QV技术及人工巡视等手段有效检测并评价管道的缺陷类别和等级，以了解管道内部状况，为后续确认管道是否需要修复和确定修复措施提供依据。在工程中可根据管道的实际情况和需要选择不同的方法完成（表4-6）。

常用检测方法选择表   表4-6

检测技术	一般使用环境	适应条件
CCTV检测技术	可用于检测各种管径的地下管道检测	当管段较长（管径与管段长度之比小于20%~25%）时，必须选用CCTV检测。
QV检测技术	可用于检测各种管径的排水管道、沟渠	管内水位不宜大于管内径的1/2； 当管道内部未清洗导致CCTV检测难以进行时，应选用QV检测系统； 当QV检测发现可疑脱节或渗漏缺陷且程度较轻时，应用CCTV系统进行进一步检测。
人工巡查检测技术	大型箱涵（断面尺寸B×H≥1000mm×1500mm）或内径大于2m的排水管道	管道内部水深不得超过0.5m，充满度不得大于50%；下井前进行强制通风处理。

2）管道健康状况评估技术

（1）管道健康状况评估

管道缺陷评估方法、管道缺陷评估及管道修复性评估的计算可详见《城镇排水管道检测与评估技术规程》CJJ 181。

（2）管道检测结果处置方案

一级缺陷或一级修复和养护说明管段健康状况正常，在设计阶段建议保留。

二级缺陷或二级修复和养护说明管段健康状况基本正常，可以暂不处理，在设计阶段建议保留，但应制定处理计划。但若同一管段内存在两处以上（二级缺陷以上）应进行修复。

三级缺陷或三级修复和养护说明管段健康状况较差，在设计阶段应尽快处理。

四级缺陷或四级修复和养护说明管段健康状况已经很差，会直接影响管网的正常运行，在设计阶段建议应立即处理。

（3）对经过修复或养护处理后的管段应重新进行检测与评估，确定管段的健康状况。

3）管道排放能力评估技术

排水系统模型现如今已涌现出大量成熟的商业化或开源化排水系统模型。国外排水模型主要包括SWMM、MIKE URBAN(MOUSE)、InfoWorks ICM和BENTLEY等，国内模型主要包括DigitalWater DS、鸿业等（表4-7）。

排水模型	开发公司	使用特点
SWMM	美国环保署	开源软件，成本低、操作简单、容易掌握；但建模手段单一、功能少。
MIKE URBAN	丹麦DHI水与环境	在GIS的基础上开发，已形成一系列模型软件；需通过外部耦合3~4个软件来做到模拟整体的城市水环境系统，很难供一个模型团队共享使用；使用相对麻烦。
InfoWorks ICM	英国HR Wallingford水力研究公司	以数据库管理的模式开发的模型软件；可以将几十年的模型项目一并存储和管理在其自己的数据库中，能保证一个团队一起在一个模型数据库的环境下工作；可扩展性也极强，支持定制开发。
BENTLEY	美国海思德	提供市政给排水及水利、水文专业模型软件；可在AutoCAD平台、Microstation平台、ArcGIS平台以及Windows独立平台等多个平台建模；同一个文件在所有平台上共享
DigitalWater DS	北京清华城市规划设计研究院环境技术所	将GIS技术和专业模型合理集成，在水量、水质模拟、管网系统评估、运用监管方面实用性强；可二次开发，为各个城市与地区提供排水管网数字化管理手段。
鸿业软件	鸿业科技有限公司	在SWMM的基础上开发；主要配合设计行业需求开发的系列软件。

4.3.3 狭窄空间的规划统筹技术

1）系统布局，源头优化

在整体系统布局阶段，根据地块需求的预测情况，结合大区域市政管线系统优化，合理布局供配管线系统，将主要管线尽可能布置在空间资源充足的街道上。狭窄巷道在满足最基本的排放需求前提下，应尽可能减少管线的种类和数量。

2）协同设计，统筹实施

通过全专业的协同设计，合理组织安排各市政管线管位，尽可能有效利用有限的地下空间，避免因管线布局不合理造成的空间资源浪费。

道路、工程管线、老旧城区改造要统筹实施，尽量一次性全方位地解决问题，避免"各自为政"造成的道路重复破除与恢复造成的资金浪费、居民生活不便，减少因管线的反复改造和不规则路由造成的"一种管线，多个管位"的空间资源浪费和后续运营、维护的困难及安全隐患。

3）充分利用平面和竖向空间

旧城区管线普遍规格较小，所占空间不大，但附属构筑物如排水检查井、给水阀门井、电力井等所占空间较大，会挤占其他管线空间，导致各类管线之间的净距将无法满足要求。结合国内外经验，建议附属构筑物可以采用给水闸阀套筒、给水阀盒、排水清扫井、电气手孔井等设施减少横向空间需求；老旧街巷管线敷设降低检查井盖板，实现构筑物上部空间的错落布局，然后将井筒外侧空间用于敷设低压管线，进而实现各市政管线间距的合理控制（图4-17）。

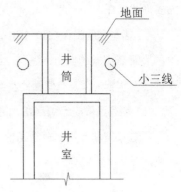

图4-17 利用检查井上部空间敷设压力管线示意图

此外，在确保安全的前提下，还可利用钢套管、基槽支护、顶管以及设置房屋保护措施等方法减小管道与建筑物的距离，也是旧城管线改造的关键途径。

4）集约化设计，微管廊模式

考虑到街巷空间的狭窄特性，市政管线的集约化设计是必要途径，而微管廊是一种有效的模式。微管廊是结合线缆管廊理念衍生出的一种浅埋沟道方式建设的管廊，一般设有可开启盖板，由于其内部空间不能满足人员正常通行要求，所以不设置消防、通风等系统。微管廊主要用于容纳电力电缆、通信线缆、给水管或再生水管、燃气管等管线，在狭窄街巷推行微管廊建设，可有效利用有限空间，节约空间资源。

5）因地制宜，灵活选择排水方式

在旧城雨污分流改造时，通常会增设1条或2条雨水或污水管线，而排水管线（特别是雨水管线）管径普遍较大，会因街巷空间狭窄的原因，导致管线无法实施。建议在狭窄街巷可采用盖板沟的形式排放雨水，管沟埋深浅，施工时对现状建筑物的基础不易产生影响，又可以保证较为充足的过水断面，后期维护和检修也比较方便。

6）沿河截流污水排口，同步开展河道治理

在旧城河道两岸污水直排现象频繁。河道两岸老旧建筑物大多紧贴或横跨河堤建设，征地困难，拆迁费用高。岸上空间狭窄，不利于截污管道敷设，可以沿河道坡底敷设截污管道，同步开展河道清淤和堤岸治理。河道坡底敷设截污管道时需考虑通风、防渗、抗浮以及防冲刷措施，检查井采用密闭井盖。

4.3.4 狭窄街巷管线综合

道路宽度满足12m及以上要求时，基本可按《城市工程管线综合规划规范》来落实管线间距。但大多数旧城街巷宽度都小于12m，若按常规管线综合布局模式，将困难重重。本文对宽度小于12m的街巷，引入微管廊模式，有针对性地提出三种道路横断管综布置形式。

1）街巷宽度8m＜B≤12m时

将现状架空的电力、通信、给水、中水管线纳入微管廊，廊体外部空间按需分布污水管、雨水管沟以及燃气管线。实现燃气管道化和雨污管道的分流改造（图4-18）。

2）街巷宽度5m≤B≤8m时

街巷设置单侧雨水盖板沟，盖板开孔排水。车行道对侧敷设雨水收集浅沟，分段排入雨水盖板沟（图4-19）。

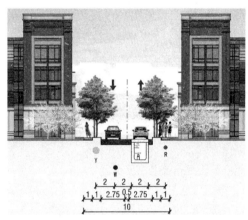

图4-18　8m＜B≤12m时管线综合图

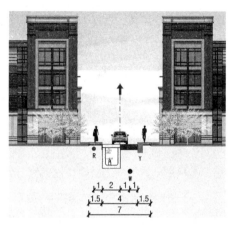

图4-19　5m≤B≤8m时管线综合图

3）街巷宽度B＜5m时

道路一般为单向行驶，路面坡向单侧，可在低侧、贴近构筑物敷设雨水边沟，首先解决内涝排放问题，再依次布置微管廊和低压燃气管道。污水可以通过交错垂直道路下污水管道进行逐户收集（图4-20）。

4.3.5 微管廊建设

1）入廊管线种类、规格

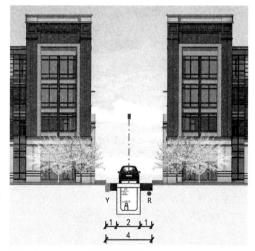

图4-20　B＜5m时管线综合图

老旧小区工程管线的种类多、服务对象少、管道规格小，以配送管道为主。一般情况下，老旧小区中规划给水管规格DN≤300，中水管规格DN≤200，电力线缆以

380V/220V为主、10kV线缆$n \leqslant 5$回。当道路宽度$B \leqslant 12m$时，入廊管线以配水管道、低压电力电缆、电讯线缆为主；道路宽度$B > 12m$时，在实际地形和断面空间允许的情况下，雨水和污水可考虑入廊，燃气和热力管线原则上不考虑入廊。

2）微管廊断面设计

（1）盖板沟式（半开放）微型管廊

当道路宽度较窄，两侧建筑物结构及基础条件较好时，可选用盖板沟式（半开放），该类管廊沟槽开挖深度较浅，利于施工。断面如图4-21、图4-22所示。

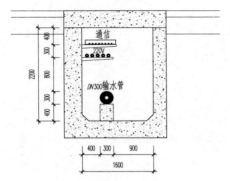

图4-21 盖板沟式断面Ⅰ　　　　　　　图4-22 盖板沟式断面Ⅱ

（2）箱涵式（全封闭）微型管廊

当道路宽度较宽，且两侧建筑物结构及基础条件较好或可采用基坑支护开挖时，可选用箱涵式（全封闭），该类管廊沟槽开挖深度较深。断面如图4-23、图4-24所示。

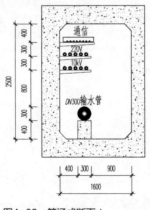

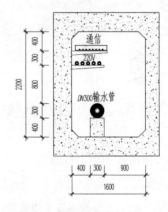

图4-23 箱涵式断面Ⅰ　　　　　　　图4-24 箱涵式断面Ⅱ

（3）圆形微型管廊

当道路宽度较窄，两侧建筑物结构及基础条件不好时，可选用圆形微型管廊。该类管廊采用暗挖法,对地上交通及构筑物影响小,但受一定的地质影响。断面如图4-25、图4-26所示。

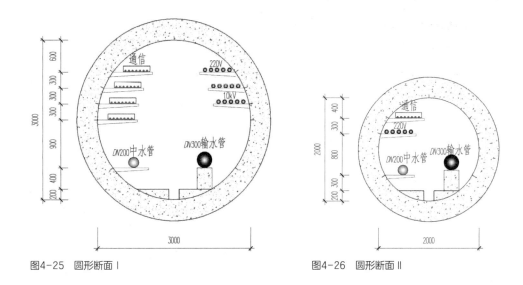

图4-25 圆形断面 I   图4-26 圆形断面 II

4.4 城市排涝系统优化关键技术

4.4.1 技术路线

在现状本体设施调研的基础上,对内涝灾害的成因进行分析,提出合理解决措施。在确保区域管道排水系统和超标雨水排放顺畅的基础上,有机融入海绵城市建设理念,"蓄排兼顾",尽可能地修复被城市化破坏的雨水自然通道(图4-27)。

4.4.2 现状内涝灾害风险评估技术

1)城市内涝灾害风险评估方法

城市内涝灾害风险评估方法可分为基于历史灾情数理统计、基于遥感数据结合GIS、基于指标体系以及基于降雨模型的风险评估方法等四类[52]。

(1)基于历史灾情数理统计的风险评估法

基于历史灾情数理统计评估法是对某一特定区域历史上曾经发生过的典型灾害进行研究,找出其历史灾害数据的规律,用于对该地区的未来灾害风险进行预测[53]。但是随

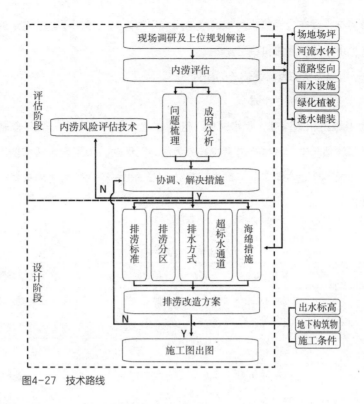

图4-27 技术路线

着城市化的推进，降雨受环境影响的规律在不断改变，利用历史资料预测未来城市雨洪灾害的发生有一定的偏差[54]。该方法逐步被更先进的数据信息统计和分析方法所替代。

（2）基于遥感数据结合GIS的风险评估法

遥感技术用于提取内涝淹没深度、范围等灾情信息。再综合灾害风险指数方法和层次分析法（AHP）以及地理信息系统（GIS）工具来评估和预判城市内涝风险程度。该方法需要大量实时监测数据作为技术支撑，尚处于研究和深化过程中。

（3）基于指标体系的风险评估法

指标体系评估法是从灾害形成机理出发，结合区域的特定条件，研究者凭借参考以及经验选取适当的指标，构建该地区的综合评价指标体系，建立数学模型，研究评价指标，以此来判定风险大小[55]。该方法用于评估洪涝灾害较为广泛，在国内规划和管理中应用较多。

（4）基于降雨模型的风险评估法

利用降雨模型方法进行暴雨的灾害评估，是根据现有降雨数据，利用水力模型进行分析计算，模拟仿真暴雨致灾的过程，包括可能淹没的范围、深度、时间等，能够显示内涝风险的时空动态。广泛应用于城市暴雨洪水下的灾害情景分析[54]。该方法的数据要求高，计算复杂，城市内涝模拟的精确度与深度受到限制。多用于城市内涝的模拟与规划方面，较少用于风险评估和管理分析。

2）基于指标体系的风险评估法的研究

（1）内涝灾害风险评估标准[56]

通常根据城市积水深度、积水时间、区域敏感性等方面制定一个符合属地情况的内涝灾害风险评估标准，将城市内涝灾害分为高风险区域、中风险区域和低风险区域三类。我们对业内各个地方拟定的标准进行总结，归纳出一个比较常用的灾害风险评估标准（表4-8）。

内涝灾害风险评估标准　　　　　　　　　　　　　　　　表 4-8

内涝灾害等级	积涝深度	积水时间	地区重要性
低风险	不超过15cm	积水时间不超过2h	无重要公共设施
	15～27cm	积水时间不超过2h	一般地区
中风险	不超过15cm	积水时间不超过2h	特别重要地区
	15～27cm	积水时间不超过2h	一般地区
高风险	27～50cm	积水时间不超过1h	特别重要地区
	超过50cm	积水时间超过1h	一般地区

注：1. 根据《室外排水设计标准》GB 50014—2021第4.1.4条地面积水设计标准中，道路中一条车道的积水深度不超过15cm。定义其为轻度积水，划入低风险区。
　　2. 为了保证机动车辆行驶安全，要求水不会进入排气口，而主流车型进排气口离地高度30cm。故交通部门一般规定在路面积水深度达到27cm时将禁止车辆通行。定义其为中度积水，划入中风险区。
　　3. 当积水深度超过50cm时，有可能造成人员伤亡，此时应禁止一切车辆和行人进入。定义其为严重积水，划入高风险区。

（2）雨水数学模型进行灾害风险评估

利用4.3.2章节的排水系统模型，开展不同重现期下的城市积水分析和灾害程度评估。目前国内尚未形成统一的评判标准，业内常用评估分值划分细则如表4-9～表4-11。

不同区域灾害风险评估分值表　　　　　　　　　　　　　　表4-9

分值	10	7.5	5.0	2.5
积水深度（A）	≥50cm	27～50cm	15～27cm	≤15cm
区域敏感性（B）	下立交桥、低洼区、地铁口、地下广场、展馆、学校、民政	生态/城建交界区、政府、交通干道、城市商业区、重要民生市政设施	一般地区	生态较多的地区

灾害风险后果等级分值表 表4-10

后果等级	小	中等	严重	重大
$Z = A \times B$	10	50	70	100

不同频率下的城市内涝灾害后果等级表 表4-11

内涝灾害等级 $Z \times P$	后果等级 Z	小	中等	严重	重大
事故频率（P）		10	50	70	100
100年	1	10	50	70	100
50年	2	20	100	140	200
20年	3	30	150	210	300
10年	4	40	200	280	400
5年	5	50	250	350	500

4.4.3 内涝改造技术

在确定内涝防治标准的基础上，管控排涝分区。通过道路竖向优化，充分发挥道路的排涝作用，再融入海绵城市手法，构建安全、有韧性的防涝系统。

1）确定合理的内涝防治工程设施参数

城市更新区域的排水管道一般使用年限长，管道设计重现期不高，雨水排放能力有限，这些都是城市内涝发生的主要原因之一。规划设计中应严格执行《室外排水设计标准》中要求的管道设计重现期指标。对于内涝特别严重、社会影响大的区域，应采用上限值。

2）严控排涝分区

（1）按照"高水高排，低水低排"的原则构建排水系统

排水方向根据自然地形，因地制宜地建设排水管网，并尽量利用原有的排水渠系，对城市的雨水分片区分路段进行拦截分流，避免雨水过于集中往排渠排放。

以成都市街子镇排水系统的构建为例。该城镇北靠山体，中部横穿流域排洪河道。规划在城镇北部、东部临山边界修建截流沟，对山洪进行拦截，并快速引入穿城排洪河渠，确保山地洪水不会对现状城镇产生威胁；同时充分利用现状及规划水系构建完善、系统的城镇内部雨水排放体系（图4-28）。

（2）系统组织客水内水排放通道，提高排水效率

在确保客水不进入的前提下，科学合理组织内水排放通道，并充分发挥小区内部沟渠、水塘对暴雨的滞蓄作用，减少设计径流系数，减少对下游市政道路现状管道的

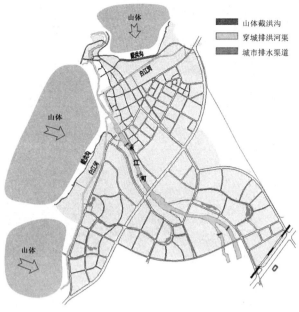

图4-28 成都市街子镇排水系统的构建

冲击。

3）系统梳理排水体系，确保排水安全顺畅

系统地梳理片区排水系统，确保管道内部雨水能够顺利排入河道，河道洪水可以无障碍排泄。不但要对排水管道按照最新设计重现期和径流系数进行改造，同时还应对受纳水体（管、沟、河渠、湖泊等）的排放能力进行校核和性能比较，最终选择一个排放更安全、更顺畅的雨水排水通道。避免城市改造后，径流系数的变化，造成下游排水管渠排放能力不足，发生内涝。

4）优化道路竖向高程，充分发挥道路的排涝作用

通过用地及道路竖向的优化设计，轻微改变老旧小区排水困难区域的地势，充分发挥道路的排涝作用，为雨水外排创造条件，确保超标雨水排放通道畅通。

5）运用海绵城市手法，构建有韧性的防涝系统

充分融入海绵城市建设理念，在统筹考虑现有建筑格局、绿地景观空间、地面停车场、硬质铺装等物质空间的同时，注重与场地竖向、行泄洪通道、区域排水管网设施的衔接，设置下凹绿地、植草沟、蓄水池等海绵设施，最大限度地减少雨洪径流峰值，避免内涝发生。

6）无法重力流自排时，采取排涝泵站强排措施

在城市内涝设计标准下，若通过管道或地面径流等常规重力流排水方式排放时，则需要在积水区域附近设置排涝泵站等强排措施，确保居民出行安全。

7）加强雨水排水系统的维护和管理

在建设雨水排水系统的同时，对系统的维护和管理同样重要。包括对雨水管渠及时清通保证其排水能力，使用防堵塞的新型雨水口保证其对雨水径流的收集，对雨水调蓄设施及城市水系及时清淤保证其有足够的调节容积等诸多方面。

第五章

城市更新设计关键技术景观篇

第五章　城市更新设计关键技术景观篇

在城市更新过程中，景观不仅仅是对地域自然风貌特征要素的保留、恢复和建设，也是城市记忆的传承，更是在这里生活过的人们情感共鸣的空间载体。景观专业包括三个关键技术，首先是对自然要素（植物、水体、土壤等）和生态系统本底的保护，结合更新后场地功能变化采取生态修复策略，提高生态系统服务功能质量，让生态效益惠及城市所有居民；其次，重点论述公共空间景观在城市更新中的把控要点，需要特别指出的是城市风貌的保护与传承不仅仅是针对形态空间，更要通过景观要素表达和空间品质提升对在地文化要素进行保护与传承；最后，建筑作为城市景观的最小单元，其立体绿化可以在高密度城市中提高绿视率，增加环境舒适度。

5.1 城市中自然要素提升改善关键技术

5.1.1 场地植物增减、动植物生境营造

5.1.1.1 场地植物增减

城市绿地作为城市的重要空间组成部分，承担城市生态、景观、休闲等重要作用。由于气候变化与城市人口等方面带来的压力，城市绿地中的自然植被、半自然植被和人工植被出现了不同程度的退化[57]。随着城市更新的进行，全国各地城市的植被在"量"上面取得了较大进展，但是却往往忽略"质"的提高，主要表现为以下五大共性问题：其一缺乏对立地条件结合周边城市要素的分析与改善；其二，往往忽视乡土植物的使用，对于入侵物种适应性的评估；其三，城市植物种类单一与生境环境破坏造成生物多样性的忽视；其四，城市功能空间需求转变协同不足；最后，城市风貌特点延续不足。针对以上问题，本章节基于保障现有场地植物及其群落结构的生态功能、社会功能、安全功能，总结现有场地植物增减的评估与设计方法，为实现保护城市植物健康、提高生态效益、降低城市维护成本、延续城市风貌特点等目标提出思路。

1）场地植物增减评估

具体工作方法分为：采集评估信息，分析评估信息，得出评估结论。

第一步采集评估信息。搜集植物健康、植物植栽密度、生态效益、城市功能影响等评估信息，因地制宜地对应不同气候区，对现有场地植物调研、现有场地立地条件调研、现有场地规划建设条件调研。评估关键要素信息如下：

（1）城市更新现有场地植物调研

现有场地内的植物调研是制定现有场地植物增减评估的基础。重点是针对场地内植被种类及群落关系、植物特性、生长健康状况等内容的调研，可以得到现有场地内的植被特征、植物群落配置关系、植物生态功能与景观价值等内容。从而建立场地内的现状植被数据台账，作为下一步工作开展的基础（表5-1）。

城市更新现有场地植物调研表　　　　　　　　表5-1

		序号	1	2	……
植物品种与类型		植物名称			
		拉丁文学名			
	规格	胸径/cm			
		高度/m			
		冠幅/m			
		分枝点/m			
	生长状况	生长势			
		病虫害情况			
		是否有树干中空、倒伏等情况			
		是否为乡土植物			
		文化内涵、城市记忆或景观作用等			
		是否为名木古树			
	植物特性	生物习性			
		利用价值（生态、观赏、经济等价值）			
		观赏特征（最佳观赏期）			
		生态价值（降温滞尘、降噪、水土保持、净化空气等）			
		食物链或栖息地（食源、蜜源、营巢等）			
		常绿或落叶			
		生长速度			
		对土壤酸碱度喜好			
		是否耐干旱瘠薄			
		喜阴或喜阳			

在信息采集时，可以通过无人机航测得到高清三维模型，运用GIS识别技术对现状乔木进行矢量单体化，从而得到乔木的坐标、高程、冠幅等相关信息。此种方法可较大幅度提高现状乔木数据的采集效率（图5-1）。

图5-1 无人机航测提取矢量乔木

（2）现有场地立地条件调研

对城市环境中影响植物生长的土壤、水分、光、温度、风等要素进行调研分析。其结果能反映了城市植被所处环境的科学性和合理性，是植物生长的必要条件，也是城市植物多样性恢复的必要条件，是制定现有场地植物增减评估的关键依据（表5-2）。

现有场地立地条件调研表   表5-2

调研对象	调研信息
土壤环境	土壤是否被破坏并压实、干旱或排水不良； 是否存在土壤污染； 是否存在土壤化学性质的改变； 是否存在水土流失； 有效土层厚度是否满足植物生长需求
水分环境	是否满足植物生长所需水分供给； 地表径流冲刷程度； 是否处于涝地； 是否合理进行地表径流规划
光环境	是否存在城市建（构）筑物、地形对植物所需光照的影响； 植物群落郁闭度是否满足城市生活、生产功能需求； 是否存在植物群落内部荫蔽过度情况
温度环境	植物是否符合城市气候条件； 是否有辅助措施帮助植物应对极端温度挑战
风环境	是否满足城市通风环境需求； 是否满足植物所需的通风条件

（3）现有场地规划建设条件调研

现有场地规划建设条件调研是制定现有场地植物增减评估的重要内容。城市植被是满足市民生活、生产需求，提供宜居环境，提高生活品质，延续城市景观风貌与记忆的载体，针对其与各类场地规划条件关系的调研，满足功能与形式上的和谐统一，以达到更好地为城市服务的目的（表5-3）。

现有场地规划建设条件调研表　　　　　　　表5-3

调研对象		调研信息
绿地类型		如：公园绿地、防护绿地、广场用地、附属绿地、区域绿地等
周边开发强度		如：绿地率要求、人口规模、建筑密度等
市政设施情况		如：城市道路、桥梁、地下管网、架空线路情况等
主要使用对象的功能需求		如：商业、休闲、运动等
城市空间绿地率		如：人均绿地率和实际调研结果差异性
城市空间绿视率		如：有限城市空间中目之所及看不到绿色
植物与场地要素关系	正面清单	如：古树名木、特色景观树、林荫树、生境植物、水土保持植物等
	负面清单	如：根系导致铺装隆起；分枝点过低、影响机动车通行；植物飘絮等引起人们不适等

第二步分析评估信息：基于第一步采集评估信息调研结果，采用定性与定量方法进行客观评估得出现有场地植物增减目标与策略，为城市更新植物设计提供依据，分别对群落结构、生态功能、城市安全、社会属性等四个方面进行评估（表5-4）。再根据不同城市所在区域特点和广泛听取公众意见后确定目标场地的植物及其群落的各项评估内容权重值。最后组织专家及社会人士经过打分的方式确定目标场地植物及其群落的综合评价分值，根据其综合整体评分与各指标分值，从而得出目标场地影响植物增减策略的主要因素与更新途径。

随着信息化技术的进步，可运用大数据、人工智能等技术，对城市更新中影响城市植被的因子进行数据采集、分析、利用，并在此基础上建立信息化监管平台，促进城市植被的精细化、动态化、可视化监控与管理。

现有场地植物增减评估表 表5-4

评估方法	评估目标	评估对象	评估内容
层次分析法； 语义差异分析法； 实地调研法； 模糊综合评判法[58]	稳定生态格局与城市生境； 维持群落健康	群落结构	区域生态格局适应性与生境需求； 植物多样性与乡土植物比例； 入侵物种情况； 植物群落结构与尺度、密度、年龄结构等的合理性； 植物个体立地条件适应性及的健康程度
	改善人居环境； 抵御自然灾害的能力	生态功能	降温增湿、提供荫蔽的能力； 净化空气与水能力； 控制水土能力； 隔声降噪能力； 固碳释氧能力； 滞尘能力[59]
实地调研法； 层次分析法	人类健康与公共安全	城市安全	植物或群落个体有毒性、有刺等； 倒伏、断裂、火灾等安全； 特殊场地安全（机场、医院、垃圾场等）； 建筑及地下室安全； 市政设施安全
层次分析法； 美景度评价法； 语义差异分析法； 审美评判测量法； 人体生理心理指标法[60]	美的追求与精神体验； 自然互动与教育	社会属性	景观美学价值与精神体验； 城市环境的融合度 文化、纪念、互动交流； 自然互动与教育性； 场地记忆延续

第三步得出评估结论：本评估结论侧重于植物及群落安全性与功能性方面的内容，同时由于不同城市、同一城市不同区域的气候、城市建设发展状况、空间尺度、场地特点等输入条件不同，在评估时需根据实际情况针对性调整评估对象与内容。

2）场地植物增减设计

遵循原则：保护利用为主，生态优先，延续城市记忆与特色风貌；尊重自然、顺应自然，因地制宜，适地适树；科学设计，丰富城市植物多样性与功能性，可持续发展等。

在具体实践中包括但不限于现有植物的保护与利用（表5-5）、优化植物配置（表5-6）、立地条件改善与特殊区域植物设计（表5-7）等内容。

类型	对象	原则
保护与利用	名木古树、珍稀植物（百年以上树龄的树木，稀有、珍贵树木，具有文化、科研价值的树木和具有历史价值或者重要纪念意义的树木）	保护范围：单株为树冠垂直投影外延5m范围内；群株应为其边缘植株树冠外侧垂直投影外延5m连线范围内
		严禁砍伐或者迁移古树名木。因特殊需要迁移古树名木，必须经城市人民政府城市绿化行政主管部门审查同意，并经同级或者上级人民政府批准
		根据相关规范要求，在其树冠覆盖区域5m内不得有施工活动，因此可以采用的手法有：软化保护、树下设树池、林中设架空木栈道等。保护范围内的要求： 1.在保护区范围内不得种植大乔木、不得栽植环绕古树的藤本植物； 2.不得破坏表土层、不得改变地表高程、周围地形尽量不要修改； 3.不得建设建(构)筑物及埋设各种管线、不能在古树保护区范围内建设建筑，景墙、柱廊之类谨慎添加； 4.保护范围附近，不得设置造成古树名木处于阴影下的高大物体和排放危及树木的有害水气设施。
	处于城市生态保育范围及承担重要城市生态格局、生境作用的健康植物及其群落	保留
	城市中既有健康植物群落	保留
	处于城市特殊环境状态的植物（水土保持、地质不稳定等区域）	保留
	具有积极生态功能价值（降温增湿、净化空气与水、隔声降噪等），健康的植物及其群落	保留
	体现城市风貌特征、承担记忆乡愁、具有特殊历史、文化含义的植物或植物群落	保留

类型		对象	原则
植物优化配置	增	植物选择	优先选择生物学特性优良、抗逆性强、适应本地气候条件与立地条件、低维养的乡土植物。

类型	对象		原则
植物优化配置	增	低效或退化、植物多样性较低植物群落	结合立地条件及目标效果，可采用混交、复层、异龄等植物配置手法，合理补植植物，保证城市植物群落的多样性、稳定性与持续性。
		缺乏自然度	根据场地基底，合理运用植物营造城市生境，提高城市生物多样性可能，也为市民提供亲近自然的机会。
		缺乏生态功能区域	合理布局，通过增加绿量，发挥林荫、滞尘、降噪等作用。
		缺乏景观性	根据场地特性，合理补植景观植物，丰富视觉与精神体验。
	减	对城市生态、生境、生物多样性起负面作用的植物、入侵植物	清除、控制和管理。
		处于不健康状态的植物群落（如群落结构不合理、密度过密等）	1.针对郁闭度较高的植物群落，可以通过局部疏移植物、修剪植物枝叶、提高乔木枝下高等方式，增加阳光渗透，改善植物群落的热量与通风环境； 2.技术条件达到时，合理进行植物疏移，保证群落的合理性；优先疏移老弱病残类、移栽难度较小、移栽存活率较高的植物； 3.新增植物应避让既有植物。
		不符合现场立地条件的植物	立体条件改善难度较大区域，应科学移栽利用。
		病虫害植物	病虫害防治、及时移除病虫害严重的植物。
		老弱残、机械损伤严重的植物	复壮、移栽或移除无保留价值的植物。
		影响城市设施和使用安全的植物	科学管理或移栽。
		存在倒伏、断裂、毒、刺等人身安全隐患的植物	设置安全设施或科学移栽。
		健康植物群落	如因特殊原因需移栽或移除，应制定植物保护专项方案，并应充分征集社会公众意见，尽最大努力研判优化方案。

立地条件改善、特殊区域植物设计原则表　　　　表 5-7

类型	对象	原则
立地条件改善	土质条件较差	1.通过土壤翻耕、针对性有机质补充、调节pH值的手段，增加土壤活性； 2.有条件的区域，可以通过连通或扩大、架空既有树池等方式，增加土壤面积，保证植物所需物质的汲取范围与自身生长空间；必要时须进行根际换土； 3.如树木周边是铺装时，树冠水平投影范围内的铺装应采用软铺装的方式，加强透水透气性； 4.根据不同的树木生长习性，须预留足够绿地空间，在保证树木生长所需的同时，避免树木生长中，由于邻近树干区域树根的隆起，尤其是浅根性乔木，对邻近的铺装造成影响。
	积水涝地	通过微地形塑造，合理规划地表径流；设置必要的排水设施。

类型	对象	原则
特殊区域	城市遗址区	原则：最小干预策略，遗址保护优先；植物配置不得破坏遗址历史环境的格局和遗址风貌的真实性，同时需符合历史属性。 1.对于采取原址回填保护的遗址和考古探明地下确切位置和范围的遗址，要根据回填土壤的厚度选取根系深度合适的植物在遗址区进行种植，以避免破坏地下遗址；同时选择较小植株植物，以减轻遗址本体的负重； 2.对于遗址保护范围内地下文物尚未探明的区域，以草灌等浅根系的、规格较小的植物或容器栽植；不得使用深根性植物，防止对土层或岩壁发生根劈作用，从而可能破坏遗址地下文物或文化层； 3.对于本身已经被植物所覆盖的遗址，特别是部分植物已经生长很久或植株庞大，地下根系已与遗址交织融为一体，需根据植物对遗址的影响分析确定移除或保留的植物。[61]

5.1.1.2 动植物生境营造

面对全球的气候变化、城市人居环境恶化，城市生物多样性保护受到了当今世界的普遍关注和重视[62]，城市生物多样性与城市的更新发展并存是改善人居城市环境的重要目标。

城市中的绿地空间是城市生物多样性的主要载体，其所承载的植物多样性与城市生境多样是进行城市生物多样性保护的关键[63]。因此，合理利用城市存量绿地，营造适宜的动植物生境空间尤为重要。在城市更新中，针对不同尺度绿地的动植物生境营造研究，对提高城市生物多样性、改善城市小环境等方面有诸多帮助。城市生境空间既有由公园、湖泊等构成的大尺度生境空间，也有由建筑与街道绿地等所构成的中小尺度生境，更有街景阳台、屋顶、建筑外立面的小微生境。由于城市生境具有破碎化和不连续性特征，城市中的物种更依赖于小尺度环境中生境空间体系。在小尺度生境里，决定生物多样性的关键因素包括生境特征、植被结构、管理强度和土壤微环境等[64]。

本章节聚焦城市更新中典型中小尺度生境空间，以城市街区空间为例，从"点、线、面"等不同城市建筑、街区绿地的空间形态特征出发[65]，利用植物群落在城市生物多样性恢复方面的作用，运用"近自然"[66]的设计方法，一方面通过利用生态系统的自然之力来保证植物群落自身的自我保护、演替，最大限度发挥植物群落多样性的生态、社会效益；另一方面通过对地形地貌、水、土地等自然要素的利用，结合植物为动物、微生物提供食源、营巢、庇护的能力，实现城市绿地的生境营造，完善城市生态圈，实现恢复城市生物多样性的目标[59]。运用近自然植物群落设计手法，营建城市街区尺度生境，分为评估与设计两个部分（图5-2）。

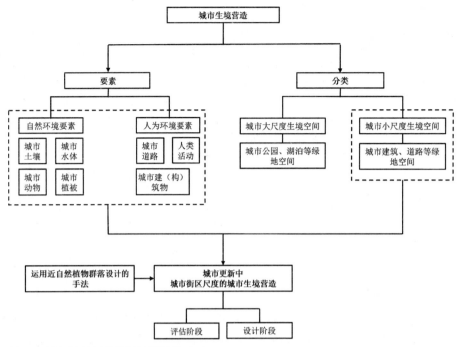

图5-2 城市街区尺度的城市生境营造[67]

1) 城市街区生境营造评估

在进行城市街区尺度的城市生境营造评估时，需要从影响城市街区生境的自然环境要素与人为环境要素出发[62]，针对生境环境、生境物种、生境功能等方面进行调研（表5-8）。

城市街区尺度的城市生境调研表 表5-8

调研对象	调研要素	调研内容
生境环境	自然环境要素	对场地光、热、水、土壤、地形等立地条件
	人为环境要素	城市建（构）筑物、道路、桥梁等影响
		在地性自然材料的运用与养护度
生境物种	自然环境要素	植物种类：现状植物及其自然度
		动物种类：现状动物资源评估与目标物种选取
		自然干扰因素分析
	人为环境要素	人为干扰因素分析
生境功能	自然环境要素	城市生态功能评估
	人为环境要素	美学度与功能需求评估

生境环境反映了城市生境所处城市环境的科学性和合理性，包括光照、温度、水分和土壤、地形等自然环境要素以及城市建设活动所带来的人为环境因素。其中地形的构造及海拔高程，对城市用地的日照、湿度、温度、受风力方向等均有影响，对形成不同的城市生境类型起着决定性作用[67]。养护度的评价包括养护频次、维护力度两个方面，对生境所需养护度的评价可以反映生境的质量。

生境物种评估包括城市植物与动物的种类及现状分析。城市植物的评估主要是自然度的评估，即量化生境中植物群落接近自然植物群落的程度[67]。自然度对植物群落的生态效益、服务功能、生境营造等方面有决定性作用。因此需要对植物群落的组成、结构、健康活力和干扰因素等方面进行评价[68]。其中，植物群落组成和植物群落结构体现了群落的地域性价值和生态稳定性[72]，是城市生境的最重要载体，植物群落活力是群落未来演替方向的重要指标，对生境系统长久健康发展有重要影响[70、71]。城市动物的生境随着城市化的进程而改变，其评估主要是通过城市的既有自然地理条件、人类活动、既有残存动物的评估，确定其生境营建的目标动物。干扰因素主要评判外部因素对其生境影响，包括人类活动和自然灾害两种干扰，间接反映了生境的稳定性和多样性[68]。

基于调研成果将生境功能评估分为：生态功能评估、生境美学与社会功能评估三方面。生境生态功能包括缓解城市热岛效应、固碳释氧、含蓄水源等内容。美学度由季相变化丰富程度、观赏特性丰富程度等美学要素决定。美学度体现了城市生境的美学水平，直接影响城市的美学质量。美学要素体现得越好，越能形成层次分明、色彩丰富的群落景观。同时还需结合场地的特性与功能需求，进行一体化设计，塑造具有环境协调性和社会功能完善的生境景观[68]。

由于城市街区中绿地尺度、构成要素、所承担功能等差异（表5-9），不同类型绿地评估时的内容与侧重也应有所区别。

城市街区尺度中绿地生境营造评估表　　　　　　　　表5-9

绿地类型	家庭阳台与庭院、口袋公园绿地	道路、滨河绿地	社区公园绿地
绿地形态	点状绿地	线状绿地	面状绿地
绿地特点	面积小、灵活但零碎	狭长，但局促	完整，但孤立
生境特点	点状，孤立	空间连续性、呈隔离带状	空间非连续性和内部均质性
作用	小微斑块，生态功能节点	栖息场地与廊道作用，使物质和能量流得以传递	生态斑块栖息地作用
主要影响因素	受场地尺度与立地条件的影响	受廊道宽度与连通性的影响	受场地形状、空间异质性的影响

绿地类型	家庭阳台与庭院、口袋公园绿地	道路、滨河绿地	社区公园绿地
评估重点	人为环境要素评估为主，自然环境评估要素为辅。具体内容：城市建设与城市建（构）筑物影响、人类活动、美学与功能需求等方面	自然环境要素评估为主、人为环境要素评估为辅。具体内容：立地条件、地形与水文、现状动植物资源与目标物种、道路与桥梁影响、城市生态功能等方面	自然环境要素与人为环境要素评估并重。具体内容：城市建设与人类活动、城市生态功能、栖息地、美学度与功能等方面

针对城市街区尺度中不同类型绿地形态，其生境营造评估要点说明如下。

（1）点状绿地：家庭阳台与庭院空间生境营造评估

以家庭为单位的绿地生境空间具有立地条件的限制较大、空间局促单一、人为因素影响较多、以人工养护为主等特点。为达到提高生活品质，拓展城市绿化空间，优化城市生态环境，助力城市生物多样性提升等的目的，评估时需优先评估其立地条件情况，特别是光照、排水、土壤、养护条件及建筑物的安全性等方面。同时对使用者的功能与美学诉求，植物种类的多样性与食源、蜜源植物使用情况等方面进行评估。

（2）点状绿地：口袋公园绿地空间生境营造评估

城市口袋公园生境空间具有用地局促、零碎，受城市建（构）筑物影响大、人类活动频繁等特点。其评估重点是人为环境要素的评估，包括生态性、功能性、空间的异质性及其使用效率、美学度等方面。自然环境要素方面主要包括立地条件、植物群落的健康与活力情况、植物群落结构合理性等方面的评估。

（3）线状绿地：道路、滨河绿地空间生境营造评估

道路、滨河绿地空间作为城市重要的组成部分，承担着城市绿地生态系统的网络化连接作用，具有物质交换频繁、物种流动性较强、种间竞争性大；城市交通干扰与污染较大，不易维护；入侵植物较多，植物多样性较低等特征。道路、滨河绿地空间生境营造需以建立稳定、自我演替、低维护的植物群落为目标，在提高植物多样性的同时，丰富空间异质性，保证廊道的连续与周边其他生境的衔接，为动物栖息和移动提供条件。因此在评估时，首先评估其空间连通性与宽度，是否具有串联生境斑块的作用。自然要素方面需要重点评估场地内的立地条件情况、空间异质性、动植物种类及对栖息地的需求、城市生态功能等。人为环境要素方面主要是城市人类活动对环境的扰动、城市社会功能的需求、美学度及养护度等方面。

（4）面状绿地：社区公园绿地空间生境营造评估

社区公园绿地作为街区空间的重要生态斑块，由于尺度较大，空间异质性多，可

构建相对完整、多样的生境类型。由于比较孤立，社区公园绿地空间生境营造需关注斑块内部的生境多样性和稳定性，最大化营造动物栖息地，增强生物多样性。自然环境要素的评估包括场地内潜在生境的数量、类型与形态；植物及群落的多样性与稳定性；光照、降水与地表径流、土壤等自然要素对场地的影响；空间异质性。人为环境要素的评估包括城市环境扰动影响；人们参与接触自然的可能性、美学度等方面。

2）城市街区生境营造设计

城市街区尺度的城市生境营造更新设计主要依据城市街区的现状基底、生态需求情况，从土壤检测与设计、微地形设计、在地性自然材料运用等方面入手，通过人工干预改善立地条件与丰富生境类型。同时运用入侵植物管控、模拟自然设计手法、动物协同设计等近自然植物群落设计方法，结合城市景观需求构建（图5-3）。

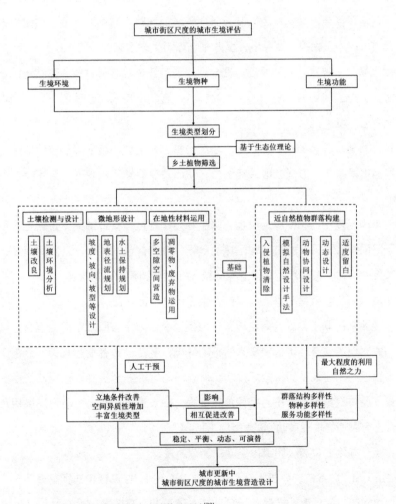

图5-3　城市街区尺度的城市生境营造设计[72]

在城市街区尺度生物多样性生境营造设计中，应遵循以下原则：

①坚持保护现有植物、选用乡土树种、多样性的原则。结合场地气候特点与立地条件，运用生态学理论，以自然群落为灵感，有针对性地选择植物品种，建立乔草、乔灌、灌木丛等结构多样、动态平衡、相对稳定、可自我调节的植物群落，从而降低植物维护成本。

②动物、微生物协同设计原则。在植物选择上着重考虑食源性植物、营巢性植物。积极利用园林绿化废弃物，通过枯木枝、落叶堆等与植物群落协同营造出多样的生境空间，促进区域内生物流动与栖息。同时根据动物喜好，设置鸟巢、昆虫旅馆、食物槽、投食台等设施，在人工干预下，为动物提供栖息与食源的同时，也为人们提供观察动物的机会。

③合理利用城市自然要素原则。特别关注降水与地表径流在城市生境营造中的作用。在缓解地表径流、净化水质以及补给地下水的同时，利用季节性小微湿地产生的小环境，为城市小型生物提供栖息地，提升整个环境生态质量。

④因地制宜，尊重基底的原则。充分利用现状条件与既有材料，延续场地记忆。选择材料时，优先选用可循环利用、乡土材料。结合功能需求，合理利用废旧的自然材料改善场地生态环境。

⑤社区共建，强调公众参与原则。缺乏维护也是造成小微生境生态价值降低的因素之一。发动市民参与，形成社区共建合力，从而减少后期运营管理，为可持续发展提供有利条件。

针对街区尺度中的不同绿地类型，其生物多样性生境营造的具体策略也有所不同。同时由于不同城市、同一城市不同区域的气候、城市建设发展状况、空间尺度、场地特点等输入条件不同，在设计时需根据实际情况针对性调整策略与内容。

（1）点状绿地：家庭阳台与庭院空间生境营造设计

以中建西南院职工家庭空间生境营造为例。家庭阳台与庭院空间生境营造设计中，根据不同的立地条件与环境选择适宜的植物种类，避免选择有毒、有害、危害身体健康的植物。合理利用建筑空间、做好排水防渗、防坠落等安全措施。根据动物喜好，设置人工鸟巢、昆虫旅馆、食物槽、投食台等设施，在人工干预下，为动物提供栖息与食源的同时，也为人们提供观察动物的机会（图5-4）。

（2）点状绿地：口袋公园绿地空间生境营造设计

以"蜗·窝"城市口袋公园为例（图5-5、图5-6）。在设计中选择鼠尾草、千鸟花、细叶芒、蛇鞭菊、翎毛蕨、鸢尾、天目琼花、百子莲、猫薄荷等景观性好、抗逆性强、

图5-4　中建西南院职工家庭空间生境营造实景图

图5-5　"蜗·窝"城市口袋公园设计图

耐贫瘠的植物品种。结合场地气候与立地条件、功能性需求等要素，分别建立喜阳高草花甸、喜阳低草草甸、半荫生草甸等近自然地被植物群落，以达到四季有景、动态演替、低维护目的。在提供食源、蜜源植物的同时，运用自然材料与园林废弃物营建昆虫

图5-6　"蜗·窝"城市口袋公园生境营造实景图

栖息空间；在丰富城市景观的同时，提高区域内的生物多样性，也为人们提供亲近自然的机会和休憩的场所。

（3）线状绿地：道路绿地空间生境营造设计

天府大道景观优化提升设计为天府大道（天府五街—科学城中路段）中分带植物景

观，研究范围总长5.3km，宽度7m。道路绿地存在立地条件较差、空间局促、空气污染严重、车辆行驶扰动大、养护难度大等诸多不利因素（图5-7）。针对以上问题，结合道路安全需求，筛选抗逆性强、不易倒伏、防灰、耐暴晒、耐高温高湿、耐贫瘠的植物品种，如玲珑芒、千鸟花、墨西哥鼠尾草、金光菊等。在植物配置上关注植物群落之间的竞争性，运用近自然设计方法，模拟自然地被群落特征，通过合理控制密度、保证群落内部的稳定，降低植物后期维护，形成四季有景、动态平衡的植物景观（图5-8、图5-9）。合理运用有机覆盖物，起到保温保湿、滞尘、抑制杂草等作用。合理的尺度控制、动态变化的植物群落、多样性的植物品种为保证道路绿地在生态廊道建设方面提供了有力支持。

图5-7 天府大道改造前现状

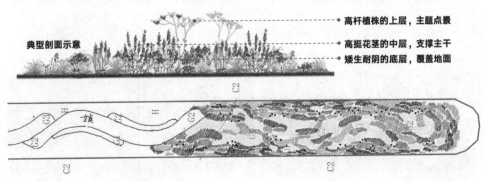

图5-8 成都市天府大道生境营造设计图

图5-9　成都市天府大道生境营造实景图

（4）面状绿地：社区公园绿地生境营造设计

以三圣乡"花乡农居"更新为例（图5-10），生境营造设计主要通过两个策略：策略一是通过地形与地表径流规划，进行立地条件改善，增加了向阳坡地、背阴坡地和林荫空间等异质性空间，丰富场地生境类型。策略二是选用月季、苔草、芒草、鸢尾、鼠尾草、滨菊、桔梗、香樟、乌桕等乡土植物进行近自然化配置，构建乔–灌–草、乔–草、灌–草等群落结构，形成抗干扰性较强、耐旱的低维护、可自然演替的植物群落，在丰富视觉感受的同时也为昆虫、鸟类等动物提供栖息觅食之所。通过公园更新后使用

图5-10　成都市三圣乡"花乡农居"生境营造实景图

评估，发现最大程度地利用自然之力、辅以人工干预的策略，在丰富区域生物多样性、降低维护成本、激发场地活力等方面有积极作用。

5.1.2 缓流水体建设与保护

1）术语解释及研究意义

缓流水体是指湖泊、河口、海湾等流动较缓的水体，在我们的城市中，缓流水体是城市水体的组成部分；在自然界中，缓流水体是维持生态平衡的重要组成部分。城市中划分为水库、湖泊、河流、坑塘等类型水体，它不仅包括水，还包括水中溶解物质、悬浮物、底泥、水生生物等要素。

随着城市的发展，居民人口不断增加，居民生活排水对缓流水体的影响越来越大。同时，缓流水体由于自身流动性较小和自净能力较弱的特点易造成水中悬浮物不断增多，有机物和细菌的含量都增高。根据资料表明，在我国90%以上城市水体污染严重，50%的重点城镇水源地不符合饮用水标准。所以，缓流水体建设与保护已经成为城市更新中的重要课题。本章节从水安全、水生态、水活力入手，提出评估与设计方法路径。

2）评估阶段

缓流水体首先要做资料收集以及水动力评估。其中，水体流速的快慢是对水体自身净化能力和驳岸抗冲刷能力的重要评价因素。同时，水流流速对于驳岸的设置也存在影响，处于水流流速湍急的段落，应当选择抗冲刷能力强的驳岸形式，而抗冲刷能力弱的驳岸可设置在水流流速缓慢段落。

目前比较常用的是MIKE软件，广泛用于河网、河口和地表水体等的模拟。

另一种常用的评估方法是现场调查法，现场调查是一整套完整有效且全面的方法，通过布设合理的监测断面、确定合理的采样时间及频率、准确地记录时间，测定水质和水位线等指标[73]。它的优点是直观、科学，缺点是有时候会非常费时。通过现场调查，可以有效地判断目前的水质等级和水中pH值、TOC和细菌数等指标数据。同时，也可以判断出常水位线及不同年份的洪水位线。

水动力评估方法主要是可以用来评估水流动力情况。现场调查法主要用来进行水质或洪水位等水环境的评估。水动力评估和洪水位的检测计算需要和水利专业密切配合，通过水利的理论计算与现在的评估调研进行对比，来核验数据的准确和科学。水质的调研数据需要和环境工程进行配合，通过环境工程对污染源的分析，交互核验，以此判断点源、面源污染分析的全面性。

3）设计阶段

（1）自然坡岸修复技术

硬质型传统护岸的主要为"三面光"，存在非常明显的人工痕迹，并对自然环境与河流系统产生诸多影响。所以，综合考虑工程安全、资源可持续利用和生态保护等需求，开发应用生态护岸工程技术逐渐成为河道整治的新模式[74]。

以西江河项目为例，生态驳岸的选择和水动力流速相关联（图5-11）。通过对水流模型的测算结果，把驳岸划分为陡坡和缓坡，水速划分为急速和缓速。根据不同的情况，再选择适宜的驳岸做法。包括树根护角生态驳岸、植物箱笼钢轨桩护岸驳岸、抛石扦插植物驳岸、活桩插条驳岸等不同的生态驳岸（图5-12、图5-13）。

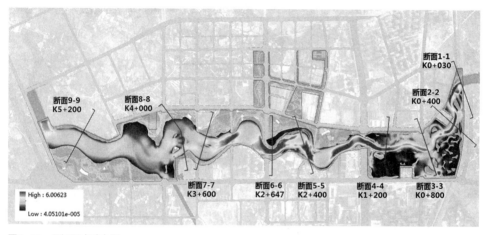

图5-11　西江河水动力图

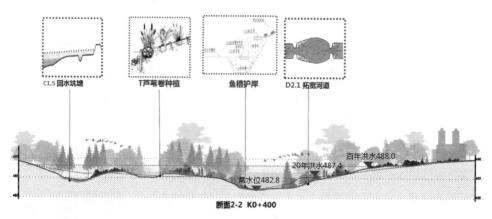

图5-12　西江河驳岸图（1）

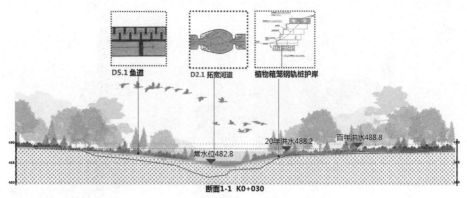

图5-13　西江河驳岸图（2）

（2）河湖水质净化技术和河湖生物生境构建技术

利用水生植物净化水体，是一种生态环保、绿色持久的解决办法[75]。下面以遂宁市河东新区引水入城河湖连通工程项目为例做介绍。

河湖水质净化技术和传统净化技术相比，最大的特点是利用河湖原有的场地进行自我净化。把河床、湖泊当做天然的处理地，在水中造流，把死水变为活水，增强水体的自我净化能力。

河东二期水网体系与涪江、河东一期连成整体，形成有机连续的河道水网体系。项目水体由1个中心湖、1条主干河道和多条支流河道组成，主干河道流经中心湖区。水体面积约为135万㎡，水体库容量约为406万㎥，主干河道和中心湖区平均水深3.5m，其余支流河道平均水深2.5m。

河东二期水网根据现状水体地形实际情况，以沉水植物+挺水植物为核心，以微生物和水生动物为辅助，统筹融合了"自我净化—园林绿化—空间美学"（图5-14、图5-15）。

在湖底及侧壁防渗基础上，为营造水生动植物良好的生境条件，采用底质改良剂改善湖底基质。选择净化能力强、景观效果好、后期维护简便的种类，以土著种为主。深水区（>1.5m）以刺苦草、轮叶黑藻、马来眼子菜、小茨藻等为主；浅水区（<1.5m）以矮生耐寒苦草（四季常绿、低矮、耐寒）为主，挺水浮叶植物主要有再力花、千屈菜、矮蒲苇、水生美人蕉、睡莲等，在滨水带以丛状或者片状种植。

同时，为了完善水生态系统，在植物种植后，投放了适量的鱼类、贝类和虾类等。

缓流水体的建设与保护技术可广泛应用于城市更新旅游景点景观水、城市支流及湖

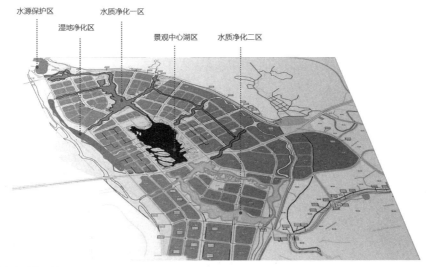

图5-14　遂宁市引水入城项目

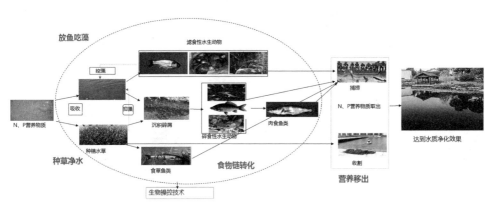

图5-15　遂宁市引水入城河湖连通水生态图

泊、水库等水体环境的修复保养。对于提升景观水体系统环境治理效果，加强微生物环境修复技术推广，带动经济的可持续发展，减轻环保压力，具有重要的积极影响。

5.1.3 棕地治理及改善

棕地是指城市开发中有现实或者潜在污染的场地，包括工厂、仓储用地、矿场、垃圾填埋场等，城市更新后其未来土地用途会发展转化，有些会变成商业、居住、城市公园等。其治理安全性评估和更新设计策略很重要，将这些可能有健康安全风险的场地进行处理和设计，将功能转化为人可进入、可参与的多功能用地。本节主要聚焦于城市更新中比较有代表性的垃圾填埋场棕地生态改良评估与设计方法进行论述。

1）评估阶段

评估阶段的目的是从多个维度梳理和研判棕地的现状危险情况，为后续设计阶段的方法选择做参考，主要可以归纳为土壤污染控制标准法和等级分类评估方法。

（1）危害识别和毒性评估：土壤污染控制标准法

土壤污染控制标准法，即根据不同的标准对土壤质量进行评估，对应参考值，直接评估出哪些指标超过阈值。包括德国The-eikmnna-klkoe体系，给出了多种有害物质限制值和修复标准；英国的ICRCL对10种可能产生危害的金属，建立了参考值[76]。澳大利亚则在土壤污染的测度方面制定了相应的监测标准与体系，并制定了风险评价参考[77]。我国的环境保护标准《土壤环境质量 建设用地土壤污染风险管控标准（试行）》GB 36600—2018和《土壤环境监测技术规范》HJ/T166—2004分别对土壤污染风险筛选值和管控值等进行了要求和土壤环境监测的布点采样、样品制备、分析方法、土壤环境评价等进行了规定。此方法的优势是可以迅速定量判断哪些污染物质超标；而其劣势是无法根据这些指标对未来土地使用用途进行判断。

（2）控制值计算：等级分类评估方法

等级分类评估方法是在污染控制标准法的基础上更进一步，不仅简单以一个指标作为阈值，而是有弹性地进行分级分类，目的是通过对土壤进行分级分类评估来确定后续用途，宏观角度对棕地风险的评估可以为棕地分级提供基础[76]。比较典型的包括美国的风险评估清理工具方法；加拿大CCME的分级方法，通过评估棕地对人体健康与环境有无立即或潜在的负面影响可能，对棕地进行分级，确定优先次序；奥地利 UBA 的土地评估将棕地分为 4 个等级，经过全面风险评估的土地将有机会申请公共修复基金[76]。不同的分级分类对应了未来使用的可能性。

综上列举的均为土壤污染程度评估的具体途径方法。通过一系列的环境工程方法可以很明确地将土壤进行分级和分类，并且针对这些分类的标准划分有大量的研究。但需要关注的是以上方法只是景观专业在面对棕地土壤修复时的部分关键技术，更重要的是如何将这些科学测试结果与规划设计策略结合。这要求评估全过程必须与环境工程专业相配合，因为对场地的评估很大程度要对棕地的土地健康程度进行分析，而这一分析过程需要依赖环境工程专业对土壤污染或情况的定量实验来确定，所以评估另一部分关键技术是景观专业如何与环境工程专业进行协同配合沟通。借助卡尔·斯坦尼兹的景观规划设计六步框架方法[78]可以将这些关键要点归纳如表5-10，包括：表述模型（棕地现状）、过程模型（棕地呈现此种情况背后的原因）、评价模型（棕地治理评估阶段）、变化模型（设计改变现状的意图和途径）、影响模型（反馈目标用途和设计结果的可行性）、决策模型（对设计阶段技术进行选择）（表5-10）。

景观与环境工程专业协同配合要点 表5-10

配合类别	模型类型	具体内容
现状情况	表述模型	棕地现状，包括视觉、嗅觉、触觉、听觉等表述。
现状原因	过程模型	棕地呈现此种情况背后的原因；污染机制过程的分析和阐述。
评价现状	评价模型	环境专业进行土壤评估，危害识别和毒性评估，进行控制值的计算、等级分类评估等，并将结果的专业数据转译给景观专业。
设计意图	变化模型	景观与环境专业进行充分沟通，环境工程师清晰理解景观专业的意图，包括设计场地的目标用途等；简单描述设计想法。
实现途径	变化模型 影响模型	环境工程师反馈目标用途的可行性，为景观专业咨询可以通过哪些设计阶段的关键技术，最低成本优化使场地适用目标用途；环境专业可提供一种暂时的设计用途对未来目标用途进行过渡。
技术选择	决策模型	景观专业对具体技术进行选择。

关于棕地治理评估阶段，近年来有学者提出了"棕色土方"途径。"棕色土方"泛指棕地中含有(或潜在含有)污染物的土壤及其他类土状物质，包括污染土壤、矿渣、尾矿、垃圾土、焚烧灰烬等，棕地再生的过程需要对其进行污染调查、评估与治理。[79]

"棕地土方"概念，将环境工程中对土壤污染抽象的化学式描述与风景园林学中的土方工程结合空间具象化，使景观设计师和环境工程师可以更好地进行协同评估。"棕色土方"的污染包括固态、液态和气态等的混杂，须要对其进行科学分析和实验室定量评价才能准确判断其污染成分，包括但不限于挥发性有机物、垃圾填埋气体、重金属、持久性有机污染物、垃圾渗沥液等[79]。

综上所述，评估阶段的关键点在于认识到不同的土地利用方式与再利用场景可承受的风险水平各不相同。根据棕地的原用途及未来用途，对场地"棕地土方"污染物质（污染土壤、垃圾土、焚烧灰烬等），以及其联系紧密的水质或植物情况的评估可能会不同。所以评估阶段的关键点，一是定量评估污染的绝对值和分级分类情况；二是景观与环境工程专业的配合，共同得出评估的结果，为未来设计阶段提供依据。

2）设计阶段

设计阶段的目标是根据前期评估，将场地变得更加安全，并且可以可持续地进行环境再生。在设计过程中的重点难点主要来自三个方面："棕地土方"、污染水系、植物设计。

首先是关于"棕地土方"的设计，其难点是如何根据场地的目标用途和评估阶段结果，与环境工程师合作共同对污染治理技术进行菜单式选择，其主要应对措施包括移除置换、隔离封装、原地修复等（表5-11）。

移除置换的特点是简单高效，并不能消除棕地土壤的污染，只是将污染转嫁到其他场地，并且在运输过程中存在一定的安全风险。尽管有以上的缺点，但将"棕色土方"进行筛分或剥离，有针对性地将其中的某种干扰目标用途使用过的成分进行移除置换，仍然是一种较常用且经济可行的方法。隔离封装是利用黏土等将棕色土壤封装起来；原地修复是指通过化学、物理等方法将棕色土壤的污染物质浓度降到安全范围内。

不同"棕地土方"处理技术的比较 表5-11

	经济成本	时间成本	安全风险	后期维护
移除置换	较高（数十万元每公顷）	数星期	高	无需维护
隔离封装	较低（数万元每公顷）	数星期	高	定期监测封装密闭程度
原地修复（化学处理）	较高（数十万元每公顷）	数月	较高	定期监测修复程度
原地修复（生物处理）	一般	数年	较低	定期监测修复程度
原地修复（植物处理）	较低	数月	较低	对植物进行维护，定期监测修复程度

在景观设计的实践中较为常见的情形是处理封装的"棕色土方"。在设计阶段中的关键点是如何对棕地的堆体形态进行重塑，这需要景观设计、环境工程、岩土工程等多学科合作。首先景观设计师根据设计意图对堆体的目标形态进行设计（图5-16）；之后

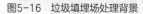

图5-16 垃圾填埋场处理背景

根据堆体不同部位的造型及场地目标用途，与环境工程和岩土工程等学科工程师共同确定不同区域的"棕色土方"处理策略，可以分为四种方案：①完全保持坡面现状；②对原始堆体进行消减；③使用其他材料对堆体进行填充；④通过消减与填充的组合进行堆坡处理[80]。

以深圳奇境花园为例。

深圳奇境花园位于深圳光明区，场地原状包括一片垃圾填埋场，设计目标是基于现有周边用地要素打造集生态修复科普、都市田园观赏园艺、沉浸式体验于一体的花卉主题园。该项目的垃圾场处理可为城市更新中类似项目提供借鉴（图5-17）。

| 现状 | 填埋垃圾 | 渗滤液 |

图5-17 现状提取的垃圾土和渗滤液

评估阶段环境工程师提取现状垃圾填埋场的垃圾土和渗滤液，对垃圾堆体和污染物进行评估，并提出实施方案（表5-12）。

对垃圾堆体和垃圾土污染物的评估　　　　　　　　　　　　表5-12

	埋深/m	填方量/m³	热值（kJ/kg）	填埋物	稳定度
垃圾堆体	3~6	117000	4153	生活垃圾为主、混填有工业垃圾	中等
污染物	土壤	污染因子	污染点位	污染面积/m²	污染程度
		铜	SB-8	6863.3	超标GB 36600—2018第一类建设用地筛选值；未超二类建设用地筛选值
		铅			
		镍	SB-4	9505	
	地下水	铅	MW-3、-4、-5	不详	重度超标GB 1848三类水质标准

根据目标用途将垃圾填埋场的"棕色土方"进行分类处理，根据具体的景观设计及与环境工程师的沟通，将原垃圾填埋场分为开挖区域和不开挖区域。在开挖区域，将垃圾土进行原位或异味筛分，将筛分出的渣土进行检测，根据目标用途即景观开放空间，如无污染即原位回填或用于园林绿化；筛分出的建筑垃圾移至建筑垃圾堆填场；筛分出的生活垃圾则依据情况转移至卫生填埋场安全填埋或运输到焚烧厂焚烧处理。对于未开挖区域设置防渗防漏措施进行安全填埋，填埋场封场。

棕地治理中除了对棕地土方的针对性处理，另一个较为关键的步骤是对棕地污染水系统的处理。对污染水系统处理的目的主要是使水质污染程度降低，为后续场地使用提供可能性。主要的处理手段分为生化处理、设备处理、生态处理等。生化与设备处理可以使水体迅速改良，快速见效，但其成本较高，可逆性不高；生态处理是指利用一系列水生态基础设施的设计和建设，实现低维护、低成本的水治理，不会造成二次污染，但对污染程度极高的水质效果可能较差（表5-13）。

棕地水系污染处理方式分析　　　　　　　　　　　　　　　　　　表5-13

棕地水系污染处理方式	优势分析	劣势分析	可以应对的水污染程度
设备处理	占地较少、污染处理的能力较强	需要持续利用设备、耗电，投资较大	最高
土地渗滤	管理方便、污染处理的能力较强	后期管护要求较高	较高
对水底清除污染淤泥	可以快速解决棕地水质污染	底栖环境完全破坏、成本高、将污染转嫁	较高
原位掩蔽水底淤泥	可以快速解决棕地水质污染	易造成污染反释	一般
微生物修复	利用生物反应有的放矢地分解污染物	效果难以保证、系统韧性不强	较低
生态处理	利用自然过程做功，无二次污染	对污染极为严重的情况效果较差	较低

以成都东湖公园为例。

成都东湖公园的场地湖区原本是一片挖沙取土废弃后的一片垃圾填埋场，积水成恶臭的湖面（图5-18）。针对棕地现状进行生态做功的恢复方法，设计树立了两个策略：策略一是以改造水质为目标，解决现有洼地积水成湖的污染问题；策略二是通过对地形的重新改造，重塑湖岸生境，重建优美的滨水景观。设计对资金情况、目标达成和周边情况综合评估后，提出了具体的水域治理处理方式，尽量用生态处理的同时，辅之以较

图5-18 改造前棕地现状上的垃圾　　　　图5-19 改造后的场地变成了滨水空间

少的人工干预来迅速达到设计意图。具体包括两个方法：

第一，对于污染物浓度较低的大面积水面，首先对湖区周围的棚户区和其他可能向湖区排放废水的企业进行迁移，切断面源污染；其次对现状破坏生态平衡的水葫芦等进行清捞；最后在水陆交界处种植水生态植物，包括芦苇、菖蒲等。

第二，在水质很差的小水面区域，局部水深达9m以上，湖底有大量垃圾。对这些区域的处理首先是清捞水葫芦等杂草，打捞水面的垃圾；之后用块石、建筑废石块等填埋湖底的垃圾，厚度为1m左右；再在其上覆盖连砂石和养殖土等；连通大小湖面，将小水面的污染物稀释；之后和大水面的处理方式一样在水陆交界处种植芦苇菖蒲等；最后设计在大小湖面连通处和水深较浅的部分设计沼泽区，对水质进行长期的沉淀过滤净化。

通过公园建成后的使用评估发现东湖的水质发生了质的变化，垃圾填埋场棕地变成了市民乐于前往的休闲滨水空间，水面成为白鹭等水鸟栖息的乐园（图5-19）。

除了棕地土方和水质处理两个方面，棕地治理中另一个关键点在于棕地的植物恢复，棕地植物的评估和设计同样适用前文章节中对现状场地植物增减的评估和近自然植物修复的论述，但其重点是结合生态棕地土方和水质处理的方法，对污染物超富集植物的种植（表5-14），这些植物可以将某些金属、有机物分解、吸收，并通过数次种植和收割，有效减少棕地中的重金属含量和污染物含量。棕地植物恢复的目的是利用植物的不同特性降低对"棕地土方"和水系的污染，同时增加场地的绿量以及植物生长带来的其他生态系统服务价值。

各类污染物		对此种金属元素具有富集作用的植物
重金属元素	砷（As）	蜈蚣草、大叶井口边草
	镉（Cd）	印度芥菜、油菜、向日葵、西洋樱草、紫花苜蓿
	铜（Cu）	鸭跖草、高山甘薯、印度芥菜
	铬（Cr）	狗牙根、牛筋草、藜科、灰绿藜、苋科
	汞（Hg）	棕榈、桧柏、大叶黄杨、夹竹桃
	镍（Ni）	西洋樱草、印度芥菜、油菜
	铅（Pb）	印度芥菜、向日葵、西洋樱草、油菜
	硒（Se）	印度芥菜
	锌（Zn）	遏蓝菜属植物、油菜、西洋樱草
	铯（Cs）	印度芥菜、甘蓝
	锶（Sr）	三叶草
有机污染物	多环芳烃PAHs	凤眼莲、黑麦草、高羊茅、美人蕉、苜蓿、蓝茎草
	多硝基芳香化合物TNT	曼陀罗、茄科植物
	四氯乙烯TCE	松树、杨树、柳树
	种有机氯农药DDT	凤眼莲、黑麦草、高羊茅、草地早熟禾、鹦鹉毛、浮萍、伊乐藻、美人蕉、柳树、水稻
	五氯苯酚PCP	凤眼莲、冰草、柳树
	单环芳香化合物BTEX	杨树、柳树、水稻
	阿特拉津 除草剂	凤眼莲、松树、黑麦草、美人蕉、柳树、水稻
	甲基叔丁基醚MTBE	杨树、柳树
	有机磷农药	凤眼莲、杨树、美人蕉、柳树、水稻

综上所述，棕地场地关键点在于评估阶段和设计阶段根据场地目标用途风险进行有针对性的修复。在评估阶段与环境工程师合作对场地进行风险评价，提出可能用途及其风险、未来可能的修复途径；在设计阶段的核心步骤是与环境工程师和岩土工程师等合作，对"棕色土方"堆体进行分类处理和土方塑形，对污染水系进行处理和设计，对棕地植物进行有针对性的恢复和种植，使其满足美学、场所感、生态、环境保护等多方面的设计意图。

5.1.4 绿视率增加

绿色植物通过光合作用挥发水分，带走空气中的热量，增加空气湿度同时提供一定的遮阳效果，从而具有调节城市小气候的作用；与此同时可以通过视觉刺激缓解人的心理压力，对居民的心理健康起到积极作用。目前对于绿色植物引起的视觉刺激评价指标即绿视率，在1987年由日本学者提出并于2004年被引入日本的城市规划界，逐渐成为目前城市更新与城市规划的重要评价指标。绿视率（GVI）=（人眼所见的绿色面积/n_g人眼所见的总面积）$n_t \times 100\%$：

$$GVI_i = \frac{n_g}{n_t} \times 100\%$$

根据研究表明，城市中人在户外空间中的舒适度由绿视率、湿度、$PM_{2.5}$浓度以及风力等级综合构成，在绿视率低于30%时，影响舒适度的主要是绿视率；而当绿视率高于30%时，绿视率的增加对舒适度的影响很小，气候因素与空气质量成为主要的影响因子。在城市更新中，即需要对绿视率水平低的区域进行针对性的提升，提升的标准即为30%，无需无限制地提升绿化水平，在建筑密度较高的城市区域绿化空间条件受限时，则可通过垂直绿化的方式提升绿视率（表5-15）。

影响舒适度的主要因子　　　　　　　　　　　　　　　　　表5-15

条件	主要影响因子
绿视率 < 30%	绿视率
绿视率 ≥ 30%	气候因素（温度、风速、湿度）
	空气质量（$PM_{2.5}$）

绿视率的评估有定性和定量两种方法，定性即通过调查问卷请居民进行打分评估，而定量则是通过拍照的方式，将GVI通过数据量化的方式进行调研评估。随着数字化科技的发展，目前已经存在三种量化评估主要的方法（表5-16）。

绿视率量化评估方法及对比　　　　　　　　　　　　　　　表5-16

特征项	方法一（自动）	方法二（半自动）	方法三（人工）
适用条件	具备数字化实力	相应软件使用能力	相应软件使用能力
耗费时间	耗时短	速度慢	速度慢
精确性	高（机器学习）	调研精度低 处理精度未知 （人工具有主观性，疲劳性）	处理精度未知 （人工具有主观性，疲劳性）
应用范围	城市级别	小（只能抽样）	小（只能抽样）

特征项	方法一（自动）	方法二（半自动）	方法三（人工）
限制条件	初次开发人工耗费高，能无限重复利用 网络数据更新周期 全景设备费用	需人工筛选拍摄点 需特定相机镜头 拍摄投入大量人工 处理投入大量人工	需人工筛选拍摄点 需特定相机镜头 拍摄投入大量人工
复用性	高	低	极低
数据处理办法	卷积神经图像分割	Photoshop图像识别 MATLAB数据统计	人工识别勾画
所需软件	Phython、GIS、SegNet	Matlab、photoshop	CAD
数据来源	谷歌街景、全景相机拍摄	普通相机拍摄	普通相机拍摄

绿视率的综合评估与对比在实际调研中需要注意规模尺度、时刻尺度、纬度尺度、季节尺度等四个尺度原则，保证对比与评估的有效性与准确性（表5-17）。

绿视率评估需考虑原则 表5-17

评估对比原则	评估对比详细考虑
规模尺度	不同规模尺度形成的平均绿视率无法进行准确对比，需要考虑天空视率、水域视率、建筑视率等一系列关系。
时刻尺度	不同的光照强度，可能会影响到图片的曝光设定及质量。
纬度尺度	高纬度与低纬度城市之间的不能直接对比，需要考虑自身城市气候条件的影响。
季节尺度	在不同季节，由于落叶植物的影响，需要考虑绿视率的变化。

根据相关研究[82、83]，对于城市的现状绿视率进行评价，可以为城市的绿化更新提供依据，评价标准经过归纳如表5-18。

城市绿化更新评价标准 表5-18

绿视率	评价等级	城市更新建议
15%以下	差	建议进行大幅度绿化补充，以满足基本需求
15%~30%	中	根据项目条件，对绿化进行补充，例如在部分老旧城区空间有限的地方，适当的补充以满足基本需求。
30%~60%	良	能满足大部分人群的需求，可进行绿化的空间格局优化以满足更高层次的需求。
60%以上	优	无需再增加绿化，并根据具体功能要求进行适当减少绿化、空间格局优化，以满足更高层次的需求。

在城市更新过程中，需要评估需要使用垂直绿化用于提升绿视率的条件（表5-19）。

适用于垂直绿化增加绿视率的条件　　　　　表5-19

区域分布	适用垂直绿化条件
道路区域	围墙道紧邻路旁且无法栽种树木 道路围挡（由于用地限制无法种植乔木、灌木）
建筑区域	建筑紧邻道路且无法栽种树木 建筑屋顶 建筑室内（功能要求导致缺乏地面种植区）
桥隧区域	桥梁侧壁 隧道洞口（坡度大于30°区域） 桥柱桥墩

5.2 城市空间中景观提升改善关键技术

5.2.1 街道低影响开发

1）术语解释及研究意义

目前我国的城市街道雨水利用还处于起始阶段，通过城市街道雨水的利用，可以有效地缓解城市洪涝灾害，补充地下水，具有积极的经济、生态和社会效益。

同时，城市街道作为城市主要的交通干道，涉及生产、生活、生态多个方面，城市街道雨水利用是实践城市低影响开发的理想场所。

2）评估阶段

（1）基于SWMM模型评估法

SWMM模型是在低影响开发模拟中较为常用的模型，国内运用SWMM模型进行课题研究的案例有很多，并对城市洪涝过程中具体受淹对象进行风险评估。

通过对前期的资料收集，根据项目要求搭建SWMM模型，选取重要的权重因子并且划分权重，对现状的排水防洪能力进行分析。得出结论后，对LID（低影响开发）方案进行建立，对方案本身的合理性进行进一步分析，进而选择最佳方案（图5-20）。

（2）在线设备监测法

通过专业的监测设备，对数据进行实时提取，并且上传到网络后进行数据分析，实现现场监测程序的网络化、远程化、可视化，降低人员维护成本。

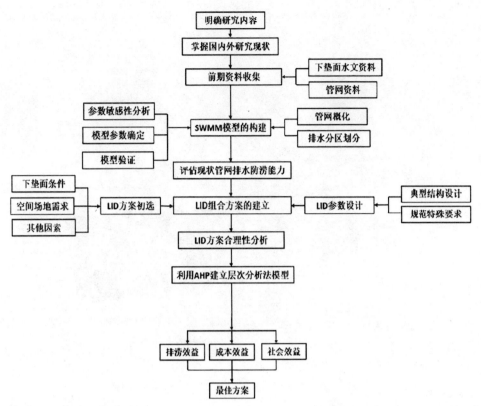

图5-20　模型评估法路径图[84]

首先确定检测样本水体，布置检测设备。根据项目要求，确定采样时间及频率，数据采集后进行数据上传，在网络后台对数据进行处理，选择限制性因子，针对超过限制性因子规定数据范围进行预警和风险提醒。

3）设计阶段

以遂宁东升东平路为例。

（1）下凹式绿地设计技术

下凹式绿地的高程低于周围市政道路或人行道，生态化的雨水口布置在绿地低点，雨水或者地表水在地表被有效组织排放到下凹式绿地中，在经过生态化的雨水口后排放进入市政管网（图5-21）。

（2）透水铺装设计技术

透水铺装的种类有透水混凝土、透水瓷砖和透水陶瓷砖等，透水铺装中间有可以下渗的空隙，地表水可以通过下渗空隙进入土壤中[85]（图5-22）。

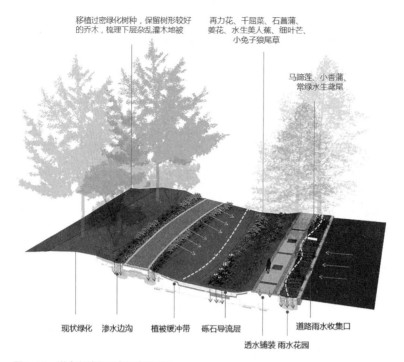

移植过密绿化树种，保留树形较好 再力花、千屈菜、石菖蒲、 马蹄莲、小香蒲、
的乔木，梳理下层杂乱灌木地被 姜花、水生美人蕉、细叶芒、 常绿水生鸢尾
小兔子狼尾草

现状绿化 渗水边沟 植被缓冲带 砾石导流层 道路雨水收集口

透水铺装 雨水花园

图5-21 遂宁东升东平路旧改断面图

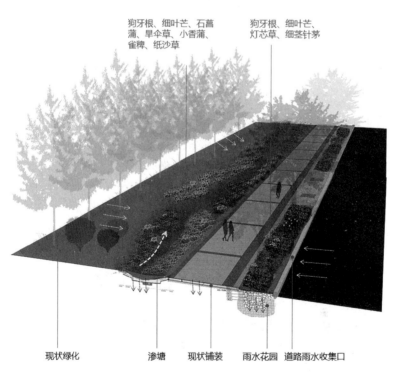

狗牙根、细叶芒、石菖 狗牙根、细叶芒、
蒲、旱伞草、小香蒲、 灯芯草、细茎针茅
雀稗、纸沙草

现状绿化 渗塘 现状铺装 雨水花园 道路雨水收集口

图5-22 遂宁东升东平路旧改断面图

（3）市政绿化带渗渠

根据工程经验和实践，渗渠采用 0.5% ~ 1%的纵坡较为适宜，两侧的横坡可采用 5% ~ 10%较为适宜，中插渗管与渗透塘或雨水湿地连接（图5-23）。

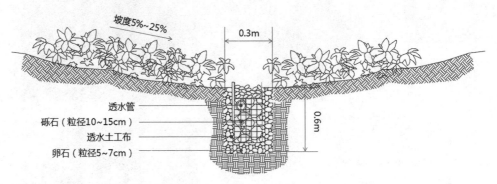

图5-23　遂宁东升东平路旧改渗渠图

城市街道低影响开发通过下凹式绿地、透水铺装、绿化带渗渠等技术手段，可以有效清除道路油污，并改善下游水质状况，对于调整城市水系统具有积极作用。

5.2.2 立交桥下空间

城市立交桥下空间类型复杂多样，在城市更新中需要根据其空间形态进行充分的挖掘与分析，根据立交桥下的空间形态分类，可以分为线性、点状、复合型等三种类型[86]（表5-20）。

立交桥下线性空间用地较为完整，场地可利用率较高，可在保证可达性的前提下，设计居民可停留可使用的景观节点，增加对场地使用的可能性；点状空间用地分散，单个面积可能较小，宜结合可达性和周围交通车流量情况，设计可进入节点或只供展示的不可进入空间节点；复合型空间则兼具以上两种空间特点，设计策略需根据场地具体情况调整。

目前城市立交桥下空间普遍存在以下问题，对应的更新策略关键技术总结如表5-21所示：

普遍存在的问题包括空间可停留性不足，立交桥空间成为城市的消极空间被闲置或废弃；空间可达性不足，因为存在对这类场地后期使用可能性的预期不足，加之川流不息车流交通情况，使普通市民无法达到这类空间；景观丰富度不足，缺少专门的精细化设计，使这类空间无法成为聚人的场所；景观舒适度不足，桥下空间缺少光线及城市交

立交桥空间类型

表5-20

分类	特点	平面示意图	具体示意图
线性空间	连续性与延伸性；有遮挡性，为半开敞空间	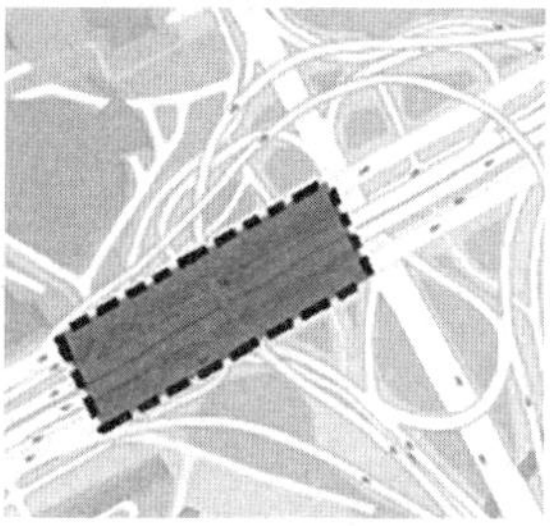	
点状空间	两条及两条以上立交桥道路相交汇所形成，呈点状或面状形态；分布零散，空间较为开敞且车流量较大	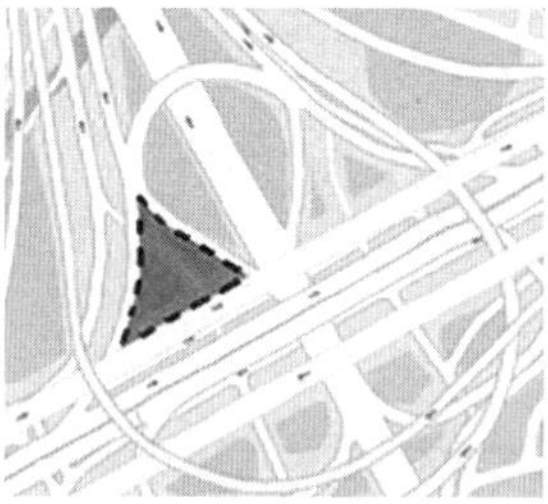	
复合型空间	同时具备线状空间和点状空间特性，占地面积大，可利用率较高	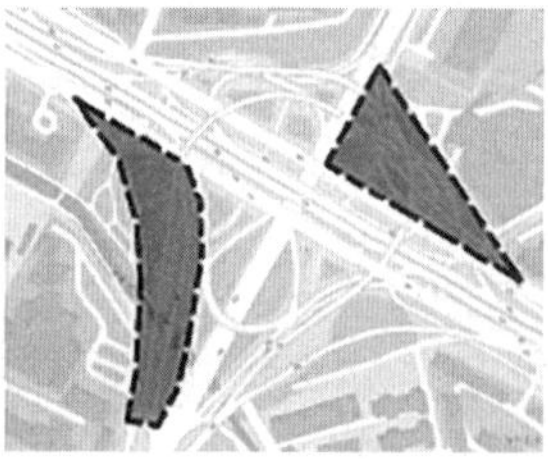	

立交桥下空间问题及更新策略

表5-21

普遍存在问题	更新关键策略
空间可停留性不足	合理组织空间功能，利用空间进行针对性设计，增加景观坐凳等措施，使使用的多功能性存在可能。
空间可达性不足	过去由于没有利用立交桥空间的意识，居民使用便捷性差，存安全隐患。应增加连续的慢行系统连接其他用地。
景观丰富度不足	根据不同立交桥空间的现状条件，增加景观元素，全面提升小品、城市家具、植物造景效果提高空间吸引力。
景观舒适度不足	根据采光情况，适当地增加灯光元素，提高空间的清晰度；根据噪声情况，增加可以减弱噪声的措施。
文化特色呈现不足	将特色地域文化融入立交桥空间设计，充分利用城市中难得的节点空间

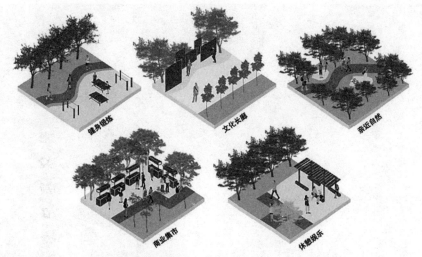

图5-24　立交桥下空间城市更新功能梳理[86]

图5-25　桥下空间的再利用-成为休憩场所[87]

通噪声影响使人不适，让使用者面临身心健康隐患；文化特色呈现不足，未将地域文化或社区文化有效融入设计，使用者缺少场地归属感。

解决这些具体问题的措施可以被认为就是立交桥下空间城市更新的关键策略，主要包括以下几点：①应该增加空间停留性，合理组织空间功能，利用空间进行针对性设

图5-26 装置艺术增加立交桥下空间光影和反射效果[87]

计，增加景观坐凳等可坐设施，让使用的多功能性存在可能；②连接和接入周边慢行系统，使居民可以方便和安全地到达这些曾经被遗忘的城市场地；③根据不同立交桥下空间的现状条件，增加景观元素，全面提升小品、城市家具、植物造景效果提高空间吸引力，为市民提供健身锻炼、文化修身、亲近自然、商业集市、休憩娱乐等功能（图5-24、图5-25）；④根据采光情况，适当地增加灯光元素，提高空间的清晰度，特别可以考虑同装置艺术结合增加空间的光线，使上方桥梁显得更加轻盈，减少立交桥下空间给人带来的压抑感（图5-26）；⑤高密度城市中，立交桥下空间是难得的可用来展示当地地域文化的场地，可依托立交桥柱装饰美化、铺装设计、景观小品等集中体现。

5.2.3 公共空间

公共空间品质的提升、风貌的传承等落实到景观具体的载体中可主要分为以下景观要素：铺装、景观构筑物、景观设施、植物、土壤、水系、坐凳等，根据这些元素的特点，其主要的品质提升要点和与其他专业协调的关键点如表5-22所示：

风貌的景观载体	品质提升要点	与其他专业协调要点
铺装	1.材料：根据不同使用用途对铺装材质、厚度、色彩等进行选择； 2.无障碍：色彩、防滑等满足无障碍的需求，避免出现一级台阶等； 3.通行空间：铺装空间满足最小的人行和轮椅通行空间； 4.海绵城市：根据当地土壤特性、气候条件等决定是否使用透水材料； 5.文化传承：历史城区或历史风貌保护区优先使用青砖等具有历史文化特点的材料。	1.与城市设计、建筑等专业配合风貌要求； 2.街道更新项目中铺装需要满足交管部门要求，涉及机动车使用的空间铺装等与市政道路专业配合； 3.与造价专业配合选择，根据项目具体情况选择铺装材料。
景观构筑物	1.造型：造型符合文化风貌要求；符合结构设计规律； 2.安全：需要重点考虑儿童对设施的使用，杜绝安全隐患； 3.尺度：考虑人的使用，避免出现脱离人使用的尺度。	1.与结构专业配合确定构筑物造型是否合理； 2.确定地勘点位，与地勘专业配合。
景观设施	1.位置：根据人游憩方式和使用习惯、舒适度确定座凳位置； 2.尺度：根据人体工学确定合理的座凳尺度，适合包括残疾人的各类人群使用； 3.数量：根据场地使用的人流量和使用习惯进行设计； 4.材料：选择耐久、不影响视觉的材料； 5.美学：简洁、符合美学规律。	——
植物	1.保障居民的健康：对易致过敏，或易伤人的植物进行评估替换；在老旧院落给老年人和儿童得到足够阳光的可能性； 2.城市生物多样性：重视乡土植物的应用，保证城市生物多样性；保护天然植被，慎用人工草坪。	与生态学专业共同确定城市更新中植物的增减、品种的选择。
土壤	最小扰动：城市更新中的绿地土壤一般已经存在较长时间，其中可能已经形成比较稳定的土壤生境。在设计和施工中应尽量保持其标高、现状等。	1.与生态学、土壤学专业配合共同确定涉及场地土壤设计、施工方法等； 2.与结构专业配合确定建筑顶板的覆土高度等。
水系	1.水质：根据当地情况将水质提升，切忌出现黑臭水； 2.亲水：通过设计让市民重新回到滨水空间。	1.与环境工程、水生态等专业配合对水质进行提升； 2.与水利专业配合不同淹没高度的亲水设计可能性。

事实上，公共空间的品质提升最终是落实到这些构成风貌的景观载体中的，但在我们实际的项目中对城市更新的思考往往是一个由宏观到微观，由现象认识到问题解决，由评估到设计的过程。

公共空间品质提升评估阶段关键技术可以分为传统技术（线下评估）、新技术（线上评估）。传统技术主要有：①文献研究，包括专著、论文、图录、地方志、年鉴等书籍，以及新闻、画作等。②现场调研，包括现场踏勘感知、现场访谈、现场问卷调查等。③远程评估主要有网络问卷调查与远程通信；基于图片或视频感知评估技术，根据图片或视频来源不同分为现场踏勘类和开放数据类；基于开放数据的公共空间评估技术，包括开放数据、大数据、开放三维模型、开放模拟与网络工具、使用者数据与社交媒体（表5-23）。

公共空间评估阶段关键技术分类　　　　　表5-23

技术分类	技术途径		评估类型
文献研究	专著、论文、图录、地方志、年鉴等书籍		线下评估
	新闻、报纸、新媒体等媒体		
	画作、书法等艺术作品		
	政府工作报告、咨询报告		
现场调研	现场踏勘感知、现场访谈、现场问卷调查		
远程评估	网络问卷调查与远程通信		线上评估
	基于图片或视频感知评估技术	图片或视频由现场踏勘获得	
		图片或视频由网络开放数据获得	
	基于开放数据的公共空间评估技术	开放数据、开放三维模型	
		开放模拟与网络工具	
		使用者数据与社交媒体	

文献研究和现场调研方法在前文已有论述，比较特别的是可以称为问卷调查升级版的基于图片和视频感知评估技术，其可以让受访者通过视觉感知更加直观地对场地进行评价。主要技术途径[88]为：

①招募专家组成员，对以往研究进行回顾综述；

②拍摄街景的视频片段；

③对街景的城市设计质量优劣进行排序，基于录像片段对街景物理特征、感知特征和个体反应进行打分；

④测量视频中不同街景的物理特征，评估元素包括机动车道特征（数量、穿过道路数量等）、非机动车车道、人行道标识系统、表面特征、建筑特征等；

⑤对街景城市设计质量和物理特征相关性进行评估，统计学回归分析，得出决定性特征；

⑥专家访谈得到不同特征的可操作评估量表（需反推对街景质量的影响），指导后续设计。

近年来越来越多利用地图街景进行的研究开始出现，比较典型的是李智等对城市街道空间品质变化的分析[89]，其技术路径是：

①首先进行数据获取，标点坐标，获得时光机功能的腾讯街景图；

②制定评价标准，分为街道、建筑、开敞空间，并对评价要素分为种类和亚类，进行主观评价和客观评价；

③结果分析。

综上，基于图片或视频感知的评估技术可以在城市更新过程中对公共空间的设计质量和使用者态度进行深入评价，其缺点是对于实际项目耗时较长。在整个技术过程的关键之处是针对城市更新过程对感知点的分类以及如何找到对该公共空间足够熟悉的样本等。

基于开放数据和大数据的评估技术是目前另一个比较常用的认识公共空间的方法[90]，主要技术路径是从数据来源（包括政府、开放组织、企业、社交网站等）获取数据，比较典型的有OSM（开放街道地图）、PedCatch等；再使用SPSS软件等进行统计学分析；最后利用GIS软件进行地图可视化等，可以了解公共空间的使用情况和使用者对公共空间的偏好等。

城市更新中比较典型的公共空间是城市街道和老旧院落。尽管如前文所述，这两种空间在评估阶段的方法具有共性，但侧重点不同，具体的使用需要设计师根据公共空间的具体情况和使用人群特点进行灵活的选择。下面将分别阐述这两种公共空间品质提升的路径和需要注意的关键问题。

城市街道的设计技术路径可以概括为：

①前期评估。其评估阶段可用到前述公共空间方法通用的技术，但因城市街道界面变化多、现状条件复杂，其中最为关键的是现场的踏勘。因为街道的现状条件变化较快，通过地形图或线上街景照片很难拿到场地的真实情况，街道的现场踏勘应特别注意对现状乔木的位置、土壤标高、现状市政设施、交通组织和流量、业态情况等。

②问题分析。分析评估阶段发现的问题，包括街道在建筑界面、文化、横断面、业态、设施、慢行系统设施等方面的问题。

③案例对标。选取的案例需有实际的比较意义，切忌不顾城市的发展阶段、历史条件和经济水平进行盲目的对标。

④原则提出。提出应对前述问题的策略和设计，包括文脉植入、园林植物、夜景照

明等方面。

以成都顺城大街城市更新项目为例。

成都顺城大街城市更新项目设计定位建设有温度、具有成都市井气质的城市干道，通过现状分析梳理出"界面、文化、断面、业态、设施"五方面的问题。界面方面缺乏城市耦合，缺乏活力；文化方面缺乏文化特色，植物有特色需保留梳理；断面以车型为主；业态方面缺乏吸引力；设施方面破损亟待更新。并提出五大城市更新策略：

①界面—城市耦合，营造生活场景。通过将建筑立面和街道断面一体化设计增强街道界面整体性，增加供人停留和使用的口袋公园。

②文化—文脉植入，塑造成都气质。通过对顺城街历史文脉的挖掘，在设计中植入文化元素，增强场所感。

③断面—尺度重构，分时共享。对断面进行再设计，为街道不同时间段的活动提供可能性。

④业态—业态更新，植入文创经济。诊断现有业态问题，对周边商业业态等提出建议。

⑤设施—设施更新，创造品质生活。对户外设施的位置、数量、外观等进行设计，提升整体街道景观品质。

以上述五个策略为指导，通过一系列具体设计以及简单的工程措施，使人和树重新成为街道的主角，实现了街道更新激活片区活力的目标（图5-27~图5-29）。

在老旧院落品质提升的评估阶段比较关键的步骤包括现状植物的评估增减、交通流线组织、适老和无障碍设施情况、公共设施、大门围墙等景观设施、文化传承等关系居民健康安全、社交、求知、审美的因素的评价，可通过发放意见征集表、院落坝坝会、建立微信群等方式收集居民意见对评估阶段的问题有针对性解决，并探索居民参与模式，发挥自身潜能达到社区共建共享的目的。根据城市老旧院落的改造工作特点，在设计阶段的工作应遵循以下四大策略：

（1）连续的无障碍适老环境

一般情况下，老旧院落老年人的比例较高，需要特别注意他们的出行和公共空间使用需求。如满足轮椅使用的要求，需要杜绝三级以下的台阶或地面出现微小高差等。避免设计过窄的人行道路，为了保障老人行走的安全和便捷以及轮椅的使用，步行道宽度不宜小于3m。所涉及的具体的使用材料颜色、材质和路面坡度也应进行适老化设计。老年人视觉神经退化，设计应减少使用老年人不敏感的颜色，以在老年人步行时增加确定性和安全性。路面设计减少对易滑和积水材料的应用，减少对地面拼装分缝材料的应用，

图5-27　改造前的顺城大街

图5-28　改造后的顺城大街（1）

图5-29　改造后的顺城大街（2）

这些材料不便于轮椅的使用。在设施细节处进行适老化设计，如深圳龙华区的"晚晴花园"将花箱抬高，以方便老年"园丁"对花草的日常维护。

（2）对院落植物的再梳理

对场地现状植物增减的评估，这部分技术详见前文章节所述，需要特别注意对易致人过敏植物（如杨树）和易伤人植物（如剑麻）的评估，及移栽的可能性。老旧小区绿植年代较久，且平时缺乏修枝维护可能阻挡阳光进入一二层楼住户家中，需要对这一因素进行重点评估。最后一点需要注意的是对老旧小区中常出现的绿篱进行评价，利用小叶女贞等形成的绿篱可能会造成视觉的盲区，形成有安全隐患的死角；过高的绿篱也使人们的视线不能相遇，阻碍了公共空间生活的发生。

（3）设计创造沟通和协作的机会

设计邻里间可以沟通和协作的场地，例如对社区花园的营建，居民在共建共享中增加沟通，但这一机制的关键并不在设计场地本身，而是启动和设计一个完善的机制。此策略的难点是制定可持续的社区花园营造和参与途径，包括如何找到牵头人，如何持续找到资金来源进行社区花园的营造和维护，使社区居民可以参与到设计、维护管理中来，从而共建共享，让城市微更新的过程成为邻里交流的机会，拉近人与自然以及人与人的关系，使社区花园成为社区营造和社区共治的空间载体。比较典型的有刘悦来提出的社区花园的运营机制[91]：①确定营造机构，包括专业社会组织运维的枢纽型综合性社区花园、政府直接支持居民形成在地社团管理运维的社区花园、广泛居民在地自组织的中型社区花园、市民个体参与行动形成的小微社区花园；②确定社区花园的发展途径，包括吸引公众参与公共空间种植、培育和发掘社区营造先锋力量、由专业组织举办社区营造工作坊；③构建参与途径，包括通过活动策划组织公众参与公共空间营造、民间基金支持培育和发掘社区营造先锋力量、政府专项基金支持专业组织举办社区营造工作坊。

（4）设计细节找回场所精神

设计需要植入文脉，让文化元素融入设计中。这需要通过座谈、查阅资料等对每个院落或社区不同的历史故事进行了解和转译，将这些故事或记忆融入设计中，创造每个院落和社区独有的文化场景。只有当设计可以唤起普通人的记忆和共情心理时，才能使场所精神重新被唤起，才能被叫作有温度的设计。

5.3 建筑空间中景观提升改善关键技术

5.3.1 垂直绿化

1）垂直绿化适用性研究

首先对于需要既有建筑本身的结构荷载富余量进行评估，或者根据建筑进行二次加固后的荷载富余量来进行评估，从而指导后续垂直绿化形式的选择，需要综合考虑土壤、灌溉、绿化结构本身、植物的总体重量，管理养护的便捷性等要素得出能否改造设计。

建构筑物垂直绿化的实现，其模块结构方式可分为：容器骨架式模块、斜入卡盆式模块、种植盒模块和介质模块四种类型。部分绿地需要艺术堆坡时，也会使用到垂直绿化技术来保证景观效果。既有改造建筑和新建建筑不同的场地条件建议选用的垂直绿化方式如表5-24。

垂直绿化植物结构方式建议选择 表5-24

城市更新建筑类型	绿化结构选用方式
既有建筑更新	攀爬类植物模块、悬垂类植物模块、介质模块、种植盒模块
新建建筑	攀爬类植物模块、悬垂类植物模块、介质模块、容器骨架式模块、斜入卡盆式模块、种植盒模块

2）景观植物设计

其次垂直绿化植物品种选择遵循以下原则：常绿、生长缓慢、浅根系和短期耐潮湿的易养护植物，并尽量选用对当地的气候有高度适应性的乡土易成活植物。针对特殊地域特征室外温差应首选耐寒性、抗风性、抗寒性的易管理植物。

垂直绿化有一个生长的过程，植物经过不同的生长阶段逐渐形成了最终茂密的绿墙效果（图5-30、图5-31）。

以中建西南院景观设计院的室内垂直绿化为例，在设计中采用了波士顿蕨、袖珍椰子、红掌、龟背竹、观叶海棠、葱兰、龙血树、鸟巢蕨、铁线蕨、蝴蝶兰、一帆风顺、千叶兰等植物。建造的单方造价在1200~1500元/m²，施工4天完成采用复合型种植系统，具有可蓄排、自动灌溉、易安装、高成活的特点（图5-32~图5-35）。

在后期的养护中，采用专业养护单位托管的方式，每月800~1000元左右的费用，包括每周一次的人工检查与不超过1%的植物更换，检查项目如表5-25。

图5-30 植物生长初期效果

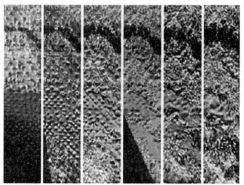
图5-31 绿墙植物不同生长阶段

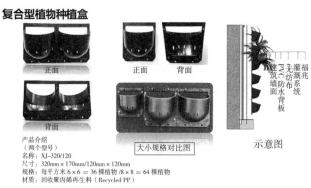

复合型植物种植盒

正面　　　　正面　　背面

背面　　　　大小规格对比图　　示意图

产品介绍
（两个型号）
名称：XJ-320/120
尺寸：320mm×170mm/120mm×120mm
规格：每平方米 6×6 = 36 棵植物 /8×8 = 64 棵植物
材质：回收聚丙烯再生料（Recycled PP）

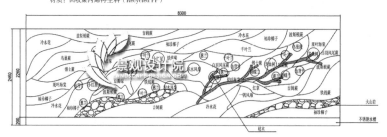
图5-32 景观设计院植物设计立面图

| 波士顿蕨 | 袖珍椰子 | 红掌 | 龟背竹 | 观叶海棠 | 小红星 | 冷水花 | 龙血树 | 蕙兰 |
| 白羽凤尾蕨 | 鸟巢蕨 | 豆瓣绿 | 铁线蕨 | 蝴蝶兰 | 积水凤梨 | 吉姆蕨 | 一帆顺 | 千叶兰 |

图5-33 景观设计院植物选择

图5-34 景观设计院垂直绿化施工过程　　图5-35 景观设计院垂直绿化完工后照片

景观设计院垂直绿化养护内容　　　　　　　　　　　　表5-25

序号	名称	检查项目	频率		
			第1个月	第2~3个月	第3个月以后
1	环境检查	期间是否停水停电? 光线如何? 通风如何? 温湿度（季节变换）如何	每周一次	两周一次	每月一次
2	植物生长状况	黄叶、干叶、腐叶及死亡植物 杂草及虫害 过大或过小等	每周一次	两周一次	每月一次
3	种植基体状况	种植毯有无异样 基盘、基袋有无异样 营养基质干湿度	每周一次	两周一次	每月一次
4	自动浇灌系统	设备是否正常运行 管道是否堵塞 给水是否均匀 排水槽是否需要清理 排水口是否畅通 浇灌时间是否需调整	每周一次	两周一次	每月一次
5	钢支架状况	是否松动 墙面是否完好无损	每月一次	每月一次	每月一次

5.3.2 屋顶与地下室顶板绿化

屋顶绿化在我们的生活中越来越常见，是在各类建筑物、构筑物、地下室顶板等的屋顶、露台、天台、阳台上进行造园，种植树木花卉的统称。

随着社会经济的高速发展，城市的容积率不断地加大，使得建筑密度也不断加大，这让城市绿地面积不断减少；同时，我国私人汽车的剧增使停车用地不断增加，因而把包括停车场在内的部分城市地面功能转入地下成为城市发展的大趋势,地下室的面积增长迅速。因此，屋顶绿化（含地下室顶板绿化）也成为当今景观设计的重要组成部分[92]。

1）结构专业需要评估的主要要素

（1）结构专业

根据结构的荷载水平，把结构荷载分为三个级别，分别是超低荷载级别、中等荷载级别和高荷载级别（表5-26）。

①超低荷载级别：结构顶板上的覆土为0～70cm。

②中等荷载级别：允许覆土深度在70～150cm。

③高荷载级别：覆土深度在150cm以上。

结构专业分级图   表5-26

荷载分级	覆土厚度	评价	应用场景
超低荷载级别	0～70cm	此荷载条件与屋顶花园的荷载条件相似，因此景观设计中的植物及景观构筑物等设计元素要慎重考虑荷载问题，对景观设计竖向的内容丰富程度有较大的条件限制。	不常用
中等荷载级别	70～150cm	此荷载条件基本可以满足对一般的植物及构筑物的承重要求，对个别超荷载的情况可进行局部位置调整或加强荷载。	多用在商业性项目
高荷载级别	150cm及以上	此荷载条件可以充分满足一般景观设计的需要，对景观设计的限制较小，除有非常特殊的构筑物荷载要求外，景观设计元素可以根据设计需要自由地运用。	多用在大型公共地下室顶板或商业性项目的人防工程顶板上

比较典型的案例是锦城绿道茶马古道特色园建筑，通过综合应用屋顶绿化技术将较大体量的建筑"隐"于大地景观中，形成了"绿韵茶田""裂谷森林"等节点，使建筑与景观的边界得到"溶解"，成为生态基础设施的组成部分（图5-36、图5-37）。

（2）种植构造

地下室顶板上的覆土构造由上至下大致分为植被层、种植基层、过滤层、排水层、保护层或防水层等部分。各部分选用的材料及方法各有不同，下面介绍几种较常见的做法（图5-38、图5-39）。

2）地形设计

"地形"这一概念源于地质学，原指地球表面的起伏形态，景观设计中的地形是景观空间违和的重要设计要素之一，地形的丰富很大程度上决定了景观三维空间的丰富性（表5-27）。

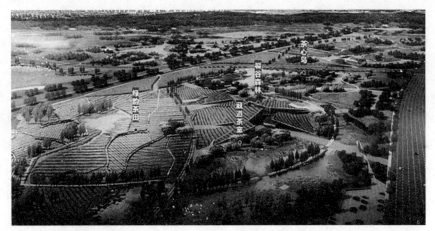

图5-36 茶马古道鸟瞰图

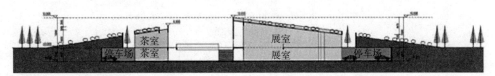

图5-37 茶马古道剖面图

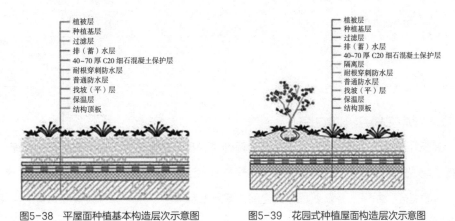

图5-38 平屋面种植基本构造层次示意图　　　图5-39 花园式种植屋面构造层次示意图

地形分类图

表 5-27

地形起伏高差	特性、效果及柑橘	适用的荷载情况
0~50cm	地形起伏感较小，地形平坦，目光无遮挡。	超低荷载级别
0~100cm	稍微可以阻挡一点目光，有些许隐蔽性和划分空间的效果，土的体量基本上感觉不到，是一种开敞的包围形态。	中等荷载级别
0~150cm	能使人感到土的包围感觉，这个高度或多或少给人有土的重量感，如果包围人的空间尚无压抑感，则较为合适。	中等荷载级别
>150cm	使人感到一个大体量，体量越大，其表面更需加以注意。	高荷载级别

3）植物设计

在植物品种选择上,屋顶花园的植物配置一般要遵循以下原则:通常以选择常绿、生长缓慢、浅根系和短期耐潮湿的植物为主,以便后期管理维护。另外,尽量选用乡土植物,因为乡土植物对当地的气候有高度的适应性,在环境相对恶劣的屋顶花园,选用乡土植物易于成功。屋顶花园一般选择耐寒性、抗风性、抗寒性的植物,有的屋顶花园极端温差大、风力大容易造成土壤干燥,选择这样的植物便于日常的管理[92]。

4）防水设计

《种植屋面工程技术规程》JGJ 155—2013中明确规定,种植屋面防水层应采用不少于两道防水设防,上道应为耐根刺防水材料;两道防水层应相邻铺设且防水的材料应相容。普通防水层一道防水设防的最小厚度应符合表5-28的规定[93]。

防水材料厚度 表5-28

材料名称	最小厚度/mm
改性沥青防水卷材	4.0
高分子防水卷材	1.5
自黏聚合物改性沥青防水卷材	3.0
高分析防水涂料	2.0
喷涂聚脲防水涂料	2.0

5）建筑采光井及通风口设计

采光井及通风口的处理方法通常分为两种,一种是遮挡处理,另一种是强化处理。遮挡处理一般采用植物进行遮挡,强化处理一般是让采光井及通风口成为景观焦点。在设计初期充分了解采光井及通风口的空间位置及面积大小,强化其作为景观元素的观赏作用。

随着公园城市理念的加强和推广,建设园林城市、森林城市、生态城市成为一个重要的城市形态发展方向,因此,屋顶绿化是一个有效解决建筑与绿地抢夺空间的重要方法,也是促进城市环境保护的重要途径。屋顶绿化可以有效地改善城市宜居性,同时,对城市环境美化、城市微气候调控和建筑节能减排等有积极影响,因此要大力推广实施。

第六章
城市更新设计关键技术建筑篇

第六章 城市更新设计关键技术建筑篇

既有建筑改造是城市更新的主要内容，构成了城市更新的基本单元。本研究所关注的既有建筑改造问题，主要是从既有建筑再利用的角度来探讨存量建筑的更新与改造，梳理改造设计的流程及控制要点，阐述设计过程中建筑师统筹、综合、协调的关键技术。对于文保建筑等有相关管控体系和设计要求的建筑类型，不在本研究的讨论范围内。

由于在既有建筑改造中，建筑与机电有非常大的相关性，故将机电与建筑放在本章中整体论述。

6.1 城市更新既有建筑改造设计的对象再认识

既有建筑改造与新建建筑设计的最大区别，是其保留了建筑物部分物质实体如主体结构、立面构件等，并将其有机融入新建筑之中。

既有建筑改造存在两方面价值：

①物质实体遗存的经济与技术价值。通过对既有建筑进行功能的补充、性能的提升，或者风貌的调整等多维度的升级，将既有建筑的潜在价值最大化利用，以提升建筑品质，延长使用寿命。

②物质实体遗存所承载的超越物质性的文化价值，如历史记忆、生活场景、文化传承等。这部分物质实体的场景性而非空间性，是改造对象最重要的软性核心价值。

这两方面的价值，引导我们对既有建筑改造设计的对象展开再认识。其改造对象的复杂性、工作界面的多样性决定了其在设计方法与技术路径、团队组织和运作方式上将与新建建筑呈现出显著的不同。

6.1.1 既有建筑改造与新建项目在设计对象上的差异

从设计对象与现状条件的制约角度看，既有建筑改造受现状条件约束，其设计对象多样且复杂。

新建项目，以规划建设条件为明确限制，综合业主意愿和资金投入，在全新的场地上进行建筑设计，考虑功能、形态、与技术支撑的整体匹配。其更多考虑设计范围及周边的城市功能、道路交通、建设项目以及区域整体城市风貌的影响。

既有建筑改造设计的对象，除以上因素外，更包含改造对象及设计范围内外的相关要素。设计需要对既有建构筑物的基础条件、原市政基础设施管网、四邻景观植物、道路等实体进行全面梳理，并综合评估建构筑物、景观、道路等物质空间载体资源产生的影响，以及场地内非物质实体因素的考虑，如产权拥有者和居民的意愿、文化活动、生活场景等。

6.1.2 既有建筑改造与新建项目在设计方法和技术路径上的差异

受设计对象复杂性影响，既有建筑改造设计的不确定因素多、工作界面多样，在设计方法和技术路径上也存在显著差异。

在新建项目中，建设单位主体明确，由其负责功能任务、规划建设条件、投资总额等设计输入的提供。设计以建筑专业的方案为核心，从概念方案出发，逐步深化展开技术支撑性的设计工作；方案设计、初步设计、施工图设计的设计程序及主次矛盾明确，具有明确的方向性、阶段性。技术路径呈现以建筑专业为主枝干，各个专业为枝杈的鱼骨型路径，整体有序、总体单向、进度计划相对明晰可控。

既有建筑改造设计中，除建设单位提供的设计任务诉求外，另有多方相关诉求需整体考虑。除复杂的现场信息外，更有大量的设计输入，需要建筑师根据经验判断，主动甄别指出，并提醒相关寻获工作。设计的起始，以不同改造类型的主导相关专业与建筑专业共为核心，根据综合评估，判定主次矛盾，选择出发点。过程中多点并进且动态配合，并需要对方案进行重复尝试与再评估，逐步深化。技术路径更接近棋盘网状结构，各专业如散布的棋子，建筑专业穿插交织其间，组织和搭接各个系统。

另外，既有建筑改造具有典型的不可预见性。既有建筑现场的复杂性往往需要边勘测边设计边施工，甚至施工发现新问题再重新勘测，修改设计，重新施工。受其影响下，功能任务、规划建设条件以及投资总额也存在较大的不确定性。设计路径与进程多数需要动态调整（图6-1）。

6.1.3 既有建筑改造与新建项目在团队组织和项目运作上的差异

（1）团队组织的差异

新建项目以目标为导向开展工作。因目标明确，设计对象限制条件相对稳定，各专

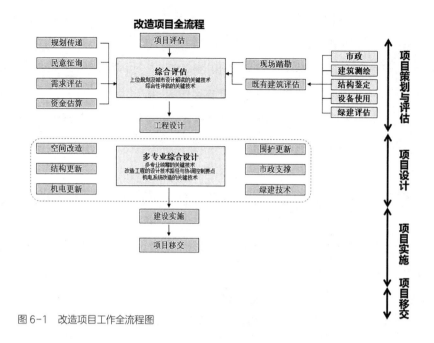

图 6-1 改造项目工作全流程图

业配合相对有序。流程可控性高，各专业可以各自负责相应专业的设计及施工，只在部分环节参与配合。项目开始即可预判设计团队的构成及工作顺序。

外部沟通也更多集中在与项目业主、建设管理部门进行沟通。

既有建筑改造以问题为导向开展工作。改造对象在建筑形式、结构体系以及能源利用系统等方面比新建项目更多样、更复杂，项目开始要求的团队组成也更多元。需要根据改造需求和改造目标组织涉及的建筑、结构、机电、绿建、景观、幕墙等多个专业协同推进，在整体思路下寻求解决方案。

由于在改造过程中存在的不可预判事项，设计上各专业的交叉限制多，伴随项目设计，可能因预判不足而需要调整更新设计团队的构成。

此外既有建筑改造项目的设计—施工协同度更高。设计初始即需要考虑施工的可行性与便利度问题，需要充分考虑既有建筑留存实体对施工行为的制约，设计过程也离不开现场监造与沟通，设计团队各专业全过程参与的需求显著。

（2）参与群体的差异

新建项目多为单一业主。既有建筑改造的利益相关方则更多，改造过程中参与运作的主体具有多元性。举例来说，在政府或市场主导的城市更新类项目中，与建设方及建成投用后的运营主体方的充分沟通可能会带来决定性的决策判断。在老旧小区类居住社区的更新类项目中，社区参与、多方共建已经成为必不可少的工作环节。

6.2 既有建筑改造面临的问题

6.2.1 改造对象复杂，综合性评估难度大

相较新建建筑，既有建筑在功能布局、结构安全、消防性能、机电设施、综合能效、建筑形式、历史记忆、文化场景等方面具有多样性和复杂性。

这种多样性、复杂性，首先源于建设年代的经济技术水平限制、使用年限中的功能调整、工程改造等物质实体方面的改动，反映在既有建筑（物质实体）资料信息的获取和整理工作上。由于设计图纸缺失、施工误差或变更、竣工档案不全、使用过程非正式改造等一系列原因，既有建筑的资料信息往往获取困难。在获取不同方面的信息之后，需要梳理、比对、核实，汇总形成翔实的基础信息。

其次，多样性和复杂性，也源于既有建筑所承载的活态场景性内容。既有建筑所包含的软性内容，诸如历史记忆、文化场景、生活传承等，要求综合性评估增补相关维度的分析评估。物质实体与活态文化，共同要求翔实、仔细、多维度的综合性评估。

6.2.2 上位规划的传递指引参差

城市更新建筑改造，离不开上位规划的指引。近年，我国在城市更新、既有建筑改造方面制定、发布了一系列政策；各级政府和部门也正积极有效地推进相关工作，完善相关规划，并取得了不小成效。但需要看到的是，由于各地发展水平和管理精度的差异，在上位规划对既有建筑改造的规划传递指引上，各地区上位规划的指引有效性略显参差；既有建筑改造面临问题复杂、差异大，上位规划难以全面覆盖。

6.2.3 改造设计的技术统筹复杂

由于既有建筑改造对象在多方面的多元性与复杂性，限制条件多，工作展开面广、设计难度大、统筹要求高；设计工作的团队组织和技术路径与新建建筑设计显著不同，在6.1.3节已有描述。以下列举三类典型的技术统筹场景。

①空间/结构再适配。对既有空间及结构主体的再利用是多数改造项目的主要出发点之一。在新功能与老结构的适配性分析上，空间、功能、结构呈现动态往复的相互约束，需要三者之间频繁的互动、调整，方能求得平衡。

②建筑性能提升。随着我国经济增长、技术进步、规范标准提高以及管理精细化不断发展，既有建筑在结构、消防、机电、能效、无障碍等方面的性能提升需求显著。其技术工作涵盖结构可靠性鉴定、改造前后抗震评估、消防性能化分析及改造设计、机电改造、围护结构性能提升改造、无障碍改造，等等。并且，在不同项目的不同阶段，技术难点及主要矛盾也会转移和变化。客观上带来技术统筹的复杂性与高要求。

③建筑形貌和谐。对城市环境、建筑风貌的整体提升是既有建筑改造需要普遍考量的问题。好的改造在改善单体建筑外部形象同时，一定能提升建筑外部空间甚或城市区域外部空间品质。区别于新建建筑的白纸作画，既有建筑改造设计，要求对既有建成环境进行全面、深入、细致的分析，再经由建筑师关于形貌和谐的专业思考，最终通过体量尺度、材质色彩、风格立面、建筑细部的合适表达，实现改造建筑与城市环境的形貌和谐。

6.2.4 牵涉法律、政策和管理层面的要素多元

既有建筑改造设计所牵涉的法律、政策和管理层面的要素较多；涉及规划管理审批、建设管理审查、产权认定划分、工程规范更迭、运行管理维护等一系列问题。多种要素多样诉求的叠加，使得改造设计呈现出区别于新建设计的复杂性，这复杂性既是城市更新的难点，也是挑战与价值所在。

近年，上海、深圳、北京等多地已建立有系统和清晰的既有建筑改造管理办法，从制度搭建工作中，也可以直观感受到既有建筑改造所牵涉的要素非常多元。

6.3 既有建筑改造设计中规划传递的关键技术

开展既有建筑改造设计工作，首先要明确改造中需要依照、遵循的规划要求。设计师除了关注法定规划、技术规范以及当地的技术管理规定之外，更重要的是关注与传递非法定规划中功能引导、空间塑造、交通组织、建筑风貌等方面的指引。

6.3.1 既有建筑改造设计中的规划解读及其要求传递

既有建筑改造设计的规划解读与传递可分为法定规划与非法定规划两种类型，法定规划中需要传递的要素和要求更为刚性，而非法定规划中的要素则重在设计指引。

1）既有建筑改造设计相关法定规划的解读与传递

与既有建筑改造直接相关的法定规划主要包括控制性详细规划及以历史文化保护规划为代表的各类专项规划。

（1）控制性详细规划的传递

控制性详细规划对于每个地块的用地性质、容积率、建筑高度、建筑密度等指标以及配套设施等都有明确的规定[92]。在既有建筑改造设计中，如果涉及保留建筑的改扩建，或保留建筑所在地块有其他新建建筑，则需要满足相应的用地和指标要求。

在容积率等基本的控制指标之上，不同城市、不同地区对于纳入控制性详细规划管控的要素略有差别。例如成都在2012年北城改造时期，将部分地区的城市设计要求，如公共空间布局、内部通道设置等内容纳入控制性详细规划统一管理；而深圳则是采用法定图则制度，在控制性详细规划基础之上，实现对基本控制单元"地块"的管控，管控指标包括用地性质、用地面积、容积率、绿地率、配套设施等。因此，对于控制性详细规划的解读和传递需要依据各地具体的规划要求来执行。

（2）专项规划的传递

专项规划涵盖历史文化保护、道路交通、市政基础设施、公共服务设施等各个方面，类型繁多，不同城市的专项规划类型也略有差异。既有建筑改造项目是否毗邻历史保护地区、是否涉及市政基础设施布局以及重要公共服务改善等问题，所需查阅的专项规划，以及需要响应的规划要求各不相同。

例如既有建筑改造项目位于历史文化保护区的建设控制地带，或位于历史文化风貌区，则需要查阅该地区的历史文化保护规划或历史风貌区规划，规划中对于地块内建筑使用功能、建筑体量、高度、色彩、风貌等的管控要求，均需要在改造设计中予以响应。

2）既有建筑改造设计相关非法定规划的解读与传递

与既有建筑改造相关的非法定规划以城市设计最为常见，也最典型。改造项目所在区域如果已完成城市设计工作，则需要响应城市设计的相关要求。

按照城市设计类型与关注重点的不同，其针对既有建筑改造给出的指引要素和要求则各有侧重。具有代表性的城市设计类型包括以下四类：

①历史文化保护类城市设计（含工业遗产），其设计重点通常围绕需保护的历史格局、历史建筑及其环境展开，将保护建筑合理化再利用，并融入城市生活。因此，其核心引导要素包括保护建筑的功能引导、公共空间设置、建筑风貌等内容。

②社区改造类城市设计（含老旧院落），其重点在于以公共空间与环境的改善、公共服务的完善来提升居民生活品质。因此，这类城市设计的核心引导要素往往包括主要

街道的功能及界面形式，如骑楼、檐廊；街头游园、广场的布局以及院落入口空间与内院空间的利用等内容。

③产业提升类城市设计，重点研究产业的提升发展以及与之匹配的城市空间塑造，因而其重点引导的内容包括主题产业与服务功能的落位、空间适配改造等内容。

④交通改造类城市设计，重点在于强化交通站点与周边地块的交通、功能以及空间联系，因而其重点引导内容包括地下空间、地面空间以及空中的交通联系；地块车行、人行交通组织方式；以及主要人行路径周边的功能组织与空间改造等内容。

不同类型的城市设计，关注要点各不相同，但大致可归纳为产业功能、公共界面、公共空间、形态风貌、交通组织五个方面，不同方面所包括的具体要素、引导力度详见表6-1。

既有建筑改造中非法定规划传递要点汇总表　　　　表6-1

引导要素		城市设计类型			
要素类型	具体要素	历史文化保护类（含工业遗产）	社区改造类（含老旧院落）	产业提升类	交通改造类
产业功能	功能类型	●	○	●	○
	功能布局	●	○	●	○
公共界面	布局位置	○	●	○	●
	设置形式（骑楼、檐廊等）	○	●	○	●
公共空间与服务	小微开放空间	●	●	●	●
	公共使用的内院空间	●	●	●	●
	服务设施布局	○	●	●	○
形态风貌	建筑体量	●	○	○	○
	建筑高度	●	○	○	○
	建筑风貌（色彩、材质）	●	○	○	○
	第五立面	●	○	○	○
	建筑细部	●	○	○	○
交通组织	出入口设置（人行、车行）	○	●	○	●
	内部通道	○	○	○	●
	空中连廊	○	○	○	●

注：●为重点引导，○为一般引导

6.3.2 既有建筑改造设计中规划传递案例解析

1）案例一：中车成都机车车辆厂城市更新设计

成都机车车辆厂老厂区作为成都机车工业的历史见证者，在66年发展历史中留下了完整而丰富的建筑与空间群落。基于"机车厂的工业遗产要与居民公共生活紧密结合"的核心理念，城市设计传递至既有建筑改造中最关键的核心要素紧密围绕工业遗产的社区化改造展开，主要包括：

（1）建筑与环境要素保护指引

城市设计导则中明确提出厂区内工业遗产建筑、设备设施、环境景观的保护范围与保护利用方式。各地块在完成既有建筑改造设计时，根据相应的保护范围线与保护利用要求对工业遗产进行合理保护与适度改造（图6-2）。

（2）功能业态指引

城市设计将工业遗产与社区公共服务有机结合，给出了保留建筑功能业态改造方向的指引。以机车厂生活区为例，城市设计将生活区内无人使用的2栋坡屋顶建筑改造为社区配套服务设施，作为社区公共服务中心。在后续开展的生活区既有建筑改造中，设计团队充分理解并延续了工业遗产与公共服务紧密结合的设计策略，在建筑改造中融入当地社区的实际服务需求，将2栋坡屋顶建筑改造为社区老年人活动中心与社区服务设施（图6-3）。

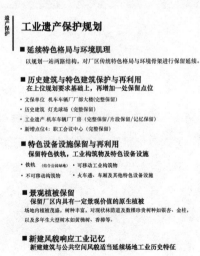

图6-2　建筑与环境要素保护指引图

图 6-3　机车厂生活区保留院落示意方案（城市设计）与机车厂生活区保留院落实施效果

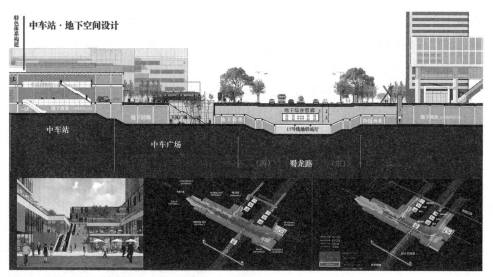

图 6-4　中车站地下空间示意方案（城市设计）

（3）交通组织指引

城市设计围绕"工业遗产与公共交通—地铁站结合"的核心策略，对地铁站与保留建筑的连接关系、地铁站公共地下通道、空中连廊、出入口位置等内容作出指引。在联合厂房地块既有建筑改造时，在上述交通组织的指引下，结合地铁17号线的施工方案，延续并落实了地铁站与工业遗产的连接方案，同时优化了地铁站出入口处下沉广场的设计方案，使工业遗产与公共交通在空间上一体化融合（图6-4、图6-5）。

（4）开放空间指引

城市设计保留1.5km长的铁路轨道，改造为创意铁轨步道。保留承载着集体记忆的林荫回家路，改造为连接周边大学的林荫大学路。两条特色各异的街道串联若干口袋公

图6-5 中车站下沉广场实施方案图
（图片来源：Studio Shanghai 伍德佳帕塔设计咨询（上海）有限公司）

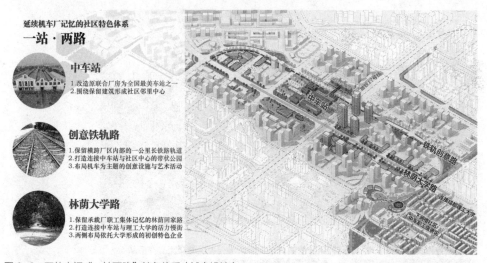

图6-6 开放空间"一站两路"特色体系（城市设计）

园，融入机车主题装置，构建起承载公共活动的特色开放体系。根据这一开放体系，城市设计导则给出了重要地块的开放空间布局及主题建议。因此，在后续建筑更新改造时，根据城市设计指引要求，改造方案确定了地块内广场、公园等开放空间的边界、尺寸与面积，落实了地块内的保留铁轨与创意步道的断面设计。在口袋公园的具体设计中，通过机车车厢、设备设施的艺术化再造，强化了地块中的机车主题，并持续举办社区音乐节、戏剧表演等社区公共活动，确保了工业遗产与社区公共生活紧密结合（图6-6~图6-8）。

用地编码	C1-1-01					
用地性质	商业设施用地	功能引导	商务办公、文化活动中心、地铁配套商业、社区商业			
用地面积	35209m²	容积率	3.0			

<table>
<tr><td rowspan="2">强制性控制要求</td><td rowspan="2">1、保留工业建筑：场地内保留部分工业建筑主体结构，保留的工业建筑不计容积率，不计建筑密度；
2、地块开放：地块应开放，沿街不宜设置围墙，可采用绿化、水景观等方式界定空间；
3、广场型开放空间：东侧临蜀龙路距离地块界限40m内划定广场型开放空间，并设置下沉广场，与地铁站及出入口实现连通；
4、二层步行连廊：C1-1-01地块北侧设置一处二层连廊与北侧地块连接，图中连廊位置仅为示意，实际位置及宽度根据具体方案确定；
5、公共地下步道：C1-1-01地块东侧设置一处宽度不小于5m的公共地下连接通道与C2-1-02地块相连，图中地下通道位置仅为示意，实际位置及宽度根据具体方案确定。
（注：本导则未做要求的部分应按照《成都市城市规划管理技术规定》执行）</td></tr>
</table>

区位图	区位图	形态示意

图例

- 道路红线
- 二层步行连廊
- 公共地下步道
- 广场型开放空间

建议性控制要求	1、建筑风格：构建具有中车主题的特色建筑风貌，立面风格和建筑形态可将工业元素与现代元素结合设计； 2、建筑色彩：色彩应选择使用可休现工业风格的配色或现代风格； 3、建筑材料：建议采用钢结构等工业时代感强的材质，结合现代材料如U形玻璃、彩釉玻璃、木纹铝合金等创造工业与现代融合的风格。

图6-7 特色体系下的核心区重点地块导则（城市设计）

工业遗产与居民公共生活紧密结合
实施效果：利用中车站东侧广场举办社区音乐节、戏剧表演等活动

工业遗产与居民公共生活紧密结合
实施效果：局部厂房改造为向社区开放的四季花园，承载居民的交流交往活动

图6-8 重点地块开放空间与主题活动实施效果
（图片来源：中国建筑设计院本土设计研究中心——崔愷院士团队）

2）案例二：祠堂街历史文化风貌区城市设计

祠堂街位于成都市核心区，地处天府广场西面，少城历史文化街区以南，紧邻人民公园，是成都市14片历史文化风貌区之一，也是成都中心城区城市更新的重点区域。一直以来，祠堂街都是成都人心目中的文化街、革命街，迄今已有300多年历史，有6处文保单位和历史建筑，街道两侧的百年绿树，以及与少城一脉相承的街巷格局和生活交往。

祠堂街历史文化风貌区城市设计确立了传承历史、延续文脉的基本原则，提出了保护古建筑、古街巷、古河道、古树木的"四项保护"原则以及产业更新、街巷更新、功能更新、场景更新的"四项更新"规划措施。需要传递至建筑层面的重点包括：

（1）延续和保护具有历史价值的街巷肌理

恢复并疏通历史上就存在的永顺胡同，不得在此范围内做建设。同时，祠堂街应按照现状路缘石线控制，红线不得拓宽。不改变原有的建筑肌理关系，新建与改建建筑肌理与原有建筑肌理相协调（图6-9）。

（2）呈现原汁原味的历史风貌记忆

①建筑体量与高度指引。在既有建筑的改造过程中，鼓励多、低层建筑，宜与传统风貌建筑体量相协调。改建、新建建筑屋脊高度不应超过15m。②建筑第五立面指引。与文保单位、历史建筑坡屋顶保持一致，采用坡屋顶或平坡结合的屋顶。③建筑色彩与材质指引。与街区内文保单位、历史建筑保持色彩一致，优先采用文保单位与历史建筑原用材料（图6-10）。

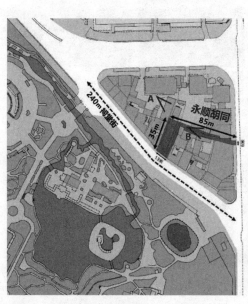

图6-9 祠堂街永顺胡同恢复图

图 6-10　祠堂街建筑风貌特色

图 6-11　祠堂街业态功能选择

（3）延续祠堂街文艺气质

建筑功能选择上也应延续祠堂街一直以来作为大众文化市集的主题，结合新的需求，植入文化、文博类的新兴业态（图6-11）。

3）案例三：宽巷子社区城市设计

宽巷子社区城市设计项目是典型的社区改造类城市设计，该社区所处少城片区是成都市井文化最具代表性的区域，由游客、居民、商家构成的多元人群与下商上住的功能组合使得街区颇具活力，同时街道也成为最重要的社区单元。

城市设计提出在保持街区活力的同时，针对宽巷子社区开放空间不足、公共服务缺失以及旅游空间多样性不足的问题，从优化街道界面、增加口袋绿地、提升内院空间三个方面入手，引导宽巷子社区城市更新。

①街道界面指引。响应城市设计中延续少城街道活力，设置连续开放通透的底层商业界面的策略，既有建筑改造设计时，应将店面店招、外立面色彩材质、行人通行区、街道家具布置区统一纳入建筑改造设计考虑，与街道及外摆区有良好的空间互动（图6-12、图6-13）。

连续的小商铺，店面装饰多样

提供室外座椅，且紧邻底商

采用分段式立面，二层立面增加装饰性构筑物

低矮的装饰性绿化

通畅的步行道

图6-12　街道指引一

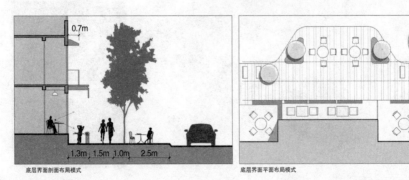

底层界面剖面布局模式

底层界面平面布局模式

图6-13　街道指引二

②口袋公园指引。应对少城片区开放空间不足问题，城市设计提出利用街角剩余闲置空间打造居民游客共享的口袋公园，为居民与游客提供交流交往场所。位于口袋公园处的建筑改造设计，应从建筑入口、立面开窗、空中平台、外摆区布置等方面与口袋公园相呼应（图6-14）。

③内院空间指引。城市设计中提出院落一体化改造，植入服务功能，提升内院空间品质。建筑改造设计时，不仅要考虑院落的风貌改善，更应紧凑利用院内空间，合理安排自行车停放、社区宣传、快递签收、公共活动等基本功能，提升老旧院落的服务质量。同时，单元出入口、入户雨篷等应考虑人群行为模式、社区文化要素综合设计（图6-15）。

图6-14　口袋公园指引

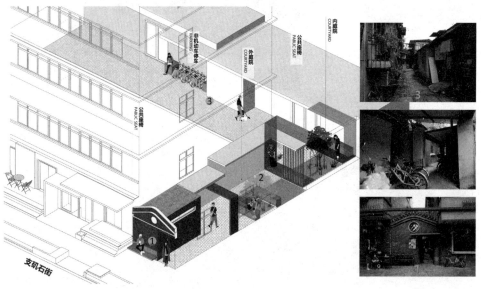

图6-15　内院空间指引

4）案例四：成都市青羊区中坝站片区城市设计

青羊区中坝站城市设计是典型的公共交通站点改造类项目（图6-16）。中坝站是成都地铁4号线上的普通级站点，规划11号线及29号线也将在此区域换乘，形成三线换乘的大型TOD站点。因其现状交通混乱、拥堵，地铁站与周边已建成商业空间缺乏联系，并存在已在运行的轨道路线及复杂的综合管廊系统等不利因素，设计便围绕站点理顺地下、地面、地上的交通流线，基于此塑造良好的慢行体验，并利用三线换乘的人流优势带动周围商业的发展，塑造换乘、商业、商务、公服一体化的地下综合性空间。需要传承与响应的重点引导内容包括以下三点：

①地下通道指引。现状4号线中坝站未设计换乘接口（图6-17），且站厅两端为设备管理区，要与新建站台实现直接换乘，工程改造难度极大。城市设计将现状站点与相邻地块的地下商业空间作为4号线与11号线、29号线换乘的通道，在改造更新的过程中需严格控制商业空间与新旧站厅的预留接口，以及商业空间承担换乘功能后的空间公共属性。

②站厅及地铁出入口位置指引。新建11号线及29号线站厅不仅作为轨道交通换乘空间，同时承担着连接日月大道两侧，连接成飞611所和妇女儿童医院的重任。因此在建筑设计上新站厅的位置需要承接城市设计的理念，布置在日月大道下方，同时地铁出入

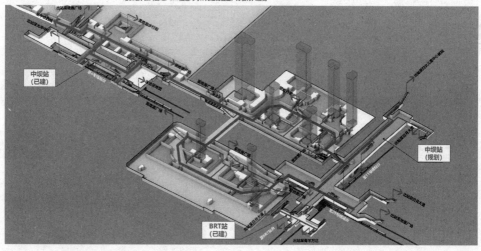

图6-16 青羊区中坝站城市设计

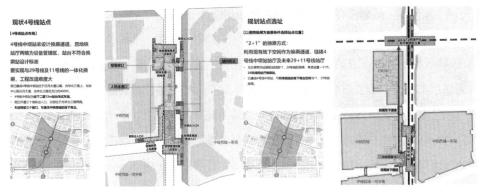

图 6-17　现状 4 号线中坝站未设计换乘接口

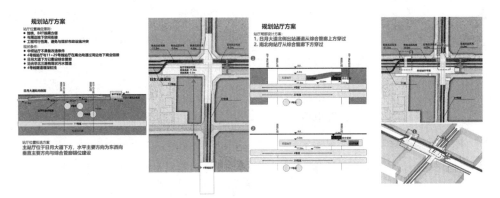

图 6-18　新建 11 号线及 29 号线站厅

口需尽可能靠近成飞611所和妇女儿童医院（图6-18）。

③空中廊道。中坝区域存在大量高层写字楼，并且在先期建设中，已经存在一定的空中连廊。为完善空中步行系统，城市设计在部分区域预留空中接口，缝合空中的连续步行空间。在建筑改造中，空中廊道及其接口位置是需要考虑和响应的要素。

6.4 既有建筑改造的综合性评估关键技术

综合性评估阶段是既有建筑改造项目同新建项目在推进过程中的主要差异点，是设计输入的重要组成部分。

评估工作开展于设计之前，将复杂的既有建筑信息加以分析，转译为具有明确指导意义的内容。

6.4.1 更新类综合性评估的内容与范围

项目的设计输入（设计的综合限制条件）限定了建筑设计的边界，相较新建项目，既有建筑改造项目的设计输入条件更为复杂与苛刻，需对更多层面的设计输入进行资料、信息的收集与整理。主要包括以下几类。

（1）既有建筑实体信息。包括结构体系、功能体系、形式及风貌、机电系统及相应市政支撑等，这些信息作为项目开始的设计输入资料，其来源主要分为两部分：

①来自施工图、竣工图、设计变更等资料。全专业的施工图及竣工图是改造建筑开展的基础。在允许条件内，应尽量获得既有建筑的施工记录、设计修改文件等，了解建筑在改造前的生命周期中各个阶段的使用信息。

②来自勘测及鉴定机构提供的现状测绘资料。由于既有建筑存在施工误差、项目损旧、自然灾害及非正规搭建等各类原因，图纸往往与实际现状有一定出入。除既有的施工图及竣工图纸外，需尽早委托具有相关资质专业单位进行现场测绘，并将成果整理为正式测绘图纸予以提供，以作为有效的设计输入。

（2）上位规划条件要求。因既有建筑改造通常伴随建筑总量变化、建筑功能置换或建筑形态更新，可能牵涉不同程度的规划审批。因此，应充分预先了解项目所在地的相关政策（如容积率补偿政策、既有产权更替政策、规划风貌审批等），以利判断可行性。

（3）工程规范使用情况。既有建筑按其设计建造时施行的工程规范进行设计，并发生相应损旧。其往往多处无法满足现时的、更新后的新规范要求，存在技术冲突，可能会对改造设计有较大限制。

以了解既有建筑信息为前提，建筑设计仍需进一步挖掘，以评估既有建筑在当前规划及规范限制下的改造可行性。

有别于新建项目遵循规划要求，各专业、各专项逐步提资，有条不紊完善设计的传统技术路径。改造项目在设计初期存在相当的不稳定性，单专业的改动或决策通常能极大影响其他专业的判断与设计。如果把新建项目的设计视作稳步前进，那么既有建筑改造项目的推进则呈现"螺旋上升"或"网状推进"的特征，每一次"螺旋""推进"都涉及多专业的动态调整。

故此，项目前期需要多维度综合性评估，以全面呈现综合信息，明确建筑设计边界。评估中，需要上到规划审批，下到形式、功能、性能的全方面内容，又需合理拆分以利各专业工作面的展开，推荐以下六个维度进行评估：

①项目审批路径评估；②功能组织评估；③安全性能评估；④机电设施评估。⑤空

间形式评估；⑥市政承载力评估（图6-19）。

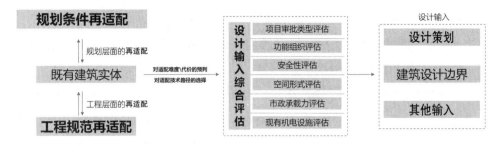

图 6-19　改造更新类项目设计边界的确立路径

6.4.2 多专业统筹的评估框架及互动框架

通过合理的维度拆分，得到评估内容的本底，以此为基础即可搭建多专业评估框架（图6-20），在动态评估过程中，项目的整体定位、重难点及技术路径逐步明晰。最终，评估内容汇总形成项目综合评估报告。

在多专业互动评估中，各专业维度的评估相互制约，评估进程往往存在交叉与反复，历经多轮后方可稳定。

以安全评估中的消防评估为例。按现行规范，某既有建筑无法满足消防初段的供水需求，需在高处增设消防水箱，其新增荷载超出原有结构承载能力，需对相关结构进行加固。加固工作又对建筑内部空间形成制约，并可能进一步影响空间形式风貌及内部功

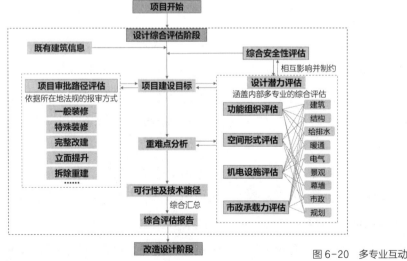

图 6-20　多专业互动评估框架拓扑图

能再组织的两项评估。同时，较大范围的结构加固，也影响到项目的报批报审路径。

其线索如下：安全性能评估→机电设施评估→结构安全性评估→建筑功能再组织评估及空间形式及风貌评估→项目审批类型评估。建筑师应关注此类相互制约联动，找出线索中的关键要素，以利获得有效的综合评估成果。

以下对多个维度的评估内容简要介绍：

1）项目审批路径重点评估

受改造对象的复杂性影响，各地方政府、各类型项目的行政管理及审批路径也多有不同。项目评估阶段，宜根据项目特点尽早明确审批路径，明晰对应流程、关键节点及关键内容。

以上海市为例，既有建筑改造项目按不同改造部位与结构、建筑面积是否产生变动等差异，分为一般装修、特殊装修、立面改造、改扩建四种审批路径（表6-2），其对应的审批主体、申报流程、关键节点和工作重点等均有不同，实施周期和审批难度各有差异。

上海市改造项目的四种审批路径　　表6-2

	一般装修	特殊装修	立面改造	改扩建（报上海市规划）
文件依据	《上海市建筑装饰装修工程管理实施办法》	《上海市建筑装饰装修工程管理实施办法》	《上海市房屋立面改造工程规划管理规定》	由市局组织专家论证后进行专项审批
具体定义	一般类装修工程，是指除特殊类装修工程范围之外的建筑装饰装修工程，即不涉及建筑主体和承重结构变动、不改变建筑原有使用功能、不改动消防设施、不涉及房屋立面改动以及其他可能影响公民生命财产安全和公共利益的装饰装修活动。	特殊类装修工程，是指包含建筑主体和承重结构变动、使用功能调整、消防设施变动、房屋立面改动等可能影响公民生命财产安全和公共利益的各种装饰装修活动。	房屋立面改造工程，是指对房屋外围护结构及其装饰层的外部轮廓尺寸、形体组合方式、比例尺度关系、材质选用等立面形式进行单一立面整层以上的改造，以及市级商业街门面装修的活动。	涉及增加建筑面积的改造项目
申报流程	1.在线申领施工许可证； 2.质监抽查，不出具报告； 3.自行验收，在线备案。	1.在线办理施工图设计文件审查和领施工许可证； 2.质监机构对施工过程实施监督检查； 3.在线办理竣工验收和备案。	1.向规划报送规划方案，申请建设工程规划许可证（立面改造）； 2.属于文保范围和建设控制范围内的房屋，还应当征求文物、房管等相关行政管理部门的意见； 3.规划部门应当在三十个工作日内提出建设工程设计方案审核意见； 4.规划部门应当在二十个工作日内核发建设工程规划许可证（立面改造）。	参考立面改造申报流程

	一般装修	特殊装修	立面改造	改扩建 （报上海市规划）
优势 （有利）	不需报规。	1.涉及建筑主体和承重结构变动（内部加电梯也算）、涉及房屋立面改动； 2.不需报规，但需由长宁区规划审查 3.可加室内电梯。	无	1.可以加室外电梯，但需满足退界； 2.涉及面积变动的。
劣势 （不利）	1.不涉及建筑主体和承重结构变动、不涉及房屋立面改动； 2.面积不能产生变动； 3.无法加电梯。	1.面积不能产生变动； 2.由于规划监管，应满足现行规划条例。	1.对房屋外围护结构及其装饰层的外部轮廓尺寸、形体组合方式、比例尺度关系、材质选用等立面形式进行单一立面整层以上的改造； 2.报长宁区规划，由上海市规划审批； 3.面积不能产生变动； 4.不涉及室内，无法加室外电梯； 5.外立面应按规定距离退让城市道路规划红线，原位置不变的除外； 6.房屋立面改造工程项目应当符合经批准的控制性详细规划，符合规划管理技术规范和标准的要求，遵守建筑安全、城市交通、环境保护、市容景观等有关法规和标准。	1.报上海市规划； 2.不得超过已取得的产证面积，有可能以社区公益设施为由增加； 3.需要满足现行规范及规划条件（如需加楼梯、消防、停车位、退界等）。

为确立适合具体项目的审批路径，需辨明以下内容：

（1）确认历史街区或文保建筑等制约因素

确认历史风貌区及文保建筑对项目的影响，依据所在地政策制定相应设计策略。

以上海市为例，对于地处上海市历史风貌区、优秀历史建筑周边建设控制范围内的改造项目，需遵循《上海市历史风貌区和优秀历史建筑保护条例》，通过规划部门组织的专家会审批并公示，不同的改造程度对应不同的审批主体。

以上海市某建筑为例，该建筑位于历史风貌区内，相关保护要求范围主要包括外部立面、广场及花园，内部无重点保护部位。对于以室内功能改善提升为主的改造目标，此项目可按特殊装修类项目开展改造申请程序。

（2）确定项目用地与现状规划是否冲突

确认既有建筑与上位规划是否存在冲突，并制定相应的设计策略。

以上海市某改造项目为例，该建筑所处的建筑用地部分被规划划入远期城市道路用地。由于规划的调整，此类项目无法通过改扩建的审批。且参考《上海市控制性详细规划技术准则》（适用13.9条现状用地），"修缮或改造后建筑面积不超过已取得的产证核定的建筑面积"，此项目也不得增加建筑面积。

故此，综合此项目对于外部形象更新与内部功能优化的预期，项目拟按照特殊装修与立面改造两种路径开展改造申请程序。

（3）明确规划对建筑功能更新的影响

城市更新过程基本都伴随着功能更替，改造设计初期应从上位规划的适配角度，评估功能的更新如何满足当前的规划条件、规划政策、各项指标的平衡以及产权的更迭方式等，以利判定技术路径选择。此阶段建议建筑师与规划主管部门建立稳定的沟通渠道。

如项目出现较为明显的建筑功能改变，多数适合改扩建类项目审批路径。

2）功能更新评估

功能更新及适配潜力。消化既有建筑信息后，应比对改造前后的核心功能，评估功能更新的可行性。

比对内容包含：空间尺度、交通条件、疏散条件、空间舒适性、结构承载力、机电承载力等内容，以对功能更新所需的代价进行梳理，动态调整功能预期。

评估的成果应包括：关于新功能能否成功置入既有建筑的判定，以及所需代价及改造调整的技术路径。

3）安全性能（结构及消防）评估

结构安全性评估，是支撑建筑与结构专业深度互动的技术基础工作。

（1）结构安全评估

（建筑专篇的）结构安全评估是指在具体设计开始之前，就既有结构本身的安全性及其改造潜力（可行性与相应代价）进行专业间的综合评估。

该评估不仅涵盖结构专业本身的安全性与可靠性评价，更包括结合其他专业的设计期望，判定结构是否能够承载相关改造的可行性评估。典型场景例如：原有结构自身稳定安全，但应改造后需求需增设楼梯，原有的结构梁能否承载，需要何种程度的加固？原有楼板上能否开洞，尺寸限制如何？能否增设机电井道，综合代价如何，等等。

本节将结构评估分为由点及面的四部分内容；从结构后续工作年限确认，结构专业可靠性鉴定，再到结合方案预设、以抗震评估为导向的可行性分析，最后到结构的"适修性"反馈梳理。

① 确定后续工作年限

既有建筑的适修性评定等级（A类、B类、C类）及后续工作年限（分别为50年、40

年、30年），关乎整个项目的使用预期（具体可查阅本研究结构专业篇章）、规范应用（依《建筑抗震设计规范》，后续使用年限影响建筑应遵循规范类别，年限越长，遵循规范越严格）、改造代价、鉴定内容与投资期望。

② 结构可靠性鉴定

结构可靠性鉴定是指进行建筑现状调查与检测，判定建筑结构存在的质量及安全隐患。结构可靠性鉴定报告，是判定房屋改造前现状结构可靠性的依据，主要包括结构的安全性鉴定、正常使用性鉴定和耐久性鉴定等内容；它以构件作为主要对象，以构件的可靠性等级判定结构的可靠性等级。其结果影响到建筑的现状安全及改造潜力，是开启后续设计的基础。

③ 以结构抗震鉴定为导向的可行性分析

结构抗震鉴定，是基于建筑后续工作年限、建筑功能和使用环境改变后的结构体系进行；旨在探明并根据后续改造功能要求判定建筑结构的综合抗震能力。

主要内容包括：以宏观控制和构造鉴定为主的综合评价第一级鉴定；以及以抗震验算为主、并结合构造影响的综合评价第二级鉴定。涵盖既有结构承载力及抗震性能的薄弱点，项目承载能力的分布条件等内容。

既有建筑在完成改造后结构需满足抗震鉴定要求。在评估阶段，需要设计以满足抗震鉴定为导向，结合相关专业影响面进行改造的可行性分析及技术路径的预判。

④ 结构的"适修性"反馈

结构的适修性指结构在满足可靠性和抗震的基础上，仍具有的改造潜力评价。

结构结合不同的设计思路，接受建筑、机电、幕墙等相关专业提出的不同设想，预判各专业诉求对结构荷载的增减、刚度及抗震性等方面的影响，剔除明显的不合理方向。

对于建筑的不同细分区域，可将改造潜力即"适修性"及时反馈给各专业，以避免削弱既有结构本已薄弱之处，同时更充分利用其余区域的结构冗余，精细设计。

及时的结构"适修性"评估及反馈，可在项目前期充分反映不同设计方向的结构代价，以利建筑师做出理性的设计方向选择。

（2）建筑及街区层面的消防安全评估

既有建筑改造的对象往往处于相对密集的建成环境之中，消防相关设施设备多数难以满足现时消防规范的技术要求；消防安全性能也是综合评估阶段的总要内容。

设计需根据预期的功能调整及空间布局，对建筑或街区消防安全存在的隐患进行预判与评估，测算疏散点位，疏散距离及疏散宽度，得到其缺口数据，并及时会同其他专业对相应的疏散增补措施进行改造可行性评判。

在评估过程中，应具备系统性思维，以各专业协同下的综合最优作为目标。如评估过程中发现无法规避的巨大代价，应及时就项目定位及功能预期与业主进行沟通。

评估最终可汇总为消防安全评估报告，明确消防改造的关键重难点，并提出相应的设计路径。

4）机电设施评估

机电技术更迭频繁，机电设施在建筑更新过程中通常面临大规模更新，其与结构安全、功能组织、消防安全关联密切。新增设备、机房本身对于建筑空间布局也有较大影响。既有建筑改造的机电设施评估工作包括：

（1）获取完整的既有建筑机电信息

为保证设计输入资料的完善、及时和准确，需对原有图纸、现状测绘图纸及检测信息进行充分比对，分析其差别及原因。由于机电设施存在部分隐蔽工程，设计需与测绘单位充分协同，结合管探等技术手段，获取关键部位既有机电现状的相关信息。

（2）机电再组织评估

机电再组织，可基于改造后的目标要求，结合既有建筑现状，初步设定机电设施、设备、管线等的布置策略及实施路径。建筑师统筹相关各维度的评估内容，在各专业的反馈中平衡各种限制条件，初步确定机电改造策略。

5）空间更新及风貌评估

（1）内部空间改造潜力评估

基于既有建筑的空间条件，评估其空间尺度、相对关系、联通\拆分可能性、关键界面、舒适性、疏散条件等方面内容，结合其他专业的评估内容，对于空间改造潜力进行初步判断。

（2）外部风貌改造潜力评估

建筑设计应充分了解项目所在地的城市风貌控制要求，梳理外部风貌改造的目标、改造策略及技术路径，并根据不同的审批流程制定设计策略及项目计划。

6）市政承载力评估

（1）场地市政现状梳理

梳理场地及周边现状的市政条件，对各类管线、配套设施、承载能力等进行全面梳理。对影响项目落地效果较大的因素，及时与有关部门协调沟通。对场地周边紧邻建筑物的红绿灯、交通指示牌、电线杆等市政设施，需预判其影响或需调整的内容并尽早协调相应的电力、交管等部门。对建筑设计及施工建造影响较大的地下埋管，应及时获取相应信息，如无法获取应协调鉴定检测机构进行相应管探及测绘。

（2）市政承载力及相应对策

对于市政的供水、电力、通信、燃气及热力管道，应依据改造后的目标要求，评估其是否具备足够承载力。对于不能满足的，应考虑承载力提升措施（如电力扩容，水压增压，管道增设等）；如仍不能解决的，应及时协调市政主管部门解决（表6-3）。

改造项目典型综合评估报告简表   表6-3

典型综合评估报告								
题目	涵盖评估内容	评分子项	简要量化评价					评估结论及建议
	注：报告应包含所有内容，此处仅列举内容摘要		A90%+	B75%~90%	C60%~75%	D45%~60%	E45%	
一、项目概况	项目的基本情况介绍，涵盖项目区位、建设任务、交通景观资源、投资概况等项目基本信息							对项目概况作综合归纳
二、既有建筑信息概要	建筑概况							对既有建筑保存的完整程度，建筑状态，及资料完整状况作整体归纳
	产权情况							
	建设历程：建造历史及过往改造	建设过程的各类资料汇总	资料完整性评级	⦿				
	现状测绘	包含全专业的完整测绘图纸	资料完整性评级	⦿				
三、结构安全性评估	结构安全性	结构安全性检测评估报告	结构安全评级	⦿				既有建筑的结构安全可靠性评价，改造重难点
	结构承载力	结构承载力检测报告	承载力评级	⦿				
	改造可行性及主要技术路径	提出不同改造策略，同其他专业交互，确立相对可行的技术路径	结构改造难度评级	⦿				
四、消防安全性评估	建筑内部消防组织评估		内部消防现状评级	⦿				既有建筑的现有消防安全程度，对其进行改造的难易程度
	建筑外部（街区）消防组织评估		外部消防现状评级	⦿				
	消防再适配策略及改造设计路径	提出不同改造策略，同其他专业交互，确立相对可行的技术路径						

典型综合评估报告								
题目		涵盖评估内容	评分子项	简要量化评价				评估结论及建议
五、建筑风貌评估	所在区域的风貌要求	分析所在地的风貌要求文件，找出对项目有影响的具体条文，初判其对工程影响	风貌要求严格程度	●				现有建筑风貌保存的客观要求及风貌保存的价值评判，建议过程中咨询规划主管部门
	既有建筑的风貌条件评估	对既有建筑风貌进行评估，分析其保存价值及保留方式	原风貌保存价值	●				
	结论及风貌改造设计路径	提出不同改造策略，同其他专业交互，确立相对可行的技术路径						
六、功能再组织评估	规划层面的功能调整评估	规划上原有功能置换的代价分析	功能置换潜力（规划）	●				功能改造的重难点及代价，建议过程中与业主共同决策
	工程层面的规划调整评估	工程层面上功能置换带来的规范、使用等方面的代价分析	功能置换潜力（工程）	●				
	功能改造可行性及主要技术路径	提出不同改造策略，同其他专业交互，确立相对可行的技术路径						
七、空间再组织评估	空间置换的潜力评估	分析内部空间特点，并对空间置换的可行性初判	空间置换潜力	●				空间改造的重难点及代价
	空间重组潜力评估	分析整体空间格局，对空间重组的可行性进初判	空间重组潜力	●				
	空间改造可行性及主要技术路径	提出不同改造策略，同其他专业交互，确立相对可行的技术路径						
八、机电再组织评估	原机电系统评估	对原有机电系统进行分析，找出其能够继续使用的部分		●				机电改造的重难点及代价
	机电增补评估	结合建设目标分析机电增补的部分，并分析增补部分如何与原系统兼容并协同		●				
	机电改造可行性及主要技术路径	提出不同改造策略，同其他专业交互，确立相对可行的技术路径						

典型综合评估报告									
题目		涵盖评估内容	评分子项	简要量化评价					评估结论及建议
九、市政承载力评估	原市政承载力评估	原有市政水、暖、电力、通信、燃气等各方面承载力进行分析，找出承载力不足的专项	原市政承载能力评级	❤					现有市政承载能力，增补承载力的重难点及代价，建议及时沟通市政主管部门
	承载力补强可行性及主要技术路径	提出不同改造策略，同其他专业交互，确立相对可行的技术路径	承载力补强潜力评级	❤					

十、各专业矛盾兼容性评价		结构安全	消防安全	建筑风貌	功能再组织	空间再组织	机电再组织	市场承载力	根据改造过程中各专业对其他专业的影响程度作简要评价（暂以5~1由强至弱表达影响程度），以便综合评估此项目中各个专业对整体项目影响的大致权重。
	结构安全		1	1	4	4	4	5	
	消防安全	5		1	3	3	3	4	
	建筑风貌	4	4		2	2	2	3	
	功能再组织	3	3	3		1	1	2	
	空间再组织	2	2	2	2		1	1	
	机电再组织	1	1	1	1	1		1	
	市政承载力	1	1	1	1	1	1		

十一、项目总述，归纳本项目的改造核心命题（核心的改造专业），提出改造设计路径建议	评估综合改造的难度，改造可行性方案比选，归纳项目核心改造问题，对各个分项的改造技术路径进行综合梳理

6.4.3 改造设计综合评估报告

经由多专业综合评估，形成评估报告。我们以上述简表形式展示其主要内容，以直观展示评估成果。通过综合评估表，可直观判断改造的核心问题。

多专业分项评估后，可进一步汇总形成专业间的兼容性评议表。以利对特定项目的核心问题进行直观的初步判定（表6-4~表6-7）。

某老旧小区改造综合评估表　　　　　　表6-4

	结构安全	消防安全	建筑风貌	功能再组织	空间再组织	机电再组织	市政承载力	影响总评分
结构安全		1	1	1	2	1	1	7
消防安全	2		2	3	2	2	1	12
建筑风貌	1	1		1	1	2	1	7
功能再组织	2	3	2		2	1	2	12
空间再组织	2	2	2	2		2	1	11
机电再组织	3	3	2	5	4		3	20
市政承载力	1	2	1	1	1	3		9

某工业厂房改造美术馆综合评估表　　　　　　表6-5

	结构安全	消防安全	建筑风貌	功能再组织	空间再组织	机电再组织	市政承载力	影响总评分
结构安全		4	3	3	3	4	2	19
消防安全	2		2	3	3	3	2	15
建筑风貌	1	2		2	2	2	1	10
功能再组织	4	4	3		4	4	3	22
空间再组织	3	3	2	3		2	2	15
机电再组织	1	2	1	3	2		2	11
市政承载力	1	2	1	2	1	2		9

某风貌控制商场更新综合评估表　　　　　　表6-6

	结构安全	消防安全	建筑风貌	功能再组织	空间再组织	机电再组织	市政承载力	影响总评分
结构安全		2	2	2	2	2	2	12
消防安全	3		2	2	2	2	2	13
建筑风貌	4	4		3	4	3	3	21
功能再组织	3	3	3		1	1	2	13
空间再组织	2	2	2	2		1	1	10
机电再组织	2	2	2	2	2		2	12
市政承载力	1	2	1	2	2	3		11

影响权重分析表　　　　　　表6-7

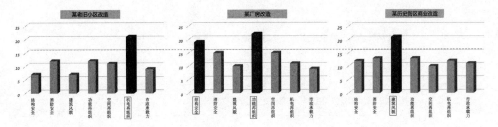

6.4.4 改造类项目设计输入汇总清单

拓展的设计输入清单

以新建建筑设计输入清单为基础，结合本节以上综合评估的内容，得到拓展的设计输入清单（表6-8）。拓展的主要内容包括：

类别	序号		资料内容	内容		合法性文件	
				已收到/已完成	未收到/未完成	已收到/未完成	未收到/未完成
规划	1	共有	含地形资料（绝对标高）的红线图（含具有时效的规划许可专用章）	√		√	
	2		有法定授权的用地范围红拨单（或电子版，含城市坐标）	√		√	
	3		用地规划设计条件通知书（项目当地规划局提供）	√		√	
	4		包括但不限于人防等政府管理部门的补充规划管理要求	√		√	
	5		政府立项批文（非政府投资类项目不需要）	√		√	
	6	改造专属	所在地对于建筑风貌的规划条例\行政命令	√		√	
	7		建筑风貌改造评估	√		√	
市政	8	共有	用地周边综合市政管网资料	√		√	
			a 地块周边道路现状及规划高程（道路工程图纸或现场勘查实际资料）	√		√	
			b 地块周边道路给水线路路由、管径及压力，雨污水管路由、管径、接口及标高	√		√	
			c 周边电力线路路由及供电电压等级，通信管网路由及接口位置	√		√	
			d 天然气管网、路由、压力及接口位置	√		√	
改造综合评估	9	改造专属	既有建筑完整的各专业施工图及竣工图	√		√	
	10		由相关资质单位提供的完整的鉴定报告	√		√	
			a 项目测绘图纸	√		√	
			b 结构可靠性鉴定报告	√		√	
			c 必要的专项检测报告	√		√	
	11		市政承载力评估报告（含承载力缺口及改造技术路径）	√		√	
	12		建筑功能再组织评估	√		√	

类别	序号		资料内容	内容		合法性文件	
				已收到/已完成	未收到/未完成	已收到/未完成	未收到/未完成
改造综合评估	13	改造专属	结构抗震评估	√		√	
	14		消防安全（改造潜力）评估	√		√	
	15		空间再组织评估	√		√	
	16		机电设施现状及改造潜力评估	√		√	
业主	17	共有	正式设计合同	√		√	
	18		项目可行性研究报告（非政府投资类项目不需要）	√		√	
	19	改造专属	项目审批类别确认（业主确认\规划确认）	√		√	
	20		业主提供项目设计任务书（含业主要求的设计深度特别规定等）	√		√	
	21		业主提供的由专业策划公司出具的业态功能等专项策划报告	√		√	
其他	22	共有	建设项目环境影响评估报告（由环保部门管理的有资质单位出具）	√		√	
	23		建设项目交通影响评估报告（由交通部门管理的有资质单位出具）	√		√	
	24		地质灾害影响评估报告（并非所有地区）	√		√	
	25		建筑航空限高要求或专门批文	√		√	
	26		特殊建筑功能的工艺资料（业主提供或协调提供）-用电负荷、设计荷载、是否有起吊设备及其载重量、货车吨位、照明、通风等要求	√		√	
	27		场地内地质初勘资料	√		√	
	28		绿建标准及要求	√		√	
	29		设计项目所在地的气象、水文资料、最高洪水位	√		√	

说明：粗体字为基本的设计输入条件，必须具备。其他条件根据项目不同或为必要条件。

相较于新建项目，改造项目在规划及行政信息、既有建筑信息及业主确认事项中有相应的设计输入补充：规划层面需先行收集所在地对于建筑风貌的规划条例及相关行政命令，并进行建筑风貌改造评估。针对存在的既有建筑，增补改造综合评估，从多个维度对既有建筑信息进行整理收集，并对其改造潜力进行综合评判。在需业主明确的设计输入中，需增补对于改造项目审批路径的确认信息。

6.5 既有建筑改造设计多专业统筹的关键技术

建筑学传统的核心领域内容，包括建筑的物质性、空间、材料、构造、对城市文脉的诠释等。本节的关注重点，在于既有建筑改造工程中，侧重设计技术本身的工作流程梳理与专业接口统筹。

6.5.1 建筑师在既有建筑改造设计中的工作定位：设计统筹与协调

在增量建设中，由于空间生产对效率、成本的极致追求，专业分权背景下，建筑的内聚力和整合度其实正在逐渐降低。而在更新改造类项目中，由于改造对象的复杂性，建筑师及建筑专业的统筹协调作用更为重要。

这种统筹的价值，体现在对不同特点的改造项目的主要矛盾判定、技术路径选择以及综合统筹协调上。在某些改造项目里，实施的主体内容都分散在结构、机电的专业图纸上，但方案过程中的主要矛盾判断、设计进程中专业冲突矛盾时的优先级排序、实施过程中的动态应变都是建筑专业统筹协调的价值所在。

建筑师在建筑改造工程中的工作重点，依据建筑师的职业特征和改造项目的流程需求，主要包括以下四个方面：

1）输入的多专业综合评议，判断改造对象价值构成

在前述的设计输入综合评议阶段，各专业汇总的专业评议意见，最终需要由建筑专业汇总组织，进行综合评议。

综合评议的目的，是结合建筑师的经验判断和技术专业的数据分析，对改造对象的价值构成进行整合判断。在价值构成当中，有不少人文维度的价值，包括改造对象的历史价值、文化价值、使用价值等多个方面内容，容易被单专业遗漏或忽视，而在建筑学的价值组成中却占据重要地位。

2）根据多专业交叉时的关键点与优先级，选择针对性的技术路径制定

区别于新建项目，改造项目受既有建筑现状的影响巨大：建筑的结构基础、消防条件、风貌保护要求、机电安装空间等一系列基础条件对于项目的改造范围和改造深度影响很大。而使用历程中的反复拆改又往往显著加剧其复杂程度。

在更新改造的方案和初步设计阶段，往往会出现各专业需求相互矛盾、空间需求相互干扰的情况。这些矛盾若在方案阶段无法辨识确认主要矛盾并清晰梳理其主次先后，会让后续设计工作的专业交叉情况进一步加剧。

而建筑专业在此阶段的工作重点，则是充分消化各方输入及需求，对项目的核心关键难点进行梳理，判定矛盾的主次，制定具有针对性的技术路径。

（1）对于有可能消除的矛盾，应优先尝试避开或减小矛盾

例如，当拿到结构的《可靠性鉴定》与《抗震性鉴定》之后，可系统考察既有结构的承载力水平；根据更新功能的荷载需求，将功能空间对应既有结构的承载力合理分布，以充分发挥原有结构的潜力，尽量减小对既有结构的不利影响。

（2）对于无法避免的专业矛盾，需判定优先级，明确主要矛盾

组织主要矛盾的主导专业先行主力推进，其余专业同步跟进；分析反馈并形成初步技术路径后，用尽可能高效、整合的策略应对主要矛盾，从而清晰、有序地制定针对性的技术路径，推进方案及初步设计。

举例来说，对厂房、筒仓等工业构筑物的再利用，空间的结构特征显著。首先需要请结构专业先行，梳理出结构目标对象的结构亮点难点，以及其对改造后功能的空间适应性评估（尺度、荷载、施工技术）等；由其提出先行的结构咨询意见，甚至结构先行的技术路径，才能在此基础上开展下一步的设计工作。而这种工作方式，有可能引导出建筑设计的主要特点。

在建筑师董功设计的船长之家改造项目中，既有的两层民宅为混合结构主体，内部空间腾挪改造的技术限制较多；在面临使用面积扩展、围护性能提升、施工周期较短等多种诉求之时，建筑师请结构专业先行评估了在既有建筑上修建第三层的可能性，并开展了初步的技术策略研究工作。结构专业反馈可以通过在现有二层砖墙外侧，现浇120mm厚的钢筋混凝土墙体作为结构加强措施，传递新加三楼的结构荷载（图6-21）。

如此的技术建议也引导建筑师选择清水混凝土外立面，将加强部分的结构做真实的外露。新老墙体共同构成的墙体厚度，也引发建筑师思考，将洞口设计结合室内空间的家具需求，整合形成一个个兼具观景与生活功能的有趣洞口（图6-22）。

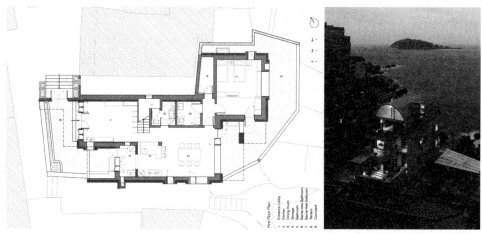

图6-21 船长之家墙体加固位置示意

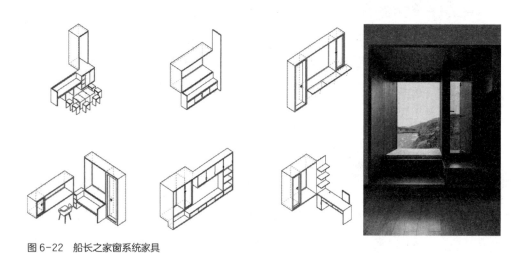

图6-22 船长之家窗系统家具

再如，在居住小区类更新改造项目中，因建筑舒适度提升而要求的机电设施升级工作占比较大，而既有空间和产权关系的限制又非常多变。此时，需要请机电专业先行，根据性能提升的目标，初步给出技术路径和各专业意向方案，提出设备机房、干线管井、水平路由及末端布置的空间需求及技术要点；再由建筑专业根据各专业之间的空间需求汇总，辨析其中的交叉干扰主次矛盾，进而协调梳理。机电的意向方案工作构成了建筑专业开展空间协调、不同专业优先级排序的工作基础。如果脱离机电专业的先行推进，此类既有建筑改造的建筑方案设计无从做起。

3）制定改造设计进度计划，动态控制设计工作开展

明确技术路径之后，建筑专业需要组织各专业开展设计工作。一个合理的改造设计进度计划不仅有利于整体时间的把控，更有助于各个项目节点的控制。影响进度计划的内容包括资料输入时间、设计难点评估阶段各专业的介入时间、专业间交叉提资的时间和内容，以及改造相关审批的时间周期，直至工程实施的工期长短等多个维度。

区别于新建项目，改造类项目在进度计划上存在部分差异要点，在编制进度计划时，需要注意如下：

①项目资料的获取时段长。准确的资料是设计的基础，对于改造类项目，受限于建设资料的不完整，不可预见问题较多，应注意适当预留时间。不能够找到建设资料的，需要请具备相关资质的测绘单位、结构鉴定单位等及早入场开展工作；找到的建设资料图纸，也应核实是否与现场完全一致；还需要搜集建造过程中曾发生的变更、修改；以及投用后不同年代的不同改造记录。有可能某段未记录在案的变更，会对改造方案的设计造成颠覆性影响。

②规划建设管理程序咨询时间长。对应的行政审批时间长。因存量更新类项目的规划建设管理涉及要素复杂，不同改造项目所采用的建设程序各不相同。以上海地区为例，广泛意义上的"改造"类项目，可以通过四种途径来实现（表6-9）；而每种审批路径的选择，对方案的控制要点区别也很大。其所要求设计工作开展的技术路径及工作周期也各不相同。

四种改造路径的定义及特点 表6-9

	一、一般装修	二、特殊装修	三、立面改造	四、改扩建
文件依据	《上海市建筑装饰装修工程管理实施办法》	《上海市建筑装饰装修工程管理实施办法》	《上海市房屋立面改造工程规划管理规定》	暂无
具体定义	不涉及建筑主体和承重结构变动、不改变建筑原有使用功能、不改动消防设施、不涉及房屋立面改动以及其他可能影响公民生命财产安全和公共利益的装饰装修活动。	特殊类装修工程，是指包含建筑主体和承重结构变动、使用功能调整、消防设施变动、房屋立面改动等可能影响公民生命财产安全和公共利益的各种装饰装修活动。	对房屋外围护结构及其装饰层的外部轮廓尺寸、形体组合方式、比例尺度关系、材质选用等立面形式进行单一立面整层以上的改造，以及市级商业街门面装修的活动。	涉及建筑面积改变的改造项目

	一、一般装修	二、特殊装修	三、立面改造	四、改扩建
申报流程	1.在线申领施工许可证； 2.质监抽查，不出具报告； 3.自行验收，在线备案。	1.在线办理施工图设计文件审查和申领施工许可证； 2.质监机构对施工过程实施监督检查； 3.在线办理竣工验收和备案。	1.向规划报送规划方案，申请《建设工程规划许可证（立面改造）》（文保和建控范围内的房屋，还应当征求文物、房管等相关行政管理部门的意见）； 2.规划部门三十个工作日内提出建设工程设计方案审核意见； 3.规划部门二十个工作日内核发《建设工程规划许可证（立面改造）》。	参考立面改造申报流程
特点	1.不涉及建筑主体和承重结构变动及房屋立面改动； 2.不需报规； 3.面积不能产生变动； 4.无法加电梯。	1.涉及建筑主体和承重结构变动及房屋立面改动； 2.不需报规，但经规划审查； 3.面积不能产生变动； 4.可以加室内电梯。	1.对房屋外围护结构及其装饰层的改造； 2.需要报规； 3.面积不能产生变动； 4.不涉及室内，无法加电梯。	1.允许面积变动； 2.需要报规； 3.满足现行规范及规划条件。

③建设实施过程中的不可预见性问题较多，容易引起设计调整，带来设计周期延长。改造项目的复杂性决定了其所包含的不可预见性问题较多；甚至在开工之后，会发现在所有综合评议的相关输入之外的新的限制边界条件，从而需要重新修改方案以及工程设计。

4）动态应对现场过程变更，协调各方保障设计落地实施

由于改造项目的特殊性，许多问题可能在改造过程中才会逐渐暴露出来，例如现状建筑与图纸不匹配，产权人私人改造，法规政策变化等，因而改造项目需要动态地应对现场过程变更。结合实时现状，对进度计划、人员安排、沟通对象等新反馈内容进行及时梳理，以协调各方保障项目落地实施。

随着拆除工作的进行，不断暴露出结构和设备的新问题，需要设计方及时调整方案和策略来应对，结合现状同步优化修改，这对传统的新建项目设计流程是一个巨大的挑战。以下为现场施工过程遇到的部分典型问题：

①因为既有结构的存在导致缺乏施工作业的空间，就需要在施工流程上先拆除部分结构构件，以便对既定部位进行加固和改造。这需要设计对项目现场的施工流程及时了

解并给出操作建议。

②机电设备的改造方法也是施工过程中无法避免的。在既有结构条件下，新增加的机电设备安装问题，需要在设计阶段有所考量，并在施工过程中协调土建施工与设备安装的顺序。

6.5.2 通用性工作流程梳理

改造项目与新建项目在工作流程上的不同体现在四个方面。一是设计前期对设计输入条件的评估。改造项目因有既有建筑遗存，增加了对既有建筑的评估，包含对原有功能组织、结构安全性、机电设备的评估和检测。二是对上位规划及城市设计的解读，城市更新中建筑改造的技术法规、审查机制并没有明确而统一的标准，需要建筑师准确把握上位条件的传递与解读。三是改造更新项目的技术路径，针对改造的核心问题进行有针对化的设计，确保改造方案实现建筑使用意图。四是改造项目的多专业统筹问题，根据改造的核心问题的不同，需要协同各个专业进行专项设计（图6-23）。

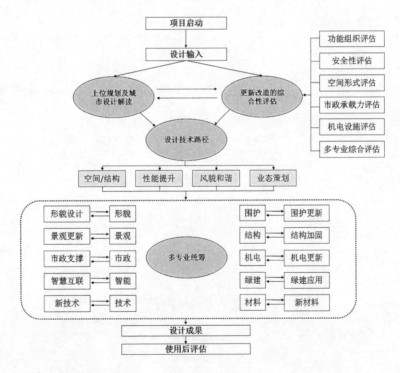

图 6-23 通用性工作流程图

6.6 既有建筑改造的设计技术路径与协调控制要点

如前所述，既有建筑改造工程的设计工作核心集中在：空间/结构的适配、建筑性能的提升、与建筑风貌的和谐三方面。而不同项目在改造设计过程中，会有空间、性能、风貌上的不同侧重需求与主要技术矛盾，技术路径的侧重点也有所不同。根据不同的核心需求差异，可将城市更新建筑改造工程的设计技术路径分为三类：

①以空间/结构改造为核心的改造设计；②以性能提升为核心的改造设计；③以风貌和谐为核心的改造设计。

6.6.1 以空间/结构适配为核心的既有建筑改造设计

既有建筑改造的重要目的之一，是对原有结构主体及空间价值进行再利用。其设计流程可初步归纳如下（图6-24）：

①空间结构适配度评估。即将改造目标功能与既有建筑进行空间/结构适配度研究。通过比对改造前后的核心空间尺度，明确对空间/结构的沿用（基本空间单元尺度变化较少）、切分（大空间划分为若干小空间）或整合需求（若干小空间合并为大空间）；以利于制定初步的结构设计方向。

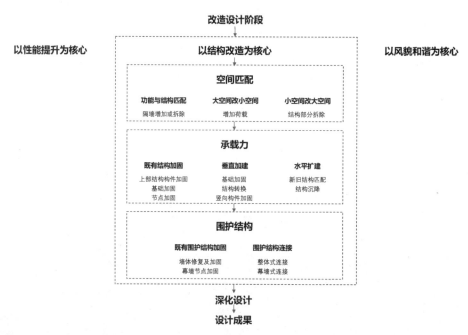

图 6-24　以结构改造为核心的既有建筑改造设计技术路径

②结构承载力加固。根据建筑改造方案的不同，如垂直加建、水平扩建等，来制定合适的主体结构改造方案。

③围护结构的加固和连接。在结构主体改造方案确定后，还需针对围护结构等构件进行改造，以提高建筑的性能。

1）新功能空间与既有结构的匹配

既有建筑改造设计最初，应对新的目标功能核心空间与既有建筑的空间及结构适配度进行评估，以确定改造的可行度。

首先是空间尺度的适配。建筑的功能更新意味着空间的沿用、切分或整合，即空间尺度不变、大空间变为若干小空间，或若干小空间整合为大空间。

对于前者，需在原有结构框架内，进一步围合空间，进行空间划分，以满足小空间的需要；对于后者则需要评估原有结构能否满足更新后大空间的大跨度承重需求。如新功能与既有建筑空间形式相匹配，则只需要对部分结构构件进行加固，在不影响结构整体形式的情况下进行建筑方案的设计。

（1）新功能空间与既有结构相匹配

一般的改造，因造价和工期的制约，无法对既有建筑有较大的改动，只需要根据原有的空间形式，进行优化和提升。主要涉及一些既有空间的优化，如隔墙的拆除等，对结构的影响较小。

例如，北京建筑大学教学5号楼因年代久远，建筑空间布局以"鱼骨形"中走道模式为主，缺乏评图、讲座的公共空间，导致无法满足现代教学模式对公共空间的需求[95]。

通过拆除内部空间原来的分隔墙重新划分组合，从而获得更加宽敞的空间，满足新的使用要求，对结构的影响也减到最小（图6-25）。

图6-25　二层公共空间

（2）"小改大"的空间改造模式

在改造中，源于建筑功能的改变，"小改大"的空间改造模式较为常见，例如将办公楼改造为适合进行大空间展览的美术馆、博物馆等（图6-26）。

此类改造可以分为水平空间整合和竖向空间整合两种。

水平空间的整合需要对若干小空间进行合并扩充，可通过拆除隔墙的方式实现。而对于一些需要无柱空间的特殊需求，则需要拆除结构竖向构件来实现。

竖向空间的整合则需要通过拆除部分楼板、梁柱等构件，形成上下贯通的公共空间，丰富内部形态。

而在实际改造设计中，建筑改造方案往往涉及了水平和竖向两个维度的空间整合。这种局部拆除结构构件对既有结构的整体性和稳定性会产生较大影响，因此需要结构专业同步建筑设计开展结构研究，保障空间尺度变化的技术可行。

美国明尼苏达州阿波利斯市莱歇广场是由一座多层仓库改造而成的办公楼。该旧仓库最早竣工于1900~1904年，是美国早期仓储建筑的典范作品，现已被列入历史遗产保护项目。原建筑体量巨大，在再利用设计中，建筑师充分利用建筑原有特点，在建筑中部由二层楼板起至屋顶，将部分楼板拆除，保留框架柱和主梁，形成下宽上窄的长条形的中庭，顶部设天窗，既向建筑内部引入自然光线，又形成室内空间梁柱交织的独特景观（图6-27）。

（3）"大改小"的空间改造模式

"大改小"指通过增加隔墙围合空间或增加夹层的方式，在水平或竖向上实现大空间改造为多个小空间并置的形式，它增加了单元空间的数量，实现了多种功能同时开展的可能性（图6-28）。

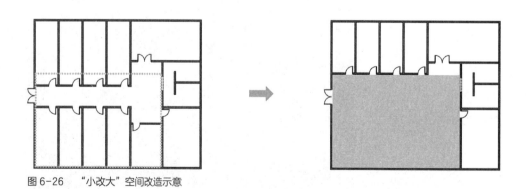

图6-26　"小改大"空间改造示意

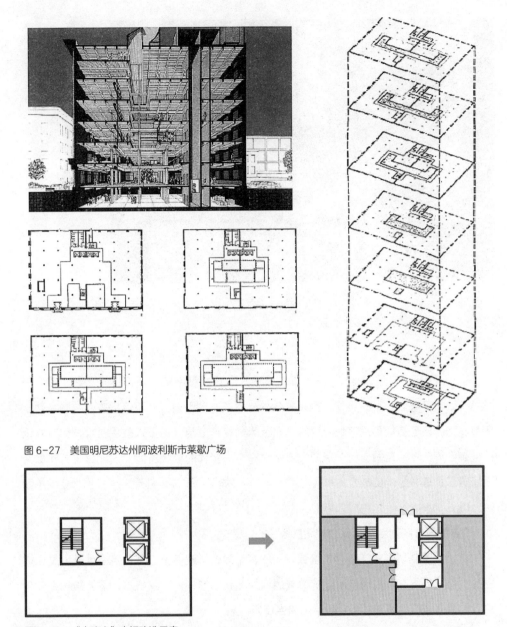

图 6-27　美国明尼苏达州阿波利斯市莱歇广场

图 6-28　"大改小"空间改造示意

　　此类改造在建筑设计上可以分为"切分"和"加层"两种方式，根据建筑设计手法的不同，结构的改造措施也不尽相同。

　　"切分"通过水平隔墙的增加，实现大空间里分出不同功能的小空间。而"加层"则是在原有的大空间内植入楼板，实现大空间里的竖向划分。

图6-29 上海建国中路"8号"院的旧厂房区

上海"8号桥产业创意园"是此类"大改小"的典型案例。项目位于上海建国中路"8号"院旧厂房区,是20世纪五六十年代的上海汽车制动器厂。原厂房空间结构完整,宽敞高大,但是空间利用率低。后将其改造为创意产业园。由于入驻主要客户为室内设计、装修等企业,需要提供充足的交流平台和丰富多样的办公空间。因此建筑师在保持原厂房形貌基础上,在内部空间利用"切分"+"加层"手法,创造出了多层次空间(图6-29)。

2)建筑方案对结构承载力加固的需求

结构的承载力是对既有建筑改造设计非常重要的影响因素,是建筑设计方案是否成立的关键。这类改造往往涉及建筑荷载的增加和新的结构体系的植入,需要结构专业重点考虑原有结构的承载力和新旧结构的连接方式。

通过结构专业的前期评估,了解既有建筑的承载能力,以确定建筑改造方案是否可行;在建筑初步方案形成后,通过结构的初步测算,判断既有结构加固以及改造方式对既有结构的影响,提出结构方案,配合建筑改造的方案进行深化。

由此可见,建筑方案对结构承载力加固的方式有很大的影响。根据改造方式的不同,主要分为三种:

3)既有结构的加固

既有建筑改造方案对原有结构影响不大的,主要针对既有结构进行加固,避免其因年久失修等原因导致承载力下降。根据加建的部位不同，将其分为垂直加建、水平加建和内部加建。

（1）垂直加建

顾名思义是在原有建筑的基础之上，在垂直方向加建楼层，达到扩大使用面积的目的。这种模式对既有建筑的结构要求较高，需要对原有结构进行检测和评估，评估其是否有足够的承载力，是否需要进行加固措施。

垂直加建的设计要点有：基础承载力加固；加建部分结构选型；竖向构件的加固（图6-30）。

例如，德国易北爱乐音乐厅是由一个港口的旧仓库加建而来（图6-31）。由于音乐厅功能较多，原有的仓库部分无法满足对面积和空间的需求，建筑方案采用了垂直加建的方式，以旧仓库为基座，加建了一个玻璃体量的音乐厅。作为存储可可豆的仓库，既

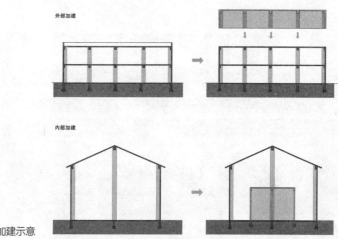

图 6-30　垂直加建示意

图 6-31　易北爱乐音乐厅

有建筑本身的结构足够扎实，承载力较好，适合在其基础上加建。而考虑到既有结构的承载力，尽量减少加建带来的荷载，采用了以玻璃为主的轻巧的设计方案[96]。

再如，上海同济设计院大楼也是一个垂直加建的典型案例（图6-32）。原建筑为巴士一汽的3层钢筋混凝土框架结构停车场，后来作为同济大学建筑设计研究院的办公楼，需要对原有建筑进行改造和加建。

加建方案选择了垂直加层的方式。结构专业根据现场检测，确认原结构承载力满足要求，同时实际建筑结构与原设计图纸相符。因此，加固措施主要考虑加建带来的荷载增加问题。通过对基础、框架梁、节点等一系列构件加固，实现垂直加层的建筑方案[97]（图6-33）。

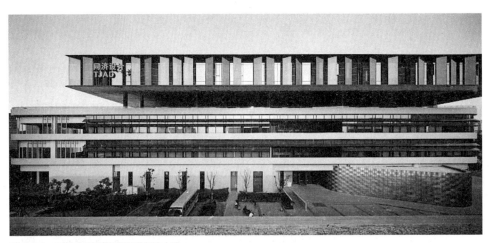

图 6-32　同济大学建筑设计研究院大楼

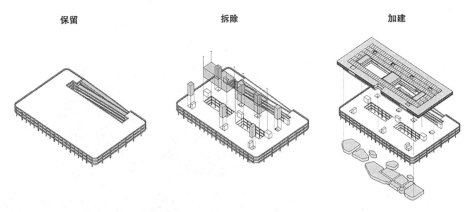

图 6-33　同济大学建筑设计研究院大楼加建步骤

（2）水平扩建

水平扩建是将毗邻既有建筑的外部空间转化成新的建筑空间，并与原有空间进行连接（图6-34），在设计中结构需根据建筑方案考虑以下三个方面的问题：

①新旧结构的连接

水平扩建部分应考虑采用易于与既有结构连接的结构类型。如选用与既有建筑相同的结构类型，或采用钢结构与原有结构连接。

霍尔在希金斯中心普拉特研究所项目中，通过插入的入口玻璃大厅与两侧的砖石建筑形成了"U"字形的入口广场，使建筑形成了一个"H"形，整体感觉更加完整（图6-35）。

在结构处理上扩建部分采用钢结构，通过后植入埋件的方式与既有建筑的砖石结构连接，在安全和美观上满足结构和建筑的要求。

②地基的避让

水平扩建部分与既有结构相接的部分应注意与既有结构的竖向构件保持一定的距离，避免破坏既有建筑的基础。

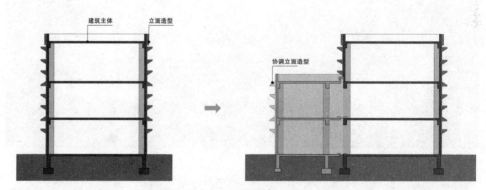

图6-34 水平扩建示意

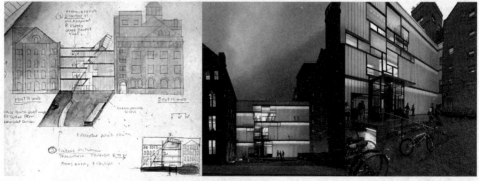

图6-35 希金斯中心普拉特研究所

四川科技馆是由原四川省展览馆改建而成，于2006年建成开放；面对日新月异的科技进步，为了给市民提供更好的科技展示空间，后于2016年再度改造升级（图6-36）。改造方案在保留原有外立面的情况下，通过对中庭的嵌入等方式形成了新的展示空间，并采用拱形桁架体系，避免既有建筑与之相邻的两侧墙面受到侧推力的影响。

同样的案例还有大英博物馆的中庭加建（图6-37）。其采用了钢结构网壳结构，通过网壳内侧支撑于原有博物馆庭院内壁，通过既有结构上部结构承担网壳传来的侧向力，避免了加建部分结构对原有地基的影响和破坏。

③考虑结构的沉降影响

既有建筑因建成时间较长，结构沉降趋于稳定。水平扩建部分应注意新旧结构不同的沉降程度所带来新旧连接处的破坏，尽量采用柔性连接的方式（图6-38）。

图6-36　四川科技馆

图6-37　大英博物馆中庭

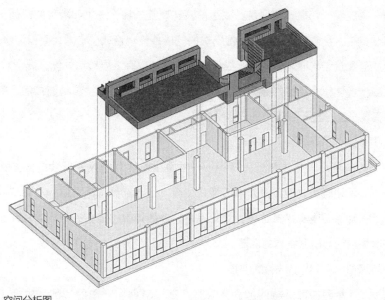

图 6-38　空间分析图

（3）内部加建

内部加建是在原有空间内植入建筑体量，需考虑原有结构的承受力以及连接方式，通常会采用钢结构等较轻的材料实现。

上海舆图科技有限公司办公空间改造，意图将原有的传统中廊式办公，改造为一个开敞、通透的趣味性办公场所。建筑改造方案除了传统的拆除部分隔墙形成水平大空间，也在竖向通过植入钢结构夹层，来丰富内部空间变化[98]。

4）围护结构的加固和连接

对于具有保留价值的外墙应尽量保留，而内部空间可根据新的功能需要进行较大的改造。根据建筑方案的不同，分为既有墙体的加固和围护结构的连接两种。

（1）既有墙体的加固

既有墙体的加固一般包含两种类型。

一是对既有砌筑墙体的修复，主要是针对劣化砌体的修复、重嵌灰缝、墙面的清洗及防护。

二是对围护墙体受力性能的加固。针对砌体结构包括增加构造柱、圈梁等传统方式，也可采用现浇墙体整体加固来提升围护墙体的受力性能。针对钢筋混凝土结构可采用外包型钢、粘贴钢板、粘贴纤维复合材等方式。具体加固方式参见结构篇章的5.3.7.2墙体修复技术。

例如，福建船长之家改造项目，改造前该建筑常年经受海风和雨水的侵蚀、砖混结构单薄存在一定的安全隐患；海边潮湿易腐的气候条件也造成了室内大面积漏水。

针对既有建筑结构墙体的缺陷，结构专业通过在现有二层砖墙外侧，现浇120mm厚的钢筋混凝土墙体作为结构加强措施，这一策略不仅满足了围护结构的加固，同时作为竖向构件实现了整个建筑结构的加固[99]（图6-39）。

（2）围护结构的连接

围护结构的更新改造主要分为两种。一种是由于功能的改变导致内部结构全部更新，但外立面因建筑风貌等各方面因素需要保留，这涉及原有围护结构与新建内部结构的连接。另一种保留既有建筑结构，对无保留价值的外围护结构进行拆除和新建，需考虑新的外围护结构与既有结构的匹配。

①外墙保留+新建内部结构的连接

外墙保留+新建内部结构的加固方法重点在于对保留外墙的加固。由于此类改造因内部新建部分适用于新规范，按新建工程正常设计即可。但保留的外墙因失去了楼（屋）面板的支承约束，成为悬臂构件，因此对保留墙体的强度和稳定提出了很高的要求。

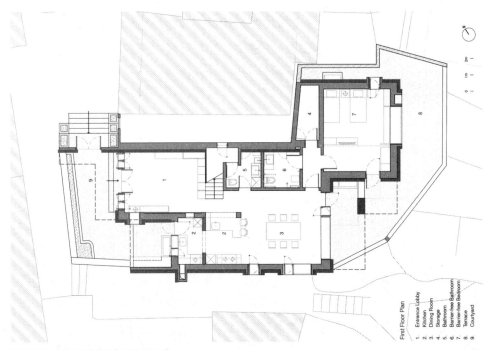

图6-39　船长之家墙体加固位置示意

图 6-40　CaixaForum 文化中心原发电厂厂房

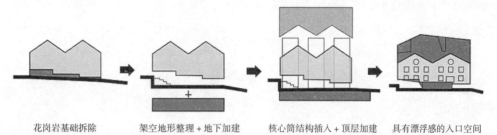

花岗岩基础拆除　　　　架空地形整理 + 地下加建　　　核心筒结构插入 + 顶层加建　　具有漂浮感的人口空间

图 6-41　底层架空分析

　　一般在内部结构拆除和新建过程中，通过临时措施保证外围护结构的稳定，并根据不同的围护结构和新建主体结构的形式与特点，灵活采用不同的连接方式。本书5.3.7.3章节围护结构连接技术中对此类改造模式的结构改造进行了详细的阐述。

　　位于西班牙马德里的CaixaForum文化中心改造项目和巴塞罗那斗牛场改建项目，均是在不破坏建筑外墙原有风格的前提下，实现新增内部结构与既有墙体的有机结合（图6-40、图6-41）。

　　斗牛场被改造成一个6层的现代化购物中心，为了保留其摩尔风格的红砖外墙，也为了给购物中心提供更开敞的游览空间，首先将钢筋混凝土拱梁与砖墙在购物中心二层楼面位置通过预留锚栓形成整体，然后拆除一层的砖墙，最后把钢筋混凝土拱梁支承在下部的钢斜撑上（图6-42）。

图 6-42　改造后的巴塞罗那斗牛场

②新建外围护结构与既有主体结构的匹配

外围护结构重建与既有主体结构的连接主要是针对于既有建筑的立面改造,即建筑主体结构基本不变,仅改变外立面的形式。此类改造主要着眼于四个方面:

a. 新建外围护结构与内部空间的对应;

b. 新建外围护结构与既有结构的连接;

c. 外围护材料的选择;

d. 施工周期的影响。

幕墙体系作为应用广泛的外立面形式,在改造中具有能灵活匹配内部空间、易于与既有结构进行连接等优势,在外立面改造中应用广泛。

例如成都天府新区政务服务中心改造项目,通过石材外幕墙体系实现与既有结构的连接,完成对外立面的改造。通过立面上的模数化设计,又使得原本功能至上、并不对称的车间厂房统一在1.5m的石材分隔中,使建筑体量左右均衡、稳重端庄(图6-43、图6-44)。

图6-43　天府新区政务服务中心改造前

图6-44　天府新区政务服务中心改造后

6.6.2 以性能提升为核心的既有建筑改造设计

性能提升类改造的主要目的是延续建筑主要功能，延长建筑使用寿命，提升建筑品质及物业价值，使其改造后满足现代化的生活、生产，以及节能环保等需求。

本节把性能提升归类为四部分，分别是使用性能、环境性能、安全性能、机电性能（图6-45）。建筑专业需在改造过程中协调机电、结构、绿建、幕墙、市政、景观、特殊工艺、室内装饰等各个专业，完成对既有建筑内外的全面改善提升。相关专业的关键技术可参阅本研究的其他篇章。

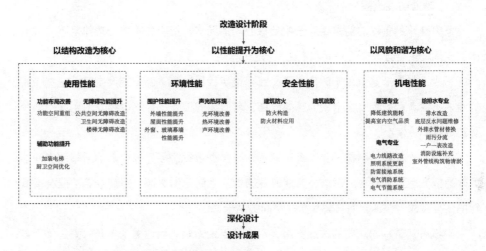

图 6-45　以性能提升为核心的既有建筑改造设计技术路径

1）使用性能改善

由于设计年代久远，原有使用功能与空间存在缺陷，某些既有建筑已不能满足现代生活、生产的使用需求。而现代人需求多元化与习惯改变，空间设计思维的进步，也对既有建筑的改造提出了更高更细致的要求。

既有建筑使用性能改造重点可归纳为以下几点：①既有建筑设计年代久远，原有空间的使用功能无法完全满足现代多元需求；②既有建筑在原功能布局及流线设计上的缺陷造成既有建筑经济性、实用性、安全性不足；③既有建筑能耗过大无法满足现在节能减排环保政策要求；④考虑既有建筑依据的旧规范与现行规范之间的差异；⑤完善既有建筑的无障碍功能。

既有建筑使用性能改造方式可分为空间布局重组、辅助功能改善、无障碍功能提升。

既有建筑使用性能改造方式可分为空间布局重组、辅助功能改善。

2）空间布局重组

针对业主的改造意愿，使用者不同的生活、生产习惯，不同功能空间的利用方式，对既有建筑的空间格局进行重组，实现功能布局的优化提升。

比如居住建筑中，由于家庭成员的变化，需要根据需求增加或减少儿童房、老人房、书房、储物等居住功能空间，并重新组织布局和流线关系，提升家庭成员的生活舒适性。

公共建筑分为办公、商业、公益类。这类空间布局重组的重点是：调整有缺陷的功能流线组织；根据业主、使用者的优化需求或特殊工艺要求，优化部分功能布局；补齐缺失功能。以此提升既有建筑空间的实用性、经济性。

3）辅助功能改善

既有建筑的辅助功能是相对于主要核心功能而言，指服务于核心功能且不可或缺的附属空间。主要分为交通空间和卫生服务空间。

很大一批老旧建筑由于时代原因，在建造伊始便缺失了部分辅助空间，造成使用上的诸多不便。例如老旧住宅缺少竖向电梯，老旧胡同筒子楼等缺少独立卫生间，缺少消防疏散楼梯等情况。

随着时代发展、科技进步、规范完善、人民需求日益多元等，人们对辅助空间功能的改造提升也愈加重视。例如公共建筑的男女卫生间比例失调，对商场卫生服务空间功能的多元需求，交通空间与公共交往空间的结合等。

对既有建筑辅助功能的改造更新，不仅满足人们对功能性需求提升，更是体现着一个城市的习俗文化与人文关怀，对于提高人们居住工作的生活质量，推进城市文明有着重要的意义。

4）卫生服务空间更新的关键要点

（1）确定卫生间数量、空间、内部功能布局需求

合理测算公共卫生间的厕位数及男女比例，公用卫生间应适当增加女士的蹲（坐）位数比例和使用面积，在人流集中的场所，女厕位与男厕位（含小便站位）的比例不应小于2:1。

考虑独立卫生间内干湿布局需求，注重内部格局及功能完善，并拓展相应建筑的其他使用功能，如前室、独立清洁间、第三卫生间、儿童专用卫生间及设施、母婴室、化妆休息室、卫生用品供应功能等。

（2）符合现行规范标准，其中的强条必须满足

如不应布置在有严格卫生要求或防水防潮要求用房的上层；配电房不应设在卫生间的正下方或贴邻；产生噪声的设施（水箱水管）不宜安装在办公宿舍病房等相邻的墙上，否则应有隔声措施等。

（3）确定合理的设置方式及流线

空间尺寸尽量与原建筑结构模数化匹配，尽量不破坏原有建筑的承重抗震结构体系；空间布局上选择靠外墙且相对隐蔽的位置，或选择结合次要功能空间布置（厨房、储藏间、阳台，外走廊，楼梯下部等）加建，应集中加建，便于管井设置；

（4）改造时需考虑前瞻性、可持续性、经济性

选用适宜、经济、节水节能的设施设备；设计管井及设备便于检修维护；结合原有管网管径水压等因素，选用合适的器具；改造的管网等与原有设施设备恰当相接。

（5）保障环境、卫生、安全

满足视觉卫生、通风、采光要求；如无前室的卫生间不宜同办公、居住等房门相对。防护措施到位：四防（防水、防滑、防潮、防渗）、两易（易排水、易清洁）。

（6）结合多元化需求

适老化、无障碍、儿童友好、母婴友好等方面合理配置空间及相应设施。

（7）在有条件时使用装配式卫生间

5）交通空间更新的关键要点

交通空间作为建筑辅助能空间最重要的组成部分，是建筑中的动线，在建筑空间中占有相当的比重。它串联水平维度或垂直维度各功能区的建筑空间，是建筑空间的"骨架""脉络"与"纽带"，支撑建筑内部的功能流线，保障安全疏散。既有建筑改造中除了重视交通空间的功能性，也越加重视其共享性与开放性。

①满足现行规范需求，补充缺失的水平与垂直竖向交通空间；

②结合改造核心功能，组织合理便捷安全的交通流线，调整相应交通空间与设施；

③结合业主及使用者需求，改善原有公共交通空间的闭塞与单一性，改造出活力、舒适、开放、共享的公共交通空间；

④对于加建楼梯、电梯等交通空间，减少对主体结构、基础、管线等的影响，优化居住建筑加建的入户方式；

⑤结合既有建筑特点，选择经济适用的交通设施设备；

⑥不破坏既有建筑外观的整体性，所处环境有机结合。

上海民生码头筒仓改造作为功能型交通空间改造的案例（图6-46），为了较好地组织展览流线，通过一个外挂的自动扶梯，在极大地保留了筒仓原本的形态风貌的同时，实现将三层的人流直接引入顶层的展厅的功能需求，具有良好的导向性。人们在参观展览的同时，也能欣赏到整个码头的壮丽景观。改造将艺术展览作为主要功能，实现了空间的再次利用[98]。

图6-46 上海民生码头筒仓改造

　　既有老旧住宅加装电梯作为无障碍设施最重要的一环，可以解决行动不便人群的上、下楼问题，增加房屋的使用效率，提升房屋的居住品质。电梯加装与入户方式示例如表6-10。

电梯加装与入户方式示例　　　　　　　　　　　　　　表6-10

编号	加装及入户模式	图示	优点	缺点
1	电梯平层停靠入户	一层示意图　标准层示意图　剖面示意　利用现有阳台入户一层示意图　利用现有阳台入户标准层示意图 加装电梯的停靠站层与既有建筑各楼层楼面标高一致。增设电梯与每层的阳台或楼梯平层平台相连，实现平层入户。	1.平层直接入户，可实现完全无障碍通行； 2.对于北侧房间没有阳台的户型，通过增设阳台可以扩大住宅的套内面积。	1.侵占宅前绿化和道路，影响前后楼的间距及后楼采光； 2.改变了住户的入户习惯，需设置两个户门，降低房间的利用率、私密性及安全性； 3.对原有楼梯间天然采光及自然通风造成一定的影响； 4.如电梯故障困住居民，从阳台入户的，需进住宅施救； 5.改造范围大，造价比高，施工周期较长，影响住户的日常生活。

编号	加装及入户模式	图示	优点	缺点
2	山墙面增设电梯入户	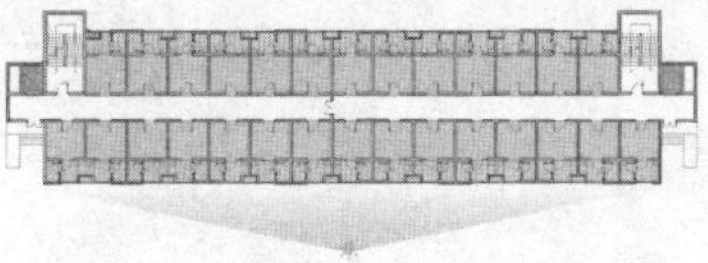 内廊式一层平面 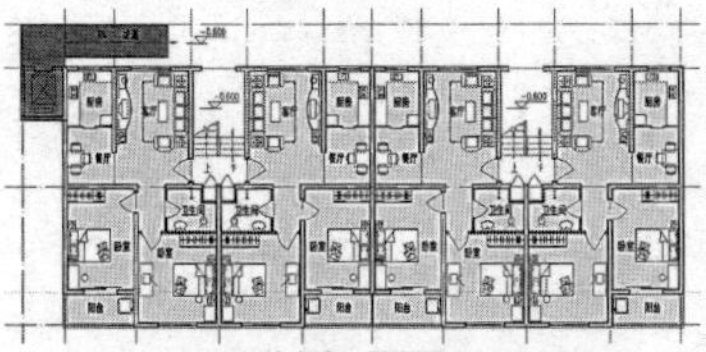 外廊式一层平面 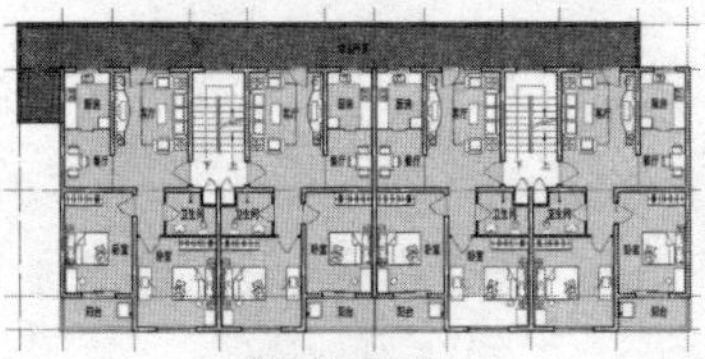 外廊式标准层平面 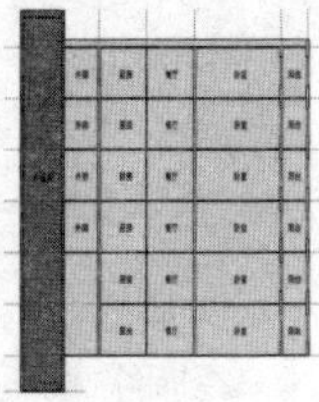 剖面示意 山墙面加装电梯，与内部通廊或外部廊道连接，实现平层入户。	1.平层直接入户，可实现完全无障碍通行； 2.对既有结构影响小，只需考虑电梯井与楼梯间连接结构及构造，以及外廊的连接构造； 3.自身及周围住宅建筑的日照采光影响较小； 4.只占用山墙面之间的绿地，对宅前道路及绿化的影响较小； 5.单位电梯服务户数增加，提高电梯的使用效率，降低造价。	1.影响房屋山墙间距； 2.外廊入户会改变入户习惯，影响外廊侧房间的私密性及安全性；雨雪天，外廊有一定安全隐患； 3.电梯通达住户的距离不一致，均好性较差； 4.电梯的运行会对山墙处的房间造成一定噪声影响。
3	半层停靠	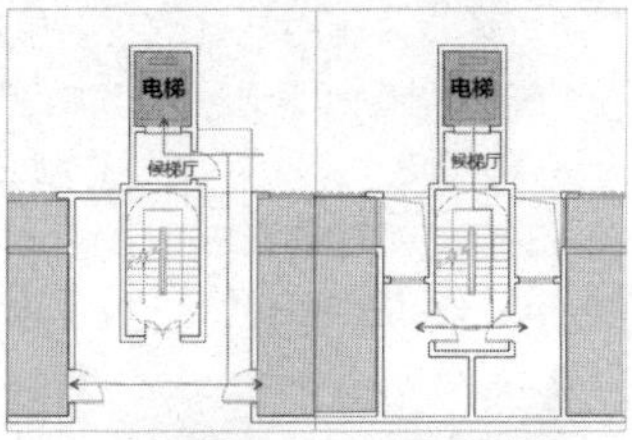 一层示意图　标准层示意图 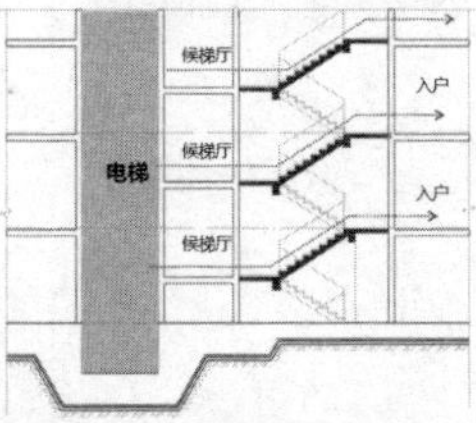 剖面示意图 通过楼梯间休息平台直接增设电梯，住户通过上半层或下半层入户。	1.适用性广，对住宅内对各房间的使用、私密性、采光、通风影响较小； 2.既有结构不发生改变，只需考虑电梯井与楼梯间连接结构及构造； 3.施工周期短，对住户的日常生活影响不大； 4.立面材质可选择性较大。	1.住户不能实现完全无障碍入户； 2.电梯的使用效率相对降低； 3.侵占宅前绿化和道路，影响前后楼的间距及后楼采光； 4.电梯一层入口会在侧方，底层住户北侧房间影响较大。

编号	加装及入户模式	图示	优点	缺点
4	入户连廊	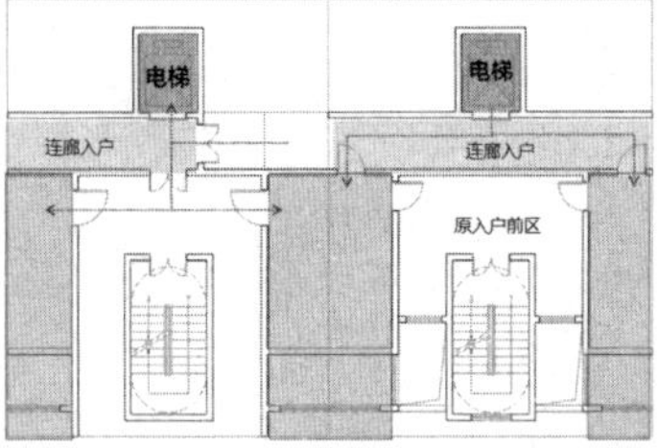 连廊入户一层示意图　连廊入户标准层示意图 通过住宅北侧增加外廊增设电梯，平层入户。	1.平层直接入户，可实现完全无障碍通行； 2.既有结构不发生改变，只需考虑外廊与主体连接结构及构造。	1.电梯侵占宅前绿化和道路，影响前后楼的间距及后楼采光； 2.外廊入户会改变入户习惯，影响外廊侧房间的私密性及安全性；雨雪天，外廊有一定安全隐患； 3.可实施性受周围的环境因素限制比较大。
5	内置电梯	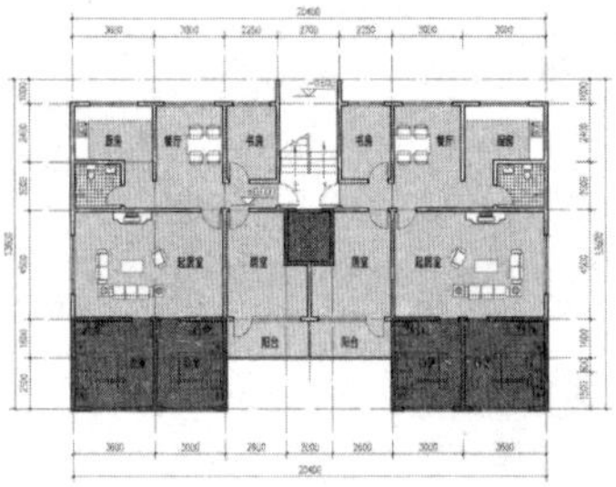 一层示意图 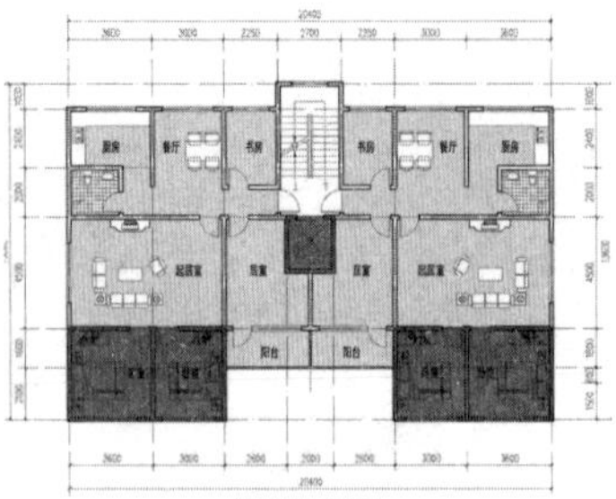 标准层示意图 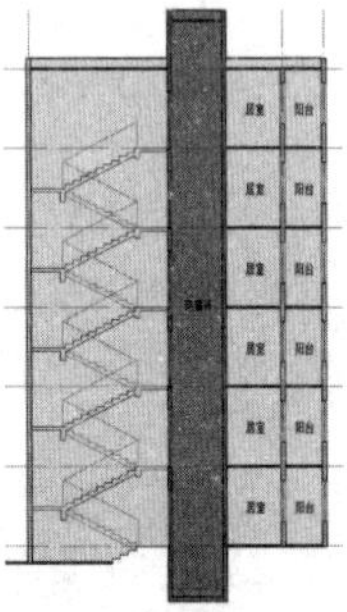 剖面示意图 在建筑内置电梯并改变房间功能，平层入户。	1.与原有楼梯间共用平台，平层直接入户，实现完全无障碍通行； 2.增加住宅面积、使用功能，提升居住品质，所有房间均实现自然采光和通风； 3.不改变原有入户方式； 4.实现每户均好性。	1.需大规模的入户施工，户内需重新装修，造价比较高，施工周期较长； 2.施工期间住户需搬离，影响日常生活； 3.对既有建筑结构改造较大。

6）无障碍功能提升

既有建筑无障碍功能提升分为通行空间和专有空间2个空间的提升。通行空间的无障碍功能提升主要是保障室内外无障碍通行的顺畅、安全、便捷，包括主要出入口、主要走廊、通道、楼电梯、局部开敞空间等的改造；专有空间是专门针对无障碍需求人士设计的空间，包含完整的无障碍设施设备的布局设计，有无障碍卫浴室、无障碍停车位、无障碍住宅等。其中所涉及的改造内容参见表6-11。

既有建筑改造无障碍改造重点部位及内容

表6-11

重点部位 无障碍高差处理		改造内容								
		门槛和地面小高差、间隙消除	空间面积及回转空间保障	通行净宽保证	地面防滑	无障碍部品选配	标识系统和信息无障碍	细部设计	无障碍智能化系统
通行空间	出入口	●	○	●	●	●	●	●	●	○
	主要走廊	○	○	●	●	●	●	●	●	○
	一般通道	-	-	-	●	●	●	○	●	-
	楼梯	-	-	●	●	●	●	●	-	-
	电梯	-	-	○	-	●	●	●	●	○
	候梯厅等局部开敞空间	-	●	●	●	●	●	●	●	○
专有空间	无障碍卫浴	-	●	●	○	●	●	●	○	●
	无障碍住宅	-	●	●	○	○	●	●	○	●
	无障碍停车位	-	●	●	●	●	●	●	●	-
	无障碍服务台	-	-	●	○	-	●	●	●	●
备注		●表示重点关注 ○一般关注								

表格参考：1.《无障碍设计规范》（GB 50763—2012）相关内容
　　　　　2.《城市既有建筑改造类社区养老服务设施设计图解》第97页

（1）主要通行空间无障碍改造方法

通行净宽：依据现行规范，对现有通行空间条件进行评估，对不符合标准的走廊进行改造；具备整体改造条件的，拆除或调整影响净宽和净高的非承重墙体、构件等；具备局部改造条件的，在局部空间进行放大，便于通行交错和轮椅回转；不具备改造条件的，需结合结构改造对墙体、洞口等进行局部评估及调整。

地面高差及间隙：室内外高差大于15mm就会影响轮椅通行，应结合空间具体条件处理高差。如设置板式小坡道（高差在15~50mm内）、无障碍轮椅坡道（高差在50~1200mm内）、设置垂直或斜挂式升降设备（高差大于3m）。

门洞：采用适宜的门的形式，减少开启后门扇、把手对通行净宽的影响；需设置防火门时，可采用卷帘或嵌入式门。

（2）主要专有空间无障碍改造方法

无障碍卫浴空间：采用推拉门、折叠门或电动伸缩门，方便开启，减少对空间的占用和干扰；地面材料需防水防滑；安装适宜的扶手，或选择有扶手的洁具部品；盥洗台下方挑空或后缩，满足轮椅进深需求；依据具体条件调整卫浴空间的排水系统，更换洁具、地漏形式，消除或降低原有抬升高度，如采用下层排水、局部下挖等；当卫浴空间面积不足、设备受限时，可采用装配式整体式无障碍卫浴间，并可缩短改造周期。

7）环境性能改善

环境性能的改善包含了建筑外围护结构物理性能的提升，以及对室内声、光、热环境的改善。

外围护结构的性能提升主要目的是降低建筑能耗、改善室内环境，其主要承担着围合空间、遮风挡雨、保温隔热、防水防潮、防噪隔声以及美化立面的功能。

外围护结构改造的内容包含以下几点。

（1）外墙性能提升

既有建筑因年代原因，多数未考虑有效节能，其外围护结构本身经历风吹日晒，各项性能无法满足当前的节能相关标准的要求。除此之外，外墙还可能存在开裂、渗漏、饰面脱落等问题。因此，既有建筑外墙性能提升的主要技术手段是增加保温、防水、外饰面翻新等。

①增加保温措施：根据建筑外立面美观和施工方便，可采用增加外保温或内保温系统。具体做法可参见第八章8.1.3.1（2）围护结构热工性能改造。

②防渗漏措施：针对不同的外墙开裂导致的渗漏，可以通过对砖石的修复、重嵌灰缝、墙面清洗与防护等方式实现。

③外饰面翻新：除了常规的墙面翻新技术，为满足更高的外立面装饰要求，可采用保温装饰一体化系统[101]。

（2）屋面性能提升

既有建筑屋面改造主要围绕着其节能性能和防水性能的提升。在不改变屋面结构形式的前提下，可采用以下两种方式实现屋面性能的提升。

①倒置式屋面做法：主要用于原有屋面构造基本完好的情况下，可有效防止保温层内部结露，保温隔热效果好，还能延长防水层的使用寿命；

②正置式屋面做法：针对原有屋面构造损坏，采用正置式屋面做法操作简单、维护费用低、渗漏治理简单。

（3）外窗性能提升

建筑外窗具有采光、通风、保温、隔声、防噪等功能，同时也是整个建筑围护结构中热工性能最薄弱的部分，且容易因老化引起型材变形、涂观损旧、隔热、隔声、气密性等性能降低的问题。

既有建筑外窗性能提升可采用整窗拆换、加双层窗、贴膜和增加遮阳构件等方式实现。

（4）增加遮阳系统

在大部分地区，为减少建筑的空调负荷，提升室内热舒适度，可采用增加遮阳设施的改造方式。遮阳方式可分为外遮阳和内遮阳两种。

①外遮阳可将大部分太阳直射辐射和部分散射辐射能量阻挡在室外，可显著降低室内空调负荷。外遮阳根据设置方式可以分为固定式和活动室外遮阳，并根据建筑朝向设置不同类型的外遮阳设施。如东西向宜设置活动外遮阳设施，南向宜设置水平外遮阳设施。

②内遮阳考虑到对室内采光的影响，主要作为外遮阳的补充，通常采用遮阳窗帘、卷帘等方式实现[102]。

（5）玻璃幕墙性能提升

玻璃幕墙作为一种轻盈、通透的立面形式而得到广泛的普及。对于老旧的玻璃幕墙，因其玻璃性能老化及效果较差，五金件、密封材料老化导致的安全问题和气密性问题，一般采用直接更换的方式。

8）安全性能改善

既有建筑安全性改善内容包含消防安全和维护设施安全两部分。

（1）消防安全性能改善

既有建筑消防安全改造是以现行相关技术规范及改造管理办法（如《既有建筑维护与改造通用规范》、相关"规划管理技术规定"、《建筑设计防火规范》、《无障碍设计规范》等）为标准，对建筑各项消防安全因子进行评估后开展的改造升级。

其改造设计的流程及关键技术包括以下五点：

①耐火等级判定，对耐火等级的判定应从严把握，一般按照不低于耐火等级二级来考虑，建筑内重点构件应严格按照现行规范要求执行。

②防火间距处理，改造前建筑间距不符合现行规划技术规定时，改造时不得再减小原建筑间距。改造范围内建筑与改造范围外建筑间距发生变化时，其间距不应低于消防间距标准。且在既有建筑改造中经常会有与周边建筑贴邻的情况，为此在改造设计中需应对建筑防火间距不足的问题，且因建筑使用功能与性质的改变，考虑周边是否设置消防环道及消防登高面等。

③防火分区划定，按照建筑改造的使用功能、性质及建筑类别，根据现行相关技术规范合理划分防火分区。

④疏散形式更新，根据改造建筑的使用性质、人员数量等，对其疏散出口数量、宽度、安全疏散时间、距离等进行计算，根据现行技术规范，合理布置安全出口、疏散楼梯间、疏散走道等。

⑤消防设施升级，既有建筑改造后应根据不同的使用性质、建筑类别合理设置消防设施及消防水系统、防排烟设施等，以满足现行相关技术规范。

对于消防设计技术复杂的大型公共建筑，由于人员密集，功能、结构、机电等改造幅度大，出现难以适用现行消防技术规范匹配方案要求的，可以采用性能化设计方法，按相关程序组织专家论证，对消防设计进行专题论证评估。

（2）维护设施安全性改善

建筑维护设施安全问题主要存在于既有建筑的老化导致的围护构件失能、失效，威胁到了使用者的安全。如玻璃幕墙玻璃碎裂、构件脱落、栏杆松动、维护设施尺寸不满足规范等问题。

①玻璃幕墙安全问题

一方面，由于建筑幕墙发展初期，行业标准相对缺失或滞后；在标准出台前的建筑幕墙工程因设计、制作、安装、检测和验收缺乏系统管控的工程技术依据，隐患较多。另一方面，建筑幕墙作为外围护系统，本身性能维持的时间远小于建筑物的设计使用年限，存在"性能退化"的现象。如硅酮结构胶质量保证期虽为10年，但其性能会随时间而退化；机械锚栓或化学锚栓在长期反复的荷载作用下会产生松动、锈蚀。总体来说，既有建筑玻璃幕墙存在的较大安全隐患，主要表现为面板脱落、钢化玻璃自爆、开启扇坠落、结构胶老化、连接件失效、五金件缺失等多项问题。改造时建筑专业应与幕墙、结构专业配合，制定安全长效的改造方案。

②围护栏杆安全问题

建筑建成时间越长，栏杆中的金属锈蚀越严重，防护上的力学性能也显著下降。建筑设计应结合改造后的功能，及时维护或更新相应的维护设施，或提高维护等级。

另外，由于修建年限较早、相关规范要求较低，部分建筑还存在栏杆防护高度不足的问题。伴随国民经济发展，青少年的身高有普遍增加的趋势，应当根据现行规范中的最低值，提高栏杆的防护高度。

6.6.3 以风貌和谐为核心的既有建筑改造设计

风貌和谐类改造设计的目的，是通过单体建筑的形态及立面更新，使其与既有建成环境形成连续、和谐的整体界面，满足城市外部空间的审美要求；实现对城市风貌和历史记忆的延续和阐释。

除文保建筑外，在具有特殊城市文脉和肌理的老城区、具有年代感的工业区当中的城市更新，多数需要考虑风貌的整体和谐。

在改造中应参考上位规划及城市设计对风貌控制的引导，并通过体量尺度、色彩材质、风格立面、建筑细部等设计要素的控制实现对既有建筑改造的风貌控制。

1）以风貌和谐为核心的建筑改造的重要因素

对于城市区域的整体风貌影响，单体建筑形式风貌的不同要素作用主次不同。从人对城市外部空间的感知审美角度，由远及近、由大到小的四个重要因素分别为：体量尺度、色彩材质、风格立面、建筑细部（图6-47）。

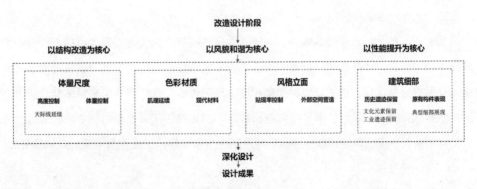

图6-47　以风貌和谐为核心的既有建筑改造设计技术路径

（1）体量尺度

建筑物的体量尺度从较远的距离即可感知，是公众对建筑总体认知的第一印象，对区域的整体风貌影响最大。

城市上位规划中，对于体量的要求多数集中在高度和可建范围限制，仅满足这两点是不够的。建筑师需要主动、全面地分析区域的整体风貌，对体量尺度展开专门思考。

首先，评估整体建成环境的体量和谐程度，包括与城市自然山水的和谐、与人工建成环境的和谐。分析内容包含自然山水的环境特征、周边建筑的体量构成，既有建成环境中典型单体的高度、面宽、进深尺寸；单体建筑的典型体量构成、群体建筑的街道、广场等外部空间组合特征等。然后，对这些尺度要素进行综合考量，结合改造的目标定位，梳理设计所需要回应的控制要点。

对于明显尺度失衡的建筑——判定尺度过大的，可通过化整为零、局部拆除等方法减弱其体量压迫，融入山水环境；判定尺度过小的，可通过化零为整、整体连接等方法扩大其尺度感受，回应周边体量。

（2）色彩材质

对风貌和谐而言，色彩、材质是仅次于体量尺度的第二影响因素。当人由远及近地向建筑行进，色彩贡献了线的感知要素。

如同音乐或美术，色彩的和谐也可通过对比或相似的不同手段来实现。在多数情况下，为延续街区的整体风貌，相似和谐采用得更为普遍——采用与既有建筑相同相近的色彩，能保证新老建筑在外部空间界面上的整体连续，有助于形成和谐统一的风貌（对于既有建成环境的色彩分析，已有不少无人机、计算机等辅助的采集及分析手段，可显著提高采样和分析的效率）。

在色彩和谐的基础上，材质选择上的开放度可以更高：延续区域建成环境的相同材料能够让改造后的建筑较好融入整体环境，而积极采用新的材料则有计划通过新技术新工艺的融入而让建筑在整体和谐中，独具时代精神。

需要提醒的是，在传统认知中，玻璃、金属往往被理解为不易融入以砖石为主的建成环境中。但是，伴随玻璃、金属、涂装工艺及转印技术的快速发展，以及动态立面、媒体立面的日益使用，材质表面的虚实程度、反射性能、色彩表情越来越多样。通过合适的材料选择及立面设计，有可能创造出应对不同光线、不同场景的可变色彩表情、或可变材质感受。建筑师应积极留心材料技术的进步和发展，探索更为广阔的应用场景。

（3）风格立面

由远及近地继续向建筑行进，立面及其风格成为可辨识的重要内容。

首先，是立面的整体风格。此处的风格，有别于建筑史中的编年风格划分，而是指对于立面构图、比例划分、形式语法的整体调性描述；是一定时期内，群体建筑由于技术手段、材料选择，以及文化审美，而物化在建筑上的形式语言。

根据上位规划或城市设计中的控制要求，结合建筑师对整体环境的判断，宜选择与目标风貌相近的风格立面展开设计，以实现风格的整体连续，避免突兀。

其次，对于参与形成街道、广场等连续外部空间界面的建筑，立面风格更需考虑对界面处理要求的回应。应遵循上位规划对贴线率、天际线、开放空间、慢行系统等界面的要求，平衡对城市公众性的提升与单体经济性的考量，确保改造后的立面，能够参与完善整体界面的控制要求，保证其功能与形象，有贡献于单体风貌与街区风貌的和谐。

（4）建筑细部

建筑的细部（如门窗、檐口、柱础、山花等），在近人尺度的体验，能唤起人们对时代和文化的记忆。好的建筑细部能在人身体的尺度传达建筑背后的工艺、文化和情感。历史建筑的细部之美往往体现在不同材质交接处理处的造型、线脚与发展而来的装饰，并多数承载了文化内容；现代建筑的细部之美不一定是在复杂的造型，但通过材料丰富的表观表情，以及简洁挺拔的现代工艺，也能呈现独特的时代精神与细节之美。

在既有建筑改造中，对于具有保留价值的既有建筑细部或构件，可通过对这些细部或构件的保留及修复，展示既有建筑的原始风貌，使得改造之后的建筑更具亲和力与岁月沉淀。对于缺乏建筑细部而在整体环境中显得苍白突兀的改造对象，可以通过分析、学习周边建筑当中优秀的建筑语言，补充建筑细部的设计，使改造后的建筑具备层次递进、审美细腻的形貌品质。

2）以风貌和谐为核心的既有建筑改造设计的案例分析

（1）外滩公共服务中心

位于上海外滩的外滩公共服务中心，两侧均为外滩的优秀历史建筑。考虑到延续外滩建筑文脉，设计尊重该区域建筑群体的空间组合与建筑语法，在立面语言、材料选择、照明设计等方面精心推敲，使建筑呈现谦逊和谐的特质。

同时，为了充分反映时代特征及面向未来的精神，设计采用双层表皮的立面处理手法：在沿中山路一路外层立面遵循古典句法，以横三纵五的构图关系、虚实相间的厚重墙体与小尺度开窗、天然石材与金属门窗的搭配，形成严谨、庄重和谐的外立面，与外滩古典建筑的整体界面有机统一。内层立面通过玻璃与金属材质的现代应用，展示出既古典又现代的总体气质[103]。

图 6-48　外滩公共服务中心街景图

图 6-49　上海安化路 201 号改造前后对比

图 6-50　安化路 201 号底层开放空间

图 6-51　编织表皮

（2）安化路201号改造

安化路201号坐落于上海市长宁区东部，紧邻上海十二个历史文化风貌保护区之一的愚园路历史文化风貌区。待改造的多层办公楼初建于1987年，由中建西南院自主设计完成，落成后作为中建西南院华东设计中心使用。

新的建筑改造方案，通过城市界面开放、整体风貌融入、开放空间营造等策略，让老建筑在延续历史街区风貌的同时，实现现代化改造升级。

①开放城市界面，提升社区活力

首层空间取消了围墙，形成连续檐下灰空间，打造开放友好的街道界面，对公众打开，供公众停留、休息。

②挖掘场所个性，融入整体风貌

设计在内侧保留原建筑的立面肌理，通过外侧"透明性"表皮的编织叠加，塑造建筑的崭新立面。新表皮背后隐约透出老建筑的墙面，新旧缝合，给建筑带来丰富的表情。

6.7 城市更新既有建筑改造工程的机电系统改造关键技术

6.7.1 暖通系统升级

在城市更新设计中，暖通空调专业主要着眼于建筑环境的营造与改善，而城市热网、区域能源站及区域输配管网等内容的更新改造具有非普适性的特点，故不在此进行研究与讨论。据调查统计，建筑中的暖通空调能耗平均占到建筑总能耗的35%~55%，且多数老旧建筑物由于围护结构热工性能较差，能耗更高；再有一些老旧建筑物未配置空调设施，也已完全不能适应现代生活标准与要求。一直以来的国家政策导向要求是以科学合理的设计方式降低建筑能耗、创造和谐美好的环境，并逐步实现"碳达峰""碳中和"的目标。

1）暖通空调系统改造更新过程中普遍存在的问题

改造更新项目一般主要是由于既有建筑的装修装饰、功能布局、设施设备等条件不足以满足使用要求，抑或是对不同属性的既有建筑进行重新再利用，以避免"大拆大建"对社会资源的浪费。在改造更新项目中，不论是以建筑整体的改造更新还是以机电设施设备为主的改造更新，对于暖通空调系统方面的内容，普遍存在以下问题。

（1）建筑空间条件的限制

改造更新建筑的主要空间架构条件已基本形成，多数情况涉及增加空调通风设施，或根据新的建筑功能布局对应调整空调通风设施。而既有建筑空间条件有限，在房间吊顶内增加空调通风设施时，所增加的设备和管道等内容必然需要最基本的安装与检修空间；或在根据建筑功能布局调整空调通风设施时，由于机电设施的系统性功能属性，还可能会引起建筑功能调整区域以外的空调通风设施的改造，而暖通空调专业的设备和管道的外形尺寸较大，其与既有机电管线的交叉重叠，导致会占用更多的机电设施安装空间。所以，新增和改造空调通风设施普遍会压缩建筑的使用空间。

（2）主体结构的安全影响

暖通空调专业的管道及设备根据改造更新建筑功能需要，进行相应的增加或位置移动，就会涉及已有机电系统的拆改，有时还会因为施工操作面不足的原因，需要拆除影响暖通空调管道改造的其他机电管线，再重新把设计调整后的管道及设备固定在主体结构上。暖通空调管道调整后，经常还需要扩大或增加楼板、墙体开洞，会对既有结构造成一定的损伤；多数的改造更新项目还通常涉及增加设备专用机房、空调室外散热设备等，引起结构局部荷载变化。不论是管道或设备的拆改、新增等，都会对既有建筑的主体结构造成一定程度的安全影响。

（3）建筑立面的和谐美观

暖通空调系统改造更新通常会调整或增加室外空调散热设备或建筑外侧的进排风口，从而引起建筑立面的变化；有时，在改造更新建筑中还需要增加竖向跨越多个楼层的管道（尤其是风管），而在建筑内部不具备竖向相同位置的实施条件，或对改造区域以外的其他楼层造成比较大的干扰时，竖向管道只能选择从建筑外立面边缘处引至管道服务区域的做法，这就会对建筑立面效果冲击较大，影响既有建筑的立面效果。

（4）现行规范标准的约束

历年以来，专业设计规范与标准的持续更新颁布，其内容变化越来越趋于科学合理，体系也更加完备，但改造更新建筑都是按当时建造时的标准完成，想要完全适应现行规范与标准，有时会付出巨大的代价；随着时间的推移，改造更新建筑也越来越多，急需要一些相关规范对改造更新项目的技术路线形成有力支撑，以便改造更新项目在安全、经济的前提下顺利推进实施。

2）暖通空调系统改造更新的设计原则

改造更新建筑的特点在于利用建筑物已有框架进行建筑配置条件的提档升级、建筑功能布置的调整优化等，为适应建筑的这些变化，暖通空调专业内容需要结合既有建筑物的框架和改造更新后的实际情况进行配置，并充分利用已有建筑机电的条件，配合各专业以综合最优的方式降低改造难度，并达到更新改造的实际效果。

（1）充分利用既有空间和条件

建筑物通常采用框架结构、框剪结构体系，其在每个楼层的顶部楼板下基本都会形成结构梁围合成的低效空间，改造更新项目可以考虑充分利用此固有空间安装部分空调末端设备的方式，最大化地节约室内机电吊顶空间高度，保障主要的使用空间高度。在某些建筑层高极度受限而开间尺寸较小时，也可以适当选择明装的一体化落地空调设备或紧贴侧墙落地安装的空调设备（平、剖面示意如图6-52），避免暖通空调设备和管道对高度空间的占用。

当更新改造建筑的标准较高时，落地安装的空调设备还需进行装饰设计美化处理，但应考虑合理的气流通道，以及便于设备检修与维护的条件。常规条件下的临外墙落地安装的空调制冷/制热的室内温度场模拟示意情况如图6-53、图6-54所示，其对室内空间所营造出的冷、热环境以及舒适度也更佳。

既有建筑采用集中水系统空调时，考虑到原有集中空调设备的能效衰减以及原有管道系统的腐蚀和渗漏情况，同时兼顾施工安装的便利性和施工期间对既有系统的运行影

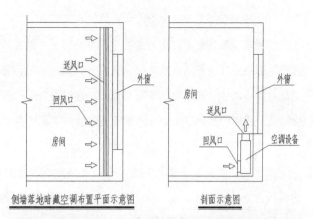

图 6-52　侧墙落地暗藏
空调布置示意图

侧墙落地暗藏空调布置平面示意图　　　剖面示意图

图 6-53　制冷工况温度
场模拟示意

图 6-54　制热工况温度
场模拟示意

响，需根据更新改造区域的面积、空调负荷及使用要求等因素，综合确定更新改造区域
选择接入原有集中空调还是单独增设空调系统；当更新改造区域采用接入原有集中空调
会导致原有空调系统容量不足或冷热源机房没有空间扩容、或扩容后导致管网系统调整
较大时，也可考虑选择单独增加分散式的空调系统。

（2）尽量减小结构专业的影响

更新改造建筑设计过程中，需优先充分利用既有管井、机房的位置，减少管道穿越
楼板及墙体的新增开洞，降低对既有结构安全性的影响。暖通空调设备的位置改变或增
加设备、机房时，可考虑优先布置在室外地面范围或在既有建筑的机房区域。当必须在
既有建筑内新增布置空调通风设备时，需尽量分散设置，并结合结构既有主梁位置进行
布置，且需将准确的荷载提交结构专业复核，以确定设置位置的可行性。

（3）配合建筑立面的协调优化

暖通空调系统更新改造增加的空调室外机位、进排风百叶等内容，若未统筹考虑，则会严重影响建筑的整体完成效果。在设计改造过程中，各专业进行充分沟通配合，在满足空调室外机散热、通风有效率等前提下，通过整齐化、规律化地设置位置，并结合建筑美化措施，适当增加建筑外立面的线条或造型，实现机电功能与建筑立面的有机融合。

（4）保障既有建筑的消防安全性

建筑的消防安全为重要内容，在历次火灾事故经验总结显示，因烟气窒息导致死亡的人数占到80%左右，所以在火灾发生时，必须创造可靠、良好的排烟及防烟系统。更新改造建筑是在原有建筑条件基础上进行调整，在有条件时，宜优先考虑采用现行规范进行设计，当调整方式和内容与既有建筑功能的变化较大时，则需要达到现行规范的要求。而若当更新改造建筑按现行规范进行设计不可实施或付出的代价巨大时，可通过组织专家组会议讨论确定适应本更新改造项目的特殊做法或采取恰当的消防加强措施。

3）暖通空调系统改造更新的评估方法

在设计改造更新建筑的方案开始之前，需要通过项目现场的踏勘以及与管理使用方沟通交流，并与项目竣工资料进行必要的对照，充分了解既有建筑的实际运行使用情况和主要设备的健康状况，增强改造更新设计方案的落地性及经济性。

（1）既有建筑使用中的问题分析与处理

对既有建筑的暖通空调系统使用情况、暖通空调设备运行状况以及更新改造后的具体要求等内容进行了解，分析既有建筑使用中的问题和出现问题的根源，探讨解决对应问题的方式，更便于在更新改造设计中，有针对性地处理已出现的问题和避免出现类似的问题，充分体现设计人员的素养和对项目使用方负责的态度。

（2）既有建筑的暖通空调设备与管道健康程度

与既有建筑的使用管理方交流暖通设备与管道的运行维护情况，对既有建筑的设备与管道进行初步评价，有必要时通过委托专业机构进行检测既有空调通风设备的实际出力（包括设备实际制冷/制热量、风量、风压等）和管道寿命指标，以便在更新改造中重复利用部分健康程度尚可的设备与管道，避免将拆卸下来的已有设备与管道未经评价就全部换新，以减少环境污染和提高项目更新改造的经济性。

4）暖通空调系统改造更新的关键技术

（1）降低建筑能耗

由于暖通空调系统的能耗在建筑物中的总能耗占比较高，合理优化减少建筑内的暖通空调系统能耗，可显著降低建筑物的整体能耗水平。控制建筑能耗方面的技术分为主动式与被动式节能技术，且应优先利用被动技术，并采取主动与被动相结合的方式。被动技术主要可通过建筑内外遮阳、围护结构的保温隔热及自然通风组织等，在更新改造建筑的设计立面方案阶段，统筹自然通风开口位置、外遮阳的构件或造型等，使建筑整体的完善度、和谐度更高，并优化建筑围护结构体系，合理减少透光材质的使用，增加活动内遮阳措施，减少室内夏季直接的太阳辐射得热量等，能有效控制建筑围护结构的基础能耗。

结合改造更新建筑所在地的气候条件，在非空调/供暖季的自然通风条件较差的区域辅以机械通风，或采用自然通风与机械通风相结合的复合通风系统，并利用CFD气流模拟分析工具，组织优化通风口的位置与规格，使设计目标与实际运行效果的贴合度更高。根据更新改造区域或建筑的使用特点，配置适宜的空调方式，并借助建筑能耗模拟分析软件DeST、EnergyPlus等进行全年的空调能耗模拟，合理化配置空调设备容量，提供经济的空调运行控制策略，最大限度地保障在建筑使用过程中的节能[104]。

在经济合理的前提下，选择高效节能的暖通空调设备，提高能源利用率；合理采用变频技术，适当选用EC电机，增大风机变频运行范围并降低风机运行噪声。更新改造建筑中优先利用既有建筑中拆除下来的可重复利用设备与管道，通过清洗与维护后，可配置使用在一些改造建筑的次要功能区域，以延长原有设备与管道的使用寿命。

（2）提高室内的空气品质

营造室内舒适的温湿度和低噪声环境，有利于在室人员心情舒畅，从而提高工作效率。而每个人对室内温湿度的舒适程度有差异，尤其是温度的影响，通过在室内每个小区域范围内设置就地温度可调的暖通空调末端，可以在一定范围内适应差异化的需求。对于室内噪声偏大的设备，可以通过设置专用的机房并对设备采取有效的隔振、管道设置可靠的消声、机房侧墙设置吸声等直接有效的方式，在改造更新建筑内没有条件增加机房时，直接吊装在室内噪声偏大的设备采用隔声吊顶、设备周围增设隔声小室或在设备外侧满贴吸声材料等方式，也可以起到一定的隔声效果，给室内创造低噪声的环境。

目前大多城市的室外大气环境污染程度较高，而近些年政府相关部门也在积极推进大气治理，室外大气污染已呈现逐年下降的趋势。空气中的颗粒物（PM_{10}、$PM_{2.5}$等）、臭氧、甲醛等挥发性有机化合物（VOCs）浓度超标时，会极大地影响人员的健康水平，而人员一般在室内进行工作、生活的平均时间约为80%，所以，保障室内空气中的有害物浓度在健康水平就很有必要。通过对送入室内的空气和室内的空气循环设备配置有效的空气过滤装置，可以明显降低室内空气的颗粒物含量，有必要时，增设活性炭网吸附和HEPA网高效过滤，可进一步减少空气中的其他有害物含量。改造更新建筑的通风空调设备或风管处设置粗效及低阻高效的过滤器（驻电极或微静电过滤器、滤材自带静电的过滤器等），已可以在增加较少的风机能耗的条件下达到过滤效果，过滤技术方式如图6-55所示，但需要引起重视的是，所有类型的过滤器均需要定期清理维护后才能保障其过滤性能。

更新改造住宅建筑增设有组织的新风过滤系统，在空调季节和室外空气质量超标时均可以开启新风系统，保障室内新风卫生需求和室内空气品质；当更新改造项目在室内空间极度受限时，还可采用落地式或挂墙式的室内循环风过滤净化装置。为起到辅助分解降低室内挥发性有害物、提高室内空气的新鲜度，也可增设一些产品质量可靠的光触媒、纳米光子装置；条件允许时，在卫生间可增设除异味装置等，以提高室内空气质量。空气过滤净化装置可采用的主要设置方式如图6-56所示[105]：

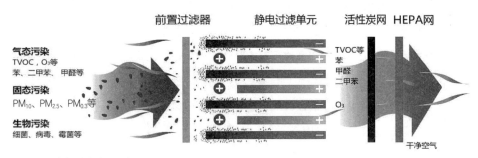

图6-55 空气过滤流程示意图

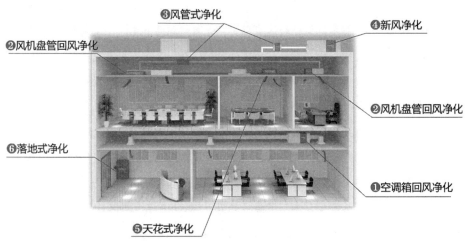

图6-56 空气过滤净化装置可设置方式示意图

5）暖通空调系统改造更新的设计案例

在成都某广电大楼的局部改造项目中，应使用单位提出的功能要求，需要在次门厅入口附近增加一些小隔间的休息室，项目平面图纸情况如图6-57（加粗框线表示新增的休息室位置）：

经过项目现场情况查勘并与使用方沟通后，因既有门厅的平吊顶下的净高3.4m，不满足休息室做吊顶跌级最高3.6m要求，且使用方需要门厅重新更换装修风格，也便于与休息室的装修保持一致，设计考虑拆除门厅区域的空调风管，主风管移动到休息室以外的区域，满足休息室的隔声和吊顶跌级高度；经与物业管理了解，门厅区域的空调在历年来都可基本保障夏季26℃、冬季18℃的温度，但在其他办公区域开启空调时，门厅的空调会根据室内气温情况再选择是否开启，门厅空调运行情况与使用方要求的休息室灵活使用有一定的冲突，为保障休息室的舒适温度与使用，并减少新增空调末端设备对既有集中空调系统的影响，设计最终确定休息室单独增加一套多联机空调系统，同时在保障门厅空调负荷的基础上，从既有门厅全空气系统分出一部分空调送风服务于各个休息室，并在休息室增加全空气空调送风对应的低噪声回风机（风机吊装在门厅范围且风机出口在门厅内）和室内新风对应的排风机，保障室内空气压力平衡和休息室空调负荷较低时，减少多联机空调的开启。典型改造区域的休息室暖通空调设计如图6-58所示：

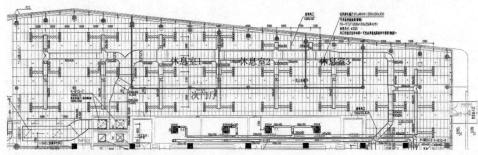

图6-57 改造前的局部暖通空调平面图

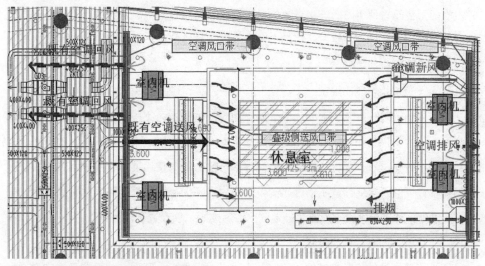

图6-58 改造后的休息室暖通空调平面放大图

6.7.2 给排水系统升级

水与居民的生活息息相关，给排水系统的正常运行是生活质量的基本保证。但是由于前期规划不足、后期使用性质调整，以及建成年代久远等因素，旧城区的给排水系统普遍存在不合理、不经济、不卫生、不安全的问题，已经严重影响到居民的生活安全和生活品质。

1）给排水系统改造更新过程中普遍存在的问题

（1）市政规划层面的限制

地上建筑排水点位与地下管线接管必须保证一定的契合度。城市室外雨污水干管往往仅在建筑有排水立管或出户侧敷设，地下的雨污水管线，多为重力流管线，管线标高和坡度一旦形成很难调整。在改造中会限制建筑内排水点的排水方向，出户标高，排水点位的增减必须以满足现状的室外排水条件为前提进行。否则改造的范围将从单体建筑扩大到市政雨污水干管的改造，综合成本大大增加。

对于部分房龄较老的住宅小区，因当时建成时市政水压不稳，高峰期水压偏低，为保证供水稳定，在屋面上设置了高位水箱，利用夜间水压稳定时补水，在白天用水高峰期时供水，保证高楼层住户用水。随着市政设施的逐步完善，供水主干管的扩容，目前城区的高峰期供水水压已基本稳定，屋顶的高位水箱作用不大，已无存在的必要，反而容易因维护不足造成供水水质二次污染的情况，故应对城区的此类小区进行梳理，对不起作用，建成年代久远的水箱进行拆除，直接使用市政管道供水。

已经设置了低位水箱变频泵的二次供水系统，须对整个供水系统进行检查，加压泵的供水能力会随着使用时间产生衰减，对不满足设计水量扬程的水泵进行更换，对产生锈蚀的管路（主要是管件接口、阀门）进行更新，杜绝乱接乱建，确保水压水质达到国家标准，保障用户正常用水。

（2）建筑使用性质的限制

城市更新改造中经常会遇到调整建筑使用性质的情况，不同的使用性质，各职能部门会有不同的要求。在给水方面，需要注意不同用水性质对应不同的管理和收费要求。对特殊用水行业，水务部门往往会有针对性地节水、循环使用要求。在排水方面，若要取得排水许可证，需要注意不同性质的排水须对应不同的预处理措施，如餐饮废水，须设置隔油池；洗车废水，须设置沉砂池；生活污废水，须设置沉渣池等。

（3）建筑立面及结构的限制

因老旧建筑的结构及建筑做法限制，无法大量在楼板上开洞，就限制了在室内增加管线的可能性，后期开洞既会影响结构楼板的安全性，建筑的防水也很难实施。同时，在室内增加管线，必然就会在出户时影响底层的地梁和基础，管线须对其进行避让。因此原则上雨污水管宜采取靠外墙敷设，或直接采用外排水的方式，此时会导致在改造工程中给水管、雨污水管有在建筑立面上存在的可能，在建筑方案设计时应对此类情况提前了解，采取各种措施减少对建筑外立面效果的影响。

（4）现状与现行消防规范的限制

近年来消防事故频出，燃气管路爆炸、电器线路老化起火、垃圾堆放起火引燃住宅的火灾频频发生，已占到住宅类火灾的绝大部分，且往往伴随有伤亡事故，严重影响了居民生命财产安全。按现行消防规范要求，早期建筑的消防配置严重不足，必须引起高度重视。

2）给排水系统改造更新过程中的设计原则

（1）按照现行规范标准执行

国家规范是各类工程建设标准大数据的汇总，是与时俱进地对工程项目安全、标准、品质的要求，改造项目应按现行《建筑给水排水设计标准》《消防给水及消火栓系统技术规范》《建筑防火设计规范》等执行。

（2）利用现有市政条件

在进行改造前应查阅原规划图纸、市政管线存档资料、现场管探等多种手段对场地进行详细了解。需要综合考虑地上建筑与地下管线之间、地上建筑排水点位与地下管线接管方向的契合度，切忌无视地下相关管线只考虑地上建筑方案，此举会极大影响项目的落地性。

在城市更新中，市政的水压经过多年的使用验证，在现场应该能得出峰谷期的水压数据，应根据实际测量的水压数据对给水分区进行优化，采用合理的给水系统设计，保证各楼层用水的节能、安全、经济。

（3）尽量减少对结构的影响

老旧建筑多为砖混结构，预制楼板，其使用寿命和抗震性能偏低。在楼板上开孔，墙上留洞，大量增加荷载可能会破坏原有结构形态，影响结构承载力极限，此时若不对建筑进行结构加固，必然会产生安全隐患。但是若进行结构加固，又会需要专业机构对整栋建筑进行结构安全鉴定等一系列工作，花费高昂。因此建筑改造项目中若有新增给排水管线，尽量采取管线明装，或靠外墙敷设，减少对墙体楼板的影响；若需增加消防设备设施，消火栓可采取靠墙明装方式，水箱等大型荷载采取钢梁基础，位置须结构专业确定后，在不影响结构安全的情况下安装设置。

（4）设施维护更换

老旧小区地下供水管道多为镀锌管道，随着锈蚀不断加大，管道内壁越来越厚且漏水严重，这就造成了生活用水水压不足和水质浑浊、出现黄锈水的情况。应将埋地支干管管调整为球墨铸铁管，将明装支管线调整为不锈钢管，减少自来水在管线内的二次污染。

由于老城区的排水管网及设施、构筑物修建年代久远，部分管道已经老化残旧，已不能满足城市发展所带来的水文状况变化和管网安全性的要求，需要对老城区的市政排水管网及附属设施进行系统地维护和改造，采用优质耐久的管材，并满足现行规范及法规的要求，进行雨污水分流，减轻城市污水处理厂无效负荷。对市政雨水系统的改造应同时满足海绵城市的要求，满足径流控制率、径流控制总量、污染物去除率等指标要求。

3）给排水系统改造更新的关键技术

（1）餐饮商业区排水改造

目前老旧城区存在部分底层住宅私自调整使用性质，将普通住宅改为餐饮业态，以及部分沿街商铺因建成年代较远，此类商业未配置油烟处理设施，隔油设施等，造成了油烟污染、堵塞污水管道的情况。

建议针对此类商铺的排水系统进行改造，将其排水与住宅等排水系统分开设置，同时在商业排水系统的下游，设置隔油池，对含油污废水进行预处理，减少后部污水管网的堵塞概率，也方便对管网进行维护清掏。

（2）底层反水问题改造

住宅排水一般为重力自流排水，污水由住宅的卫生器具先排入排水立管，再排入排水横干管，最后排入室外排水检查井。污水排至排水立管底部转入排水横干管时，会产生瞬时拥塞，在排水立管底部形成一段短时间的正压水柱，若该处水力条件不好，当正压水柱高于底层住宅的卫生器具时，污水就从底层住宅的卫生器具反溢出来，这就是通常所说的下水道返水。

对于已建成的住宅，如果因为水力条件不好导致底层住宅返水问题非常严重，就需对原有排水管道重新改造，使之满足最佳水力条件。改造使用的管材推荐采用塑料排水管、机制离心铸铁管等，底层住户的排水应采用单排系统。

（3）外排水管材改造

安装于外墙明装排水管因长期暴露在外，金属管道容易产生锈蚀，塑料管道经长期暴晒、昼夜温差大等管材强度降低，发脆破损，造成排水管附近的外墙形成大量水渍，影响建筑立面效果，须加以更换。可采用抗紫外线的塑料管、镀锌钢管、铸铁管等。

（4）雨污分流改造

部分老旧建筑仍然采用了雨污合流的排水系统，加大了市政污水管网、污水处理系统的处理负荷，雨污合流系统在发生暴雨、管线堵塞时容易发生污水污物倒灌，严重影响小区室内外环境。须对此类情况进行梳理改造，严格执行雨污分流。

（5）室外管线构筑物清淤

经多年使用后，建筑的出户管，周边的雨污水管线、化粪池等构筑物均存在不同程度的污泥淤积，为保证整个排水系统的排水能力，减少管线系统堵塞，须由专业管道公司对其进行清淤，对社区残旧排水管网进行改造，修复塌堵排水管道，提升排水能力，保证室内外排水系统在建筑全生命周期的正常运行。

（6）一户一表改造

根据自来水公司要求安装改造用户供水管和水表。合理安装用户室内开关阀位置，便于操控和管理。

（7）更换排水设施井盖

疏通排水口、雨水口，更换破损井盖、雨水口的设施，井盖表面标高应与路面标高齐平，保持路面平整。雨水口标高及位置要保证排水顺畅、不积水，减少径流污染。排水设施应与建筑和社区色彩风格统一。所有检查井应设置防坠落措施，防止人员坠落事故发生。

（8）重视垃圾房改造

合理设置垃圾收运点，统一规范垃圾收运点围蔽设施建设。收集设施应封闭好，外体干净，周围整洁。设置垃圾收运点冲洗措施，此类收运点往往利用市政供水管网供给，出口接软管，容易发生倒流污染，必须在出口前设置倒流防止器、压力型真空破坏器等措施以保证市政给水不受污染。

（9）补充室内外消防设施

在城市更新中，应按现行规范设置消防给水系统，拆换楼道内破损消防管及消防箱。更换楼栋内的老旧过期灭火器材，同时为缓解室内消防设置不足的问题，需要针对性地补充消防设备设施，在各小区内增设微型消防站，微型消防站是以"救早""灭小"和"三分钟到场"扑救初起火灾为目标，配备必要的消防器材，依托单位志愿消防队伍和社区群防群治队伍。有消防重点单位微型消防站和社区微型消防站两类，是在消防安全重点单位和社区建设的最小消防组织单元。

（10）消防供水水源改造

总结近年来大量火灾案例，消防队到火灾现场后容易出现两个致命问题，第一，消防通道不通畅，消防车无法到达火灾扑救面，无法开展灭火作业。第二，消防车的水源—室外消火栓严重不足，消防车仅能依靠出警时自身携带水量，无法连续作战。针对此两点，必须在旧城区进行拉网排查，对老旧小区消防车道标线缺失，室外消火栓数量及位置不满足现行消防规范的情况进行整改，弥补室外消防配置的不足。

4）给排水系统改造更新与市政相关专业的分工

按项目用地界面划分，一般市政专业的工作界面为红线外，建筑给排水专业的工作界面为红线内，建筑给排水专业的作业前提是需要市政相关专业应提供项目周边管线等基本信息，分为以下几类：

（1）给水系统

项目用地周边给水管网的布置走向、管径、埋深，市政消火栓的位置，可供本地块利用的预留接水点位置、口径以及设计给水压力。

（2）雨、污水系统

项目用地周边污水管网的布置走向、管径、管线各检查井的标高，可供本地块利用的预接口位置、管径。

（3）管廊、构筑物

项目用地周边的管廊走向位置、标高，是否允许本项目接入。项目周边是否有可能会影响到项目内部排水方向组织的地铁站、地下工程、构筑物、箱涵等。

6.7.3 电气（强电及弱电消防）系统升级

1）强弱电系统改造更新过程中普遍存在的问题

随着我国现代化的高速发展，城镇建筑物机电设备更是日新月异，城市新旧建筑的用电量不断提高，由于我国大部分建筑电气使用寿命为30多年，特别是老旧建筑的供配电及消防设施已不能满足现代有关要求，为了提高既有建筑本身的电气可靠性、安全性，满足现行国家有关规范和绿色建筑节能标准，提升建筑品质，需要对部分既有建筑电气进行更新改造。目前对既有建筑电气系统的改造存在的主要问题有以下三点。

（1）现行规范与建造时有较大变化

近年规范更新较快，截至2021年，建筑电气主要新规范有：《民用建筑电气设计标准》GB 51348—2019；《建筑设计防火规范》GB 50016—2014（2018 年版）；《火灾自动报警系统设计规范》GB 50116—2013；《消防应急照明和疏散指示系统技术标准》

GB 51309—2018;《电力工程电缆设计标准》GB 50217—2018。通过对新规范的对比，可以看出新规范是出于提高供电质量、更有效地确保人身安全的目的而制定的，在既改项目中原有建筑的供电及消防电气，基本不能满足新标准的要求。

（2）供电的增扩容与设备用房空间不够

在既有建筑改造及功能更新中，随着用电量的不断扩大、消防设施增多，变配电房、柴油发电机房、消防控制室、电气管井等设备用房的面积相应增大，原有机房位置、面积均不能满足改造要求，改造中对建筑和结构有较大影响，各专业配合协调工程量大。

（3）新旧设备及线路的利用改造较难评估

在建筑的使用中，由于用户的需求提高，电气设备也在不断更新，既有建筑原始资料缺失且现状复杂，原有配电及消防设备的利用和改造，如何在满足国家规范和保证工程质量的前提下，最大限度地利用旧设备并节省成本，是应该充分考虑的问题。

2）强弱电系统改造更新的原则

建筑电气更新改造与新建项目有所不同，其区别在于，新建项目是从无到有，而既改项目建筑电气的各个系统是部分存在的，且不完善不满足现有的规范。改造工作需结合原有建筑现场情况、业主改造要求、参考新旧规范等各方面因素进行设计，充分利用老旧设备、强化消防设施，做到安全可靠、经济合理、技术先进、整体美观、维护管理方便，其强弱电系统（智能化另详专篇）改造更新一般按照下列原则。

（1）按实际情况合理利用新标准

随着我国建筑电气的不断发展，建筑用电不断增大，如中央空调、数据机房、电动汽车充电桩的使用，原有建筑需要用电扩容，一般超过240kVA供电方案需要当地供电部门审批。消防电气随着火灾自动报警系统的更新、防火门及消防电源监控系统的增加等，其改造方案需要相关部门的审查通过。特别是近年建筑电气规范更新较快，无论从变配电设计、应急照明、节能及消防电气设计均有新规范颁布。所以在改造项目设计过程中需关注既改项目现状与最新规范的差异，特别需要处理既改项目自身的复杂性与特殊性，结合项目的实际情况，合理利用新规范新标准，提出多套比选改造方案，当遇到确实无法达到的规范要求时，可与供电部门和消防审查机构先行进行沟通，寻求合理解决方案。

（2）配合建筑综合利用设备用房

建筑内配电房、柴油发电机房、消防控制室、电气管井是电气设计的基本机房，由于供电扩容及消防电气的更新，机房会扩大或增加。改造项目通常会拆除部分原有设施，仅保留建筑主体结构，电气改造设计应着重解决现状土建条件对设计的影响，不能破坏结构安全，利用现代技术、采用一些模块化集成设备节省空间，综合原有机房检测修复主体结构，提供变配电房、柴油发电机、UPS等机房准确荷载，配合结构是否加固工作，避免大拆大建，参照原有供配电设备，考察变配电设备是否全部更新，按新标准要求提升消防电气设施，结合项目推广使用智能化及节能设备。

3）强弱电系统改造更新的评估方法及关键技术

现阶段的改造项目多设计于20世纪八九十年代，现行规范与建造时的规范相比已经发生很大变化，改造项目进行设计时应最大可能地执行现行规范及国家标准。同时，强弱电系统改造更新还面临着原始资料缺失，建筑现状与设计图纸不符等问题。因此应在改造前对既有建筑强弱电系统进行评估，评估的主要方法及技术有：

（1）现场数据收集评估

电气专业应着重对电气用房、变配电设施及电气通路进行现场踏勘；对现有重要电气装置的基本参数及运行状况进行记录；此外，对需要保留的设备、设施也应进行重点检查，进行详细定位，收集电气改造基础设计数据。

（2）现代检测技术分析评估

利用电力系统的专用设备和仪器检测供配电系统（包括变压器、高低压配电柜）、电力线路系统、防雷接地系统。通过各类电压、电流、频率、有功无功功率、温度、绝缘电阻等参数综合分析，确认主要设备使用寿命；用照度仪检测照明系统，包括照度、显色性、眩光等照明质量。利用第三方检测机构检测火灾自动报警及消防联动系统，确保功能完善。各电气系统需结合项目具体情况、分析各项参数及改造概算、根据相关规范提出改造方法。

（3）变配电系统更新技术

变配电所作为建筑电力供电系统安全、可靠运行的核心，内部设有高压柜、计量柜、直流屏、变压器、低压柜、补偿柜等大量电气设备，其更新改造是建筑电气强弱电系统更新改造关键技术之一，评估设备性能对既有建筑电气改造更新的技术先进性、经济性具有重大影响[106]。

①10kV高压柜：对于中小型项目进出线柜方案常采用12kV中置式金属封闭开关柜配1250（630）A的真空断路器或六氟化硫断路器，改造前后回路计算容量不变且均控制在15000kVA及以下的项目（电力公司对10kV供电容量有特殊要求者除外），除柜内电流互感器根据变压器容量需调整外，其他元件基本不受影响，高压柜经检测合格后可优先考虑利旧。

②直流屏：高压断路器的分合、事故分断及控制保护的可靠工作完全依赖于直流屏柜蓄电池的好坏，然而受温度、过度放电、浮充电状态等因素的影响，铅酸电池的寿命相对较短，正常使用年限仅为3～5年。尽管改造前后电池容量差异不大，但仍需从产品自身寿命及可靠性角度出发，原则上优先考虑采购同型号、同规格的蓄电池更换。

③10/0.4kV变压器：提高变压器的负载率不仅可以减少初期投资费用，同时又能降低后期运行费用。通常变压器实际运行时负载率为30%～75%，因此，对于变压器实际运行负载率较低的改造项目，在变压器运行时间、绝缘等级、电气性能等主要指标经评估后满足使用的前提下，建议对原有变压器利旧。若需要对变压器进行扩容改造，优先选用一、二级能效变压器，与普通干式配电变压器相比，高能效变压器空载损耗下降70%～80%，空载电流下降75%～85%，节能效果显著。

④低压配电及变配电智能化：为减少对低压柜的空间分隔改造，当柜内开关检测满足技术标准、壳体电流值符合计算要求时，一般采取调整脱扣器设定值或仅更换断路器脱扣器的措施实现出线回路的保护，否则需考虑调整配电柜分隔或新增低压出线柜。涉及变压器扩容的改造项目时，还需考虑母排载流量、断路器分断能力等问题。

低压柜改造的另一目的是实现配电系统的智能化，即建立无人值班、电气资产管理、电能质量管理及能源效率管理整体平台（图6-59）。常规万能式断路器（ACB）

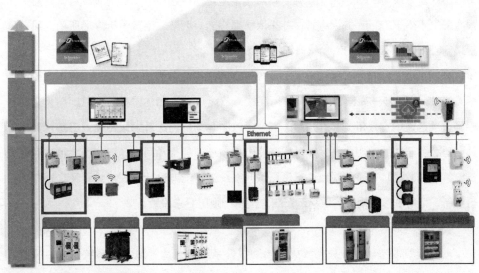

图6-59　建筑智能配电系统框图

均配置Modbus协议的通信模块或I/O模块,物理上无需更换断路器,只需配置一个以太网接口智能网关就可实现高低压、变压器、柴油发电机等主要电气参数状态的上传及控制管理。

(4)电力线路、照明更新技术

旧楼改造建筑内电线、电缆普遍存在采用YJV、BV线的现状,火灾发生时容易产生大量的有毒气体,从环保及安全规范角度出发,特别是对一类高层及人员密集场所,应采用无卤阻燃(耐火)电线电缆予以替换。现场废弃的电线电缆应及时清除,避免出现安全事故。

对旧楼消防配电主干线路应采用耐火温度950℃、持续时间180min的耐火电缆,当现场土建条件受约束,强电间两侧分设电缆井或专设消防管井难度很大时,优先考虑采用矿物绝缘电缆取代常规耐火电缆。消防疏散应急照明、防火卷帘等其他消防分支线路应采用耐火温度不低于750℃、持续时间不小于90min的耐火电线电缆。

改造中的旧楼主要电力干线老化、敷设路径不符合要求,电力增容后,干线多采用金属导管、电缆桥架于新设的电气管井敷设,电气竖井内布线可适用于多层和高层建筑内强电及弱电垂直干线的敷设。

改造中竖井的位置和数量应根据建筑物规模,各支线供电半径及建筑物的变形缝位置和防火分区等因素确定,对于旧楼改造中的支干线,在有可燃物的闷顶和封闭吊顶内明敷的配电线路,应采用金属导管或金属槽盒布线。

对于旧楼改造中的支干线和明敷设用的塑料导管、槽盒、接线盒、分线盒等,应采用阻燃性能分级为B1级的难燃制品。明敷于潮湿场所或埋于素土内的金属导管,应采用管壁厚度不小于2.0mm的钢导管,并采取防腐措施。明敷或暗敷于干燥场所的金属导管宜采用管壁厚度不小于1.5mm的锁锌钢导管[107]。

照明系统更新技术:照明系统改造应重点考虑绿色节能,满足现行《建筑照明设计标准》GB 50034—2013的要求,使用高效、节能灯。走廊、楼梯间、门厅、大堂、车库等公共区域均宜采用LED灯照明,办公、教学等场所仍应考虑采用高效三基色荧光灯具。对公共区域的照明控制优先采用智能灯控系统。若楼梯间等场所改造中很难重新进行电气管路敷设,普通照明建议参考原照明系统进行配电设计,仅对线路及末端灯具进行更新,消防应急照明和疏散指示系统应按现行规范要求设置。

(5)电气消防系统更新技术

既有建筑改造项目应先考察火灾自动报警系统是否为区域报警系统、集中报警系统或控制中心报警系统,以及原系统设备型号规格。整体改造严格按照现行消防规范执行；局部改造可按新规范设置报警装置，另设分控盘于原控制中心。电气火灾监控、消防电源监控、防火门监控这些系统对基础电气条件的要求不高，可根据现行消防规范增设该系统。

（6）电气节能系统更新技术

为响应国家节能减排的号召，对既有建筑进行节能改造已势在必行，电气专业的节能改造主要体现在以下方面。

①供电系统：变配电所设于用电负荷中心，采用一二级高能效节能变压器，并配置带调谐电抗器的无功补偿装置对谐波进行有效抑制。

②照明系统：选用LED产品取代传统灯具，采用智能灯控系统。据统计，智能照明系统对照明节电的贡献值可达10%～30%。

③建筑楼宇智能管理系统：建筑物内电梯、风机、水泵、智能照明、变配电系统等均纳入楼宇控制系统，进入自动控制及节能运行管理态。

④太阳能光伏发电的利用：在既有建筑屋面的闲置空间、玻璃幕墙或天窗处增设光伏板或光伏薄膜，采用光储直柔配电系统，目前高能效的光储直柔技术与智能配电系统的结合是实现建筑"碳中和"的有效途径，也是建筑电气系统更新改造的关键技术之一。导光管照明采光系统是太阳能的另一利用形式，可以解决大进深建筑和地下建筑的采光问题，导光管采光系统不仅打破传统建筑层数、吊顶各层的限制，同时还能实现光线强弱的控制，对地下室、体育馆、展览馆等建筑改造工程具有极高的应用价值。

4）强弱电系统改造更新的设计案例

（1）利旧与成本

无论是新建项目还是改造项目，成本一直是业主最关注的内容。例如，某工程原设计中制冷机组均采用母线供电，制冷机组需更新设备，那么在保证母线载流量满足新设备需求时，可以考虑母线利旧（母线利旧需专业厂家检测）；项目负荷容量不增容的情况下，可以考虑低压柜利旧，仅局部调整出线回路。当然，除了自身设备考虑利旧以外，还应充分考虑如何减少对土建的拆改，例如，站房如何调整，不会造成结构加固，桥架是否可以优化路由，减少结构开洞等。

（2）改造设备空间

既有建筑的改造都离不开原始图纸和项目现场的勘测，特别是电气机房（含管井）、管线路由、既有产品性能对后期改造方案的确定及设备利旧具有极其重要的指导意义。电气设计人员不仅需要在安全、合规的前提下满足建筑主体的功能需求，更重要的是通过设备机房的控制等手段降低能源的消耗，为建筑创造更多的延伸价值。

例如，某改造项目将原有酒店功能改为智能办公功能，功能改变后，每层需设置弱电间满足消防及智能化系统需要，但原设计中各层并未设置独立的弱电间，同时无弱电竖井且受原始建筑结构限制，无法增加竖井。解决方案是将原强电竖井分出部分有竖向通路的空间作为弱电竖井，将弱电线缆由弱电机房引至各层，各层增设弱电设备间放置弱电机柜等设施。而强电竖井空间减小导致部分末端配电箱布置不下，故将末端配电箱移至公共区域放置，并由精装修对配电箱进行了美化隐藏处理。

第七章

城市更新设计关键技术结构篇

第七章 城市更新设计关键技术结构篇

对既有建筑的合理利用、对有历史价值和文化价值建筑的保护和激活，是城市发展新阶段的理性回归。合理延长既有建筑的使用寿命、改造完善其使用功能、实现绿色节能环保的使用要求和新旧建筑的有机结合等，是城市更新中结构改造加固设计的基本目标。

与新建建筑不同，大量的既有建筑因为建造年代较早，普遍存在着设计标准偏低、使用功能不全等问题；也会因使用较长时间后材料性能劣化导致耐久性变差；甚至在过往的使用阶段中，因环境侵蚀、各种灾害和人为破坏性改造等造成不同程度的房屋损害。当既有建筑因遭受灾害损伤需要加固，或因改变使用功能需要改造，或单纯拟延长使用年限等情况时，均应基于既有建筑的检测数据与鉴定结论、结合城市更新对既有建筑功能改造需求，并应遵循适用、安全、合理、经济等原则进行结构改造加固设计，以达到城市更新的基本目标。

本章以结构专业视角，从"民生改善、产业发展和文脉延续"三个维度分类进行评估与设计，阐述如何进行既有建筑结构的改造与加固，以达到城市更新的需求。

基于"民生改善、产业发展和文脉延续"三个维度的主要技术路径（图7-1）。

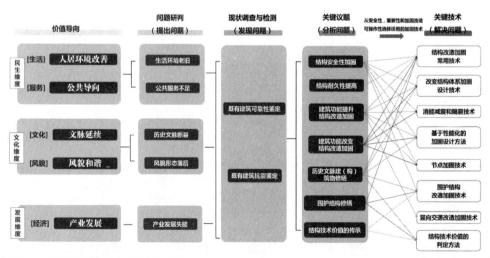

图7-1 城市更新中结构专业技术路径图

7.1 城市更新设计中结构专业主要工作

7.1.1 既有建筑现状及问题

从我国城市发展进程来看，既有建筑现状及主要问题根据年代大致可分为四个阶段（表7-1）。

既有建筑现状及主要问题 表7-1

建造年代	现状及主要问题	
	共性问题	其他问题
20世纪70年代及以前的既有建筑	未进行正常维修保养，结构耐久性差；使用功能相对落后；使用者随意改造、增加使用荷载等行为，对主体结构安全性和耐久性造成损害。	已超过或接近50年的设计使用年限；未考虑抗震设防；结构体系混杂；部分构件老化，甚至破坏。
20世纪80年代的既有建筑		抗震设防标准较低；部分建筑施工质量较差；外围护未采取保温节能措施。
20世纪90年代的既有建筑		抗震设防标准有所提高，但建筑材料质量和施工质量参差不齐。
2001年以后的既有建筑		国家政策和法规逐渐健全，建筑质量转好，抗震设防标准进一步提高，但因设计周期变短、校审环节缺失等因素造成设计质量有所下降。

可看出，我国城市中大量的既有建筑产生质量问题的主要原因有以下几个方面：

①早期建筑，受当时经济条件的限制，设计标准偏低，抗灾能力弱，安全储备偏低。未考虑抗震设防或设防标准偏低，结构抗震性能差。

②建筑年久失修，耐久性差，部分构件老化甚至破坏。如墙体开裂、风化；混凝土构件碳化深度超过规范限值；混凝土构件开裂，且钢筋外露锈蚀；钢结构涂装防护层变薄导致钢构件锈蚀等。

③部分建筑材料质量和施工质量较差，存在偷工减料、材料质量不满足设计要求等问题。

④使用者未经设计验算任意改造，如随意拆除或削弱结构构件、随意增加使用荷载等。

⑤因设计周期变短、校审环节缺失等因素造成设计质量有所下降。

⑥由于资金问题等原因导致停工而不能按期竣工的建筑（俗称"烂尾楼"），当停工时间较长，结构构件长期处于比设计预期更恶劣的环境造成材料腐蚀、碳化加剧。

7.1.2 既有建筑结构检测与鉴定

既有建筑改造前应首先进行建筑现状调查与检测，并按照现行国家标准《既有建筑鉴定与加固通用规范》GB 55021—2021、《既有建筑维护与改造通用规范》GB 55022—2021、《民用建筑可靠性鉴定标准》GB 50292—2015、《工业建筑可靠性鉴定标准》GB 50144—2019、《建筑抗震鉴定标准》GB 50023—2009及各地区的相关标准进行既有建筑可靠性鉴定和抗震鉴定，了解建筑自身质量情况，确定建筑结构存在的质量缺陷和安全隐患，探明并根据后续改造功能要求判定建筑结构的综合承载能力。

7.1.3 各类既有建筑结构改造加固技术路径

（1）民生改善类：主要包含建筑安全性改善、人居环境改善和公共配套条件改善等。具体内容见表7-2。

民生改善类建筑结构评估与设计 表7-2

类型	改善需求	结构关注重点	应对方法
建筑安全性改善	结构安全性和耐久性提升；建筑结构综合抗震能力提升。	材料强度；新旧结构连接方式；构造柱、圈梁增设方式，与建筑立面的关系；设防水准和设防烈度。	对于原结构构件承载力不满足要求时，可采取直接加固法（如增大截面法、置换法和复合截面法等）进行加固处理；新旧结构连接应保证其传力的有效性，并能协同原有结构共同受力；新增基础应避免与原有基础碰撞，宜充分利用原有地基承载能力；新增构件柱、圈梁设置应与原有结构可靠连接，增设位置需与建筑立面配合，保证建筑立面效果；当因设防烈度提高或抗震设防水准提高造成建筑结构的整体抗震能力不足时，可采用改变结构体系、消能减震及隔震技术。
人居环境改善	生活环境提升，如厨房，卫生间改造；加装电梯；扩充面积等。	预制板、砌体墙开洞位置；水电管线的敷设位置；电梯加设位置的确定以及与原结构的相互关系。	应根据预制板、砌体墙开洞位置与大小复核其承载力，当承载力不足，可采用直接加固法（如增大截面法、置换法和复合截面法等）进行加固处理；水电管线的敷设不应破坏原有结构构件；新增电梯结构与原主体结构可采用脱开形式，也可采用连接形式。当采用脱开形式时，应保证新增结构自身的安全性和稳定性；当采用连接形式时，应遵循变形协调共同受力原则，加强原结构与新增结构的整体性，确保结构安全。
公共配套条件改善	公共配套完善，如建筑功能改造为社区医院、配套学校和活动室等。	荷载增大情况及范围；建筑空间布置调整。	对于因荷载增加等原因造成结构构件承载力不满足要求时，可采取直接加固法（如增大截面法、置换法和复合截面法等）进行加固处理；当因设防烈度提高或抗震设防水准提高造成建筑结构的整体抗震能力不足时，可采用改变结构体系、消能减震及隔震技术。

（2）产业发展类：主要包含建筑安全性改善、产业结构优化更新等。具体内容见表7-3。

活力发展类建筑结构评估与设计 表7-3

类型	改善需求	结构关注重点	应对方法
建筑安全性改善	结构安全性和耐久性提升；建筑结构综合抗震能力提升。	材料强度；新旧结构连接方式；设防水准和设防烈度。	对于原结构构件承载力不满足要求时，可采取直接加固法（如增大截面法、置换法和复合截面法等）进行加固处理； 新旧结构连接应保证其传力的有效性，并能协同原有结构共同受力； 新增基础应避免与原有基础碰撞，宜充分利用原有地基承载能力； 当因设防烈度提高或抗震设防水准提高造成建筑结构的整体抗震能力不足时，可采用改变结构体系、消能减震及隔震技术。
产业结构优化更新	建筑属性调整，如工业建筑改为民用商业建筑等。	使用荷载的增加，如新增隔墙、增设卫生间等；设备管线的改变引起楼板或墙体开洞。	对于因荷载增加等原因造成结构构件承载力不满足要求时，可采取直接加固法（如增大截面法、置换法和复合截面法等）进行加固处理； 应根据预制板、砌体墙开洞位置与大小复核其承载力，当承载力不足，可采用直接加固法（如增大截面法、置换法和复合截面法等）进行加固处理。
	建筑使用功能调整，如办公改酒店，办公改运动场地等。	使用荷载的增加，如新增隔墙、增设卫生间、使用活载增大等；改成大空间引起结构托梁换柱。	对于因荷载增加等原因造成结构构件承载力不满足要求时，可采取直接加固法（如增大截面法、置换法和复合截面法等）进行加固处理； 合理利用既有建筑的刚度和强度能力。对建筑功能划分提出合理化建议，结构设计中也应考虑空间变化适应性。

（3）文脉延续类：主要包含建（构）筑安全性改善、历史文脉建（构）筑物保护和城市街区风貌保护等。具体内容见表7-4。

文脉延续类建筑结构评估与设计 表7-4

类型	改善和保护需求	结构关注重点	应对方法
建(构)筑安全性改善	结构安全性和耐久性提升；建筑结构综合抗震能力提升	保留部分结构构件的承载能力和耐久性	原结构构件承载力不满足要求时，可采取直接加固法（如增大截面法、置换法和复合截面法等）进行加固处理； 对耐久性不足结构构件（如材料缺陷、钢筋锈蚀、钢结构锈蚀）进行修缮处理。

类型	改善和保护需求	结构关注重点	应对方法
历史文脉建(构)筑物保护	建筑（构）筑物修缮，如原工业厂区中屋架，烟囱修缮	保留建（构）筑物的原真性	与建筑专业充分配合，采用的改造加固技术尽量不影响建（构）筑原貌。
城市街区风貌保护	建(构)筑外围护风貌修缮	保留部分与新建部分连接方式	改变传力路径，尽量使保留部分的构件受力不增加，仅满足其自承重即可；当保留部分具备可靠的刚度和强度时，也可合理利用，与新建部分共同工作；新建部分应自成体系，且可承受保留部分传来的荷载。

对于有价值的结构技术需通过技术手段进行判定和甄别，从而对其进行针对地保护和传承。主要判定原则和方法如下：

①具有独创性和开创性的结构技术，如中建西南院设计的成都市城北体育馆项目，采用国内首创的61m直径轮辐式无拉环双层悬索结构（图7-2）。

②反映历史性时代的结构技术，如中建西南院设计的成都东区音乐公园项目，其中保证大量工业建筑中常见的预应力混凝土屋架，槽型预制板等（图7-3）。

图7-2　城北体育馆项目

③具有代表性和系统性的结构技术或工法，如砌体结构及其常见砌筑工法等（图7-4）。

图7-3 东区音乐公园改造工程

图7-4 华西医院行政楼改造工程

7.1.4 既有建筑结构改造加固关键技术

既有建筑结构改造加固可分为方案评估阶段和设计阶段。

方案评估阶段可通过现状调查与检测等技术手段进行既有建筑结构可靠性鉴定和抗震鉴定，依据鉴定结论，并结合城市更新的改造需求，提出合理的结构改造加固方案。方案评估阶段主要关键技术为：既有建筑结构可靠性鉴定、既有建筑结构抗震鉴定和既有建筑结构改造加固方案评估技术。

设计阶段是评估阶段的深化，属于评估阶段的实施者。综合考虑城市更新中主要需求，结构安全性，改造加固经济性和可操作性，提炼出设计阶段主要关键技术。各类既有建筑结构改造加固设计所采用的方法和技术具有较强的通用性，各关键技术及其主要适用范围见表7-5。

设计阶段中主要关键技术及适用范围   表7-5

关键技术	适用范围
结构改造加固常用技术	适用于所有既有建筑结构改造与加固、烂尾楼改造加固。
改变结构体系加固设计技术	适用于既有建筑结构体系不合理；抗震设防烈度提高、抗震设防类别提高，或两种情况同时出现的既有建筑；结构整体变形不满足规范要求的既有建筑；烂尾楼改造加固等。
基于性能化的加固设计方法	适用于大量结构构件构造措施不满足要求的既有建筑、烂尾楼改造加固。
消能减震和隔震技术	适用于抗震设防烈度提高、抗震设防分类提高，或两种情况同时出现的既有建筑；烂尾楼改造加固。
节点加固技术	适用于钢筋混凝土框架结构的梁柱节点、烂尾楼需加固的梁柱节点。
竖向交通改造加固技术	适用于各类加装电梯的既有建筑。
围护结构改造加固技术	适用于历史文脉建（构）筑物修缮和围护结构修缮。

7.2 既有建筑检测与鉴定关键技术

不论基于什么原因的既有建筑改造加固，首先应对既有建筑现状的安全性、适用性和耐久性方面的进行全面的了解，建筑结构可靠性鉴定所提供的就是对这些问题的正确评价。抗震鉴定是通过检查现有建筑的设计、施工质量和现状，在后续约定的一段时期内，按照规定的抗震要求，对其在地震作用下的安全性进行评估。鉴定是改造加固的重要依据。

7.2.1 既有建筑结构可靠性鉴定

1）建筑结构可靠性鉴定流程

在改造加固前，了解既有建筑现状质量和存在问题，为设计提供依据，需要进行以下工作内容：

①查阅建筑设计文件、竣工图纸和修建时间，包括进行过修缮或加固的相关技术资料。

②进行现场查勘，从外观初步判断建筑的质量及安全隐患。检查现状与图纸是否相符，包括进行过修缮或加固的情况。

③按照现行《民用建筑可靠性鉴定标准》GB 50292—2015及《工业建筑可靠性鉴定标准》GB 50144—2019的要求进行可靠性鉴定。可靠性鉴定主要包括安全性鉴定、正常使用性鉴定和耐久性鉴定等。

④鉴定主要流程图如图7-5所示。

2）既有建筑结构检测方法

可靠性鉴定结论的判定基于相关检测数据作出，作为保证数据准确的重要前提，合

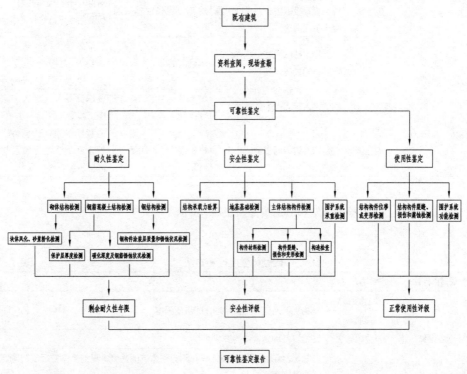

图7-5　既有建筑可靠性鉴定流程图

理的检测方法是评估阶段的关键技术。

主要检测通常包括但不限于以下内容：结构构件外观质量检测、结构构件强度检测、结构构件截面尺寸检测、混凝土结构构件钢筋配置检测、混凝土碳化深度检测、地基基础检测、主体结构垂直度检测等。

下面对各类结构的常用检测方法进行简要介绍：

（1）材料强度的检测方法

①混凝土：主要检测方法和适用条件如表7-6所示。

混凝土强度检测方法　　　　　　　　　　　　表7-6

检测类型	检测方法	检测内容	优点	缺点
非破损检测方法	回弹法	测定混凝土表面硬度，适用于抗压强度10～60MPa的混凝土检测	测试方法简单、快速，测试费用低，对结构无损伤，对构件尺寸无要求	要求混凝土内部无缺陷，同一测点不能重复测试，相对于其他方法，测试精确度偏低
	超声—回弹综合法	采用超声仪和回弹仪，在结构商品混凝土同一测区分别测量声时值和回弹值，推定该测区商品混凝土强度	测试方法也较为简单，对结构无损伤，测试精度较单一的超声法与回弹法准确	试件尺寸受超声波穿透距离的限制
微破损检测方法	拔出法	通过拉拔安装在混凝土中锚固件，测定极限拉拔力，推定混凝土抗压强度	精确度较高，操作方法和过程较钻芯法简单	对结构有一定的损伤，检测后需进行修补
	钻芯法	从结构中钻取混凝土芯样，测定芯样的抗压强度	精确度最高	仪器笨重，操作复杂，对结构的损伤程度较大，检测后需进行修补
	后锚固法	测定植入锚固件的拔出力	微破损，精度高，操作简便	要求商品混凝土表层与内部质量一致
	剪压法	测定构件边缘局部承压力	微破损，操作简便	只能检测直角边构件，要求商品混凝土表层与内部质量一致

②砖砌体：主要检测方法和适用条件如表7-7所示。

砖砌体强度检测方法　　　　　　　　　　　　表7-7

适用材料	检测方法	用途
砌体整体	原位轴压法	检测普通砖和多孔砖砌体的抗压强度
	扁顶法	
	原位单剪法	检测各种砖砌体的抗剪强度
	原位单砖双剪法	检测烧结普通砖和烧结多孔砖的砌体抗剪强度，其他墙体应经试验确定有关换算系数

适用材料	检测方法	用途
块材	取样法	检测普通块材的抗压强度
	回弹法	
砂浆	砂浆回弹法	检测烧结普通砖和烧结多孔砖墙体中的砂浆强度
	推出法	检测烧结普通砖、烧结多孔砖和蒸压灰砂砖墙体的砂浆强度
	筒压法	检测烧结普通砖和烧结多孔砖墙体中的砂浆强度
	砂浆片剪切法	检测烧结普通砖墙体中的砂浆强度
	点荷法	检测烧结普通砖和烧结多孔砖墙体中的砂浆强度
	射钉法	推定砌筑砂浆抗压强度

③钢材：主要检测方法和适用条件如表7-8所示。

钢结构强度检测方法 表7-8

检测方法	优点	缺点
里氏硬度法	对设备仪器依赖性较低	检测范围有一定的局限性，且精确性一般
维氏硬度法	精确度高，适用于一些高层建筑及大跨度钢框架建筑	由于会在钢材上留下划痕，因此不适用于建筑中应力集中的钢构件
化学分析法	检测精度较高	无法完成现场检测且检测周期较长，效率相对最低
光谱分析法	效率最高，基本40~60s完成一次检测	实验设备要求较高，成本较大

④木结构：主要强度检测方法为拔钉法、微钻阻力法、取样法。

⑤连接强度：对于钢材焊缝采用取样、超声波、X射线透射、γ射线透射等方法；对于化学植筋采用抗拔承载力拔出检测。

（2）缺陷与损伤的检测方法

①混凝土结构：外观质量(如蜂窝麻面、裂缝、露筋等)可通过目测和尺量、超声等方法检测；损伤可通过超声、剔凿、取样等方法进行。

②砌体结构：砌筑质量可通过目测法进行；损伤可通过超声、尺量等方法进行。

③钢结构：包括外观质量、损伤(局部变形、裂纹、锈蚀等)。钢结构局部变形可采用观察法、尺量法；裂纹可采用观察法、投射法检测，锈蚀可采用电位差法等。

④木结构：损伤（对于方木和圆木，如斜纹、扭纹、木节、裂缝等；对于胶合木结构，尚有翘曲、扭曲等）。可采用目测、探针、尺量和靠尺等进行检测。

（3）耐久性检测

结构耐久性检测，应根据结构材料种类以及不同环境条件，分别对相应项目进行现场调查与检测，具体如表7-9所示。

结构耐久性检测方法　　　　　　　　　　　　　　　　　　表7-9

结构类型	主要检测项目	检测方法	评估条件
混凝土结构	结构所处环境温度和湿度	温度与湿度传感器	在使用年限内严格不允许出现锈胀裂缝的钢筋混凝土结构、以钢丝或钢绞线配筋的重要预应力构件，应将钢筋、钢丝或钢绞线开始锈蚀的时间作为耐久性失效的时间[108]；一般结构宜以混凝土保护层锈胀开裂的时间作为耐久性失效的时间[108]；冻融环境下可将混凝土表面出现轻微剥落的时间作为耐久性失效的时间[108]。
	混凝土强度等级	回弹法、综合法、钻芯法、拉拔法等	
	混凝土保护层厚度	局部破损法、电磁感应法	
	混凝土碳化深度	碳化深度测量仪（酚酞）	
	临海大气氯离子含量、混凝土表面氯离子浓度及沿构件深度的分布	络酸钾法、电位滴定法、Cl-选择性电极法	
钢结构	涂装防护层的质量状况	涂层测厚仪	根据钢结构构件涂装防护层质量以及锈蚀损伤状况进行耐久性等级评定（a_d,b_d,c_d），进而评估其剩余耐久年限。
	锈蚀或腐蚀损伤状况	表观检查法、超声波检测法	
砌体结构	结构所处环境温度、湿度（历年平均值）	温度与湿度传感器	根据块体和砂浆的强度检测结果，判定结构构件的强度等级，从而按规定评估其剩余耐久年限；根据砌体结构构件中钢筋的锈蚀状况以及保护层厚度（钢筋表面至构件外边缘的距离）的检测结果，从而按规定评估其耐久年限。
	块体与砂浆强度	回弹法、剪切法等	
	砌体构件中钢筋的保护层厚度和钢筋锈蚀状况	电磁感应法、超声波检测法	
	近海大气氯离子含量、混凝土或砂浆表面氯离子浓度	络酸钾法、电位滴定法、Cl-选择性电极法	
木结构	木材强度等级	弦向抗弯强度检测法	根据构件强度、损伤等级确定残损等级和处理要求。
	含水率	电测法、烘干法	
	变形	全站仪或拉线法	
	木构件裂缝和胶合木构件脱胶开裂	探针、塞尺、钢尺量测法	
	木材腐朽、虫蛀、碳化状况	气味辨别、目测（外部状况）、敲击辨声（内部状况）、应力波或阻抗仪无损检测	
	白蚁危害	观测蚁路和白蚁活动的外露现象	
	钢构件及金属连接件锈蚀、变形或残缺	观察、量测	

（4）其他检测

一般应进行变形(倾斜、挠度)、尺寸偏差、构造等检测。

3）既有建筑结构可靠性鉴定要素

可靠性鉴定主要包括结构安全性鉴定、使用性鉴定及耐久性鉴定。可靠性鉴定以构件作为主要对象，以构件的可靠性等级判定结构的可靠性等级。

①根据结构体系划分，构件安全性鉴定要素如表7-10。

构件安全性鉴定要素 表7-10

结构体系	安全性鉴定要素
混凝土结构	承载能力、构造、不适于承载的位移（或变形）、裂缝或其他损伤
钢结构	承载能力、构造、不适于承载的位移（或变形）
砌体结构	承载能力、构造、不适于承载的位移（或变形）、裂缝或其他损伤
木结构	承载能力、构造、不适于承载的位移（或变形）、裂缝、危险性腐朽和虫蛀

②根据结构体系来划分，构件使用性鉴定要素如表7-11。

构件使用性鉴定要素 表7-11

结构体系	安全性鉴定要素
混凝土结构	位移（或变形）、裂缝、缺陷和损伤
钢结构	位移（或变形）、缺陷和锈蚀（或腐蚀）
砌体结构	位移、非受力裂缝和腐蚀
木结构	位移、干缩裂缝和初期腐蚀

③地基基础安全性鉴定要素：包括地基承载力、地基变形和边坡稳定性等。

④根据结构体系来划分，耐久性鉴定要素如表7-12。

耐久性鉴定要求 表7-12

结构体系	耐久性鉴定要素
混凝土结构	抗冻性能、抗渗性能、抗硫酸盐侵蚀性能、抗氯离子渗透性能、抗碳化性能、早期抗裂性能等
钢结构	第一个层面为防腐涂装层质量，失光、变色、粉化、龟裂、鼓泡、锈斑、穿孔等；第二个层面为钢结构本身的耐久性损伤，锈蚀、疲劳、磨损、含有害元素以及钢材在长期高温、低温与荷载作用下的强度、塑形、韧性等各方面性能的改变等
砌体结构	砌体中块体与砂浆的色泽、风化、剥蚀、裂缝、冻融情况进行检查，同时墙体材料的水渗性降低材料强度，使材料疏松、体积膨胀
木结构	木材的防腐、防潮、防虫、防火、密实性及含水率等

4）既有建筑结构可靠性鉴定评级

既有建筑结构可靠性鉴定评级应根据安全性鉴定、使用性鉴定和耐久性鉴定的结果进行综合判定。民用建筑和工业建筑可靠性鉴定评级的层次、等级划分、工作步骤和内容见表7-13和表7-14。根据实际需求，可只进行到某一级评级，而不进行全部三个层次的评级。

民用建筑可靠性鉴定评级的层次、等级划分、工作步骤和内容[108] 表7-13

层次		一	二		三
层名		构件	子单元		鉴定单元
安全性鉴定	等级	a_u、b_u、c_u、d_u	A_u、B_u、C_u、D_u		A_{su}、B_{su}、C_{su}、D_{su}
	地基基础	—	地基变形评级	地基基础评级	鉴定单元安全性评级
		按同类材料构件各检查项目评定单个基础等级	边坡场地稳定性评级		
			地基承载力评级		
	上部承重结构	按承载能力、构造、不适于承载力的位移或损伤等检查项目评定单个构件等级	每种构件集评级	上部承重结构评级	
			结构侧向位移评级		
		—	按结构布置、支撑、圈梁、结构间联系等检查项目评定结构整体性等级		
	围护系统承重部分	按上部承重结构检查项目及步骤评定围护系统承重部分各层次安全性等级			
使用性鉴定	等级	a_s、b_s、c_s	A_s、B_s、C_s		A_{ss}、B_{ss}、C_{ss}
	地基基础	—	按上部承重结构和围护系统工作状态评估地基基础等级		鉴定单元正常使用性评级
	上部承重结构	按位移、裂缝、风化、锈蚀等检查项目评定单个构件等级 结构侧向位移评级	每种构件集评级	上部承重结构评级	
	围护系统功能	—	按屋面防水、吊顶、墙、门窗、地下防水及其他防护设施等检查项目评定围护系统功能等级	围护系统评级	
		按上部承重结构检查项目及步骤评定围护系统承重部分各层次使用性等级			
可靠性鉴定	等级	a、b、c、d	A、B、C、D		Ⅰ、Ⅱ、Ⅲ、Ⅳ
	地基基础	以同层次安全性和正常使用性评定结果并列表达，或按相关标准规定的原则确定其可靠性等级			鉴定单元可靠性评级
	上部承重结构				
	围护系统				

表7-14

工业建筑可靠性鉴定评级的层次、等级划分、工作步骤和内容[109]

层次	Ⅰ		Ⅱ			Ⅲ
层名	鉴定单元		结构系统			构件
可靠性鉴定	可靠性等级	一、二三、四	等级	A、B、C、D		a、b、c、d
	建筑物整体或某一区段		安全性评定	地基基础	地基变形、斜坡稳定性	—
					承载力	—
				上部承重结构	整体性	—
					承载功能	承载能力构造和连接
				围护结构	承载功能、构造连接	—
			正常使用性评定	等级	A、B、C	a、b、c
				地基基础	影响上部结构正常使用的地基变形	—
				上部承重结构	使用状况	变形、裂缝、缺陷与损伤、腐蚀
					水平位移	—
				围护系统	功能与状况	—

从表7-13和表7-14可看出，民用建筑和工业建筑的可靠性评定方法基本一致。民用建筑和工业建筑可靠性鉴定各层次评定原则和主要内容详见相关规范要求。

剩余耐久年限直接反映结构的耐久性等级，应根据现行国家标准《民用建筑可靠性鉴定标准》GB 50292—2015的相关规定对结构剩余耐久年限进行评估。剩余耐久年限应为评估的耐久年限扣除已使用年限。

对于既有建筑子单元或鉴定单元适修性评定的分级标准，应按表7-15的规定采用。

既有建筑子单元或鉴定单元适修性评定的分级标准

表7-15

等级	分级标准
A_r	易修，修后功能可达到现行设计标准的规定；所需总费用远低于新建的造价；适修性好，应予修复
B_r	稍难修，但修后尚能恢复或接近恢复原功能；所需总费用不到新建造价的70%；适修性尚好，宜予修复
C_r	难修，修后需降低使用功能，或限制使用条件，或所需总费用为新建造价70%以上；适修性差，是否有保留价值，取决于其重要性和使用要求
D_r	该鉴定对象已严重残损，或修后功能极差，已无利用价值，或所需总费用接近甚至超过新建造价，适修性很差；除文物、历史、艺术及纪念性建筑外，宜予拆除重建

7.2.2 既有建筑结构抗震鉴定

既有建筑结构抗震鉴定和加固设计所采用的抗震设防烈度、设计基本地震加速度和设计地震分组，一般情况下按照中国地震动参数区划图或现行国家标准《建筑抗震设计规范》GB 50011—2010进行采用。

1）既有建筑后续工作年限

抗震鉴定前应先确定既有建筑后续工作年限。既有建筑需要根据实际情况确定合理的后续工作年限。根据现行国家标准《既有建筑鉴定与加固通用规范》GB 55021—2021和《建筑抗震鉴定标准》GB 50023—2009，既有建筑后续工作年限不应低于剩余设计工作年限[110]，具体规定如下：

①20世纪70年代及以前建造经耐久性鉴定可继续使用的既有建筑，其后续工作年限不应少于30年；

②20世纪80年代建造的既有建筑，宜采用40年或更长，且不得少于30年；

③20世纪90年代（按当时施行的抗震设计规范系列设计）建造的既有建筑，后续工作年限不宜少于40年，条件许可时应采用50年；

④2001年以后（按当时施行的抗震设计规范系列设计）建造的既有建筑，后续工作年限宜采用50年，当限于技术条件，难以按现行标准执行时，允许调低其后续工作年限，但不应低于剩余设计工作年限。

2）建筑结构抗震鉴定流程

既有建筑抗震鉴定应基于建筑后续工作年限、建筑功能和使用环境改变后的结构体系进行。主要对结构体系在抗震作用和抗震构造等方面进行判定，这是与既有建筑可靠性鉴定的根本区别。抗震鉴定主要流程如图7-6所示。

3）基于不同后续工作年限的建筑抗震鉴定方法

我国城市中存在大量21世纪以前的既有建筑，考虑到当时经济、技术条件的具体情况，抗震鉴定的设防目标明确为后续工作年限内与现行国家标准《建筑抗震设计规范》GB 50011—2010具有相同概率保证。故建筑抗震鉴定方法应依据不同的后续工作年限采用与之相匹配的鉴定方法，具体要求见现行国家标准《既有建筑鉴定与加固通用规范》GB 55021—2021和《建筑抗震鉴定标准》GB 50023—2009。

既有建筑抗震鉴定分为两级。第一级鉴定为以宏观控制和构造鉴定为主的综合评价；第二级鉴定为以抗震能力验算为主，并结合构造影响的综合评价。

（1）第一级鉴定的宏观控制要素：①建筑的质量、刚度分布和墙柱等抗侧力构件的

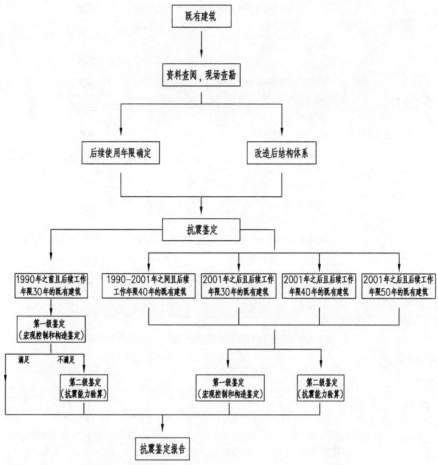

图7-6 既有建筑抗震鉴定流程图

布置不宜存在明显的不对称；②结构体系应尽量避免特别不规则的建筑，对于结构竖向构件不连续或侧向刚度岩高度分布突变时，应找出薄弱部位并按相应的要求鉴定；③建筑的高度和层数是否满足《建筑抗震鉴定标准》GB 50023—2009中最大限制要求。

（2）第一级鉴定的构造鉴定要求主要基于建筑后续工作年限而定，构造鉴定要求随着后续工作年限的增加而提高。根据既有建筑主要结构类型，构造鉴定主要内容如表7-16所示：

（3）第二级鉴定以抗震能力验算为主，抗震验算方法主要为抗震设计规范验算法或综合抗震能力验算法。其中，抗震设计规范验算法为结构抗震能力验算的通用方法，适用所有结构体系；综合抗震能力验算法为结构抗震能力验算的简化方法，仅适用于房屋的质量和刚度分布较均匀的结构体系，2001年之后的既有建筑抗震验算不能采用此方法。对于2001年之前的既有建筑的抗震能力验算方法，可按表7-17选取。

不同结构类型的构造鉴定主要内容　　　　　表7-16

结构类型	构件鉴定主要内容
多层砌体结构	房屋层数和高度； 高宽比、横墙间距、材料强度等； 墙体、墙与楼盖屋盖连接、圈梁等设置； 墙体局部尺寸、楼梯间、女儿墙等设置。
多高层混凝土结构	房屋高度； 梁、柱、墙配筋构造； 砌体结构与框架相连处的构造、填充墙连接构造。
钢筋混凝土厂房	天窗架、屋架、排架柱形成； 屋面支撑、柱间支撑构造； 排架柱配筋和结构构件连接； 围护墙、隔墙的连接。
木结构	受力构件的变形、歪扭、腐朽、蚁蚀、裂缝和弊病； 木构件的节点连接； 木构架的布置、构造、截面尺寸、支承长度及垂直度； 木柱脚与墩的连接，柱间、屋架间的支撑； 墙体完整性、垂直度。

基于建筑后续工作年限的建筑抗震能力验算方法　　　　　表7-17

建筑类型 ＼ 抗震能力验算方法	抗震设计规范验算法	综合抗震能力验算法
1990年之前且后续工作年限30年的既有建筑	验算公式：$S \leq R/\gamma_{Ra}$。 参照《建筑抗震设计规范》GB 50011—2010相关要求进行验算，并考虑承载力抗震调整系数折减，并计入构造影响。各类结构材料强度的设计指标按《建筑抗震鉴定标准》GB 50023—2009采用。	多层砌体房屋的验算公式： $\beta_{ci} = \psi_1 \psi_2 A_i / (A_{bi} \xi_{0i} \lambda) \geq 1.0$。 多层钢筋混凝土房屋的验算公式： $\beta = \psi_1 \psi_2 \xi_y \geq 1.0$。
1990—2001年之间且后续工作年限40年的既有建筑		依据《既有建筑鉴定与加固通用规范》GB 55021—2021和《建筑抗震鉴定标准》GB 50023—2009，将抗震构造对结构抗震承载力的影响用具体数据量化，计算简化，可操作性强。

注：1. 表中γ_{Ra}-抗震鉴定的承载力调整系数，一般情况下，可按现行国家标准《建筑抗震设计规范》的承载力抗震调整系数值采用，1990年之前且后续工作年限30年的既有建筑抗震鉴定时，钢筋混凝土构件应按现行国家标准《建筑抗震设计规范》的承载力抗震调整系数值的0.85倍采用。1990—2001年之间且后续工作年限40年的既有建筑抗震鉴定时，主要抗侧力构件可按现行国家《建筑抗震设计规范》的承载力抗震调整系数值的0.95倍采用，次要抗侧力构件可按现行国家《建筑抗震设计规范》的承载力抗震调整系数值的0.90倍采用。

（4）对于2001年以后（按当时施行的抗震设计规范系列设计）建造的既有建筑已投入使用10~20年，期间设计标准进行多次修订，地震作用和抗震措施等方面都有较大的提高，应允许采用折减的地震作用进行抗震承载力和变形验算，应允许采用现行标准调低的要求进行抗震措施的核查，但不应低于原建造时的抗震设计要求；当限于技术条件，难以按现行标准执行时，允许调低其后续工作年限，其后续工作年限不应少于30年，且不少于剩余设计工作年限[110]。

采用现行规范规定的方法进行结构抗震承载力验算时，对于后续工作年限30年的既有建筑，其水平地震影响系数最大值可取现行标准相应值的0.80倍，或承载力抗震调整系数不低于现行标准相应值的0.85倍；对于后续工作年限40年的既有建筑，其水平地震影响系数最大值可取现行标准相应值的0.90倍。同时，上述参数不应低于原建造时抗震设计要求的相应值[110]。构件的组合内力设计值应允许采用现行标准调低的要求进行调整，但不应低于原建造时抗震设计要求的相应值。

（5）建筑抗震鉴定综合评价应充分结合抗震承载力要求和抗震构造要求，以保证既有建筑具有足够的承载能力和变形能力。对于不同后续工作年限的建筑抗震鉴定内容可参照表7-18确定，对不符合鉴定要求的建筑，根据其不符合要求的程度、部位对结构整体抗震性能影响的大小，以及有关的非抗震缺陷等实际情况，结合使用要求、城市规划和加固难易等因素的分析，提出相应的维修、加固、改变用途或更新等抗震减灾对策[111]。

基于建筑后续工作年限的建筑抗震鉴定内容   表7-18

建筑类型	抗震鉴定内容
1990年之前且后续工作年限30年的既有建筑）	1. 当符合第一级鉴定各项要求时，可评为满足抗震鉴定要求； 2. 当不符合第一级鉴定各项要求时，应进行二级鉴定，综合考虑构造影响系数，判断是否满足要求； 3. 对抗震鉴定不满足要求的建筑提出相应处理意见和加固措施。
1990—2001年之间且后续工作年限40年的既有建筑	1. 应完成两级鉴定； 2. 当抗震措施不满足鉴定要求而抗震承载力较高时，可通过构造影响系数进行综合抗震能力评价是否满足要求； 3. 当抗震措施鉴定满足要求时，主要抗侧力构件的抗震承载力不低于规定的95%、次要抗侧力构件的抗震承载力不低于规定的90%时，可不要求进行加固处理； 4. 对抗震鉴定不满足要求的建筑提出相应处理意见和加固措施。
2001年之后且后续工作年限30~50年的既有建筑	1. 后续工作年限50年的既有建筑按现行标准的相关要求进行鉴定； 2. 后续工作年限小于50年的既有建筑按《既有建筑鉴定与加固通用规范》GB 55021—2021进行鉴定； 3. 对抗震鉴定不满足要求的建筑提出相应处理意见和加固措施。

7.3 既有建筑结构改造加固方案评估关键技术

城市更新中既有建筑加固方案应根据鉴定结果和改造后的目标要求，对结构进行初步整体分析，评估结构和各个构件的承载能力和变形能力。对严重残损，或修后功能极差，已无利用价值的结构构件予以拆除；对需加固的结构构件提出安全、合理、经济、可行的改造加固方案。

（1）确定合理的后续使用年限，不同的使用年限分别有不同的抗震承载力和抗震构造要求，对于不同年代建造的建筑，应根据实际需求和可能进行充分论证，避免存在安全隐患以及造成不必要的浪费。

（2）改造加固设计前，应查阅原设计文件，对其结构、各个构件的承载能力和变形能力有充分了解；查询房屋的使用情况以及结构的施工质量。

（3）重视现场的反复踏勘，充分了解既有建筑的实际状况，收集现场详尽资料，核对设计文件、鉴定结果与实际建筑情况是否相符，若原有设计文件缺失或不符时，应进行相关的测绘、检测和鉴定。

（4）根据改造后的使用功能、平面和空间布置，确定相应的抗震设防类别。根据当前的设防烈度对结构进行整体分析，将其计算结果与原设计进行对比，查找出不满足要求的各项性能指标、构件以及节点部位等，计算出差值大小，并对不满足要求构件的重要性进行判定，这些对后续加固方案的选择、加固方法的确定至关重要。

上述分析是找到"症结"所在以及判断严重程度，由此"对症下药"，选择最优的改造加固设计方案的办法。改造加固方案应安全、合理、实用、经济，力求技术可靠、施工简便，鼓励采用新技术、新材料。确定改造加固方案可遵循以下几条原则：

（1）在保证安全性和耐久性的前提下，尽量保留、利用原有的结构和构件，避免不必要的拆改。

（2）优先考虑通过减小使用荷载、改变使用环境和用途，从而达到不加固或少加固。在保证结构安全的前提下，可通过改变结构传力路径、合理利用结构、构件的安全冗余度，实现集中加固，减小结构与构件的加固工作面。

（3）当原结构体系明显不合理时，可采用改变结构体系的方法，如将原框架结构改变为框架—剪力墙结构，既增加结构的二道防线，又减少原框架的加固量和施工难度，但此时应考虑结构的应力滞后效应。

当采用框架结构的丙类建筑需改为乙类时，一般可通过新增抗震墙改为框剪结构进行加固。当原砌体结构超高或超层时，新增板墙改变为剪力墙结构体系进行加固。

（4）当采用性能化设计方法时，可根据实际需要和可能，分别选定针对整个结构、结构的局部部位或关键部位、结构的关键构件、重要构件、次要构件等的性能水准，选取对应的构造抗震等级。

（5）当抗震加固量较大时，可采用消能减震技术，即通过在结构中设置阻尼器，消耗输入结构的地震能量，减少结构的地震反应，有效提高结构的整体抗震性能，从而达到预期的抗震目标，实现少加固或不加固。既有建筑改造加固常常会碰到抗震设防要求提高的三种情况：第一种是在设计使用年限内设防烈度不变，但抗震设防类别提高了；

第二种是抗震设防类别未变，所在地的设防烈度提高了；第三种是设防类别和设防烈度都提高。这三种情况往往会造成既有建筑加固工作量大面广，实操性差。此时，可采用消能减震技术。

（6）因耐久性、变形等原因造成的结构损坏，可与抗震加固统一综合考虑。

（7）加固或新增构件的布置，均应考虑整个结构产生扭转效应的可能，避免局部加强导致结构刚度、强度突变以及薄弱层的形成，应进行统一的整体布局。

（8）宜选择或置换轻质材料，控制上部荷载，减少对地基基础的加固量。地基承载力稍有不足时，可考虑地基长期压密后承载力提高效应，同时采取加强上部结构刚度抵抗不均匀沉降能力等措施。

（9）新增构件与原有构件之间应有恰当连接，构造合理，保证协同受力。

（10）对风貌改造有要求时，应遵循"修旧如旧"的原则。

（11）充分考虑施工环境条件，保证加固的可行性和有效性。

7.4 既有建筑主体结构改造加固设计关键技术

7.4.1 设计主要原则和方法

结构改造加固设计应从安全性、耐久性、生态化、绿色节能等多方面因素考虑，旨在提高结构构件的承载能力和变形能力，避免形成新的薄弱部位，并应遵循适用、安全、合理、经济等原则进行结构改造加固设计。结构改造加固设计的主要原则如下：

（1）适用性

结构改造加固设计应以鉴定结论和改造后的使用要求为依据。明确结构改造加固后的用途和使用环境，满足改造后的建筑对使用功能和实际使用环境的要求。

（2）安全性

设计在对构件、节点加固的同时，应注重结构整体性能的保障和提升。对因温度、湿度、腐蚀、振动、地基变形等影响因素引起的结构损坏，应从源头上消除或限制其有害作用，并合理安排好治理和加固工作的顺序，保证加固后结构的安全和正常使用。设计应制定结构的定期检查与维护制度。

（3）合理性

加固设计应与建筑功能改善、绿色环保改造相结合，实现品质提升；加固设计应与实际加固施工方法紧密结合，便于施工。

（4）经济性

尽量保留原有结构和构件，避免过量拆除；根据功能需求，优先考虑减小使用荷载，减少加固量；充分利用结构和构件的实际承载力，通过优化结构传力途径等方法，力求采用集中加固，减小加固范围。

改造加固设计时，除对结构和构件进行承载力需求的修复加固外，还应重视结构的整体稳固性和抗震能力的提升，如建立多道抗震防线、保持并改善结构的水平和竖向规则性等，防止因改造加固造成新的不规则或形成新的软弱层、薄弱层。加固后的构件承载力需符合强剪弱弯、强柱弱梁、强节点弱构件的要求。

结构改造加固设计方法的选用，应根据实际加固需求（结构现状与对结构后续使用期望之间的差距）、加固的有效性和可操作性而定。结构改造加固设计方法和其对应的技术如表7-19所示。

结构改造加固设计方法和技术 表7-19

改造加固方法	改造加固技术	加固需求	备注
直接加固法	增大截面法	承载力不足	采用与原结构相似的材料
	置换法	耐久性不足 承载力不足	采用与原结构相同的材料
	复合材料法（如外包型钢法、粘贴钢板法、粘贴碳纤维复合材法等）	耐久性不足 承载力不足	采用与原结构不同的材料
间接加固法	体外预应力法	承载力不足	采用预应力钢丝、钢绞线等
	增设支点法	承载力不足	
	增设耗能支撑法（消能减震技术）	承载力不足 抗震性能不足	可采用位移型、速度型、复合型消能器
	增设隔震支座法（隔震技术）	承载力不足 抗震性能不足	
	增设抗震墙法	承载力不足 抗震性能不足	常用于将框架结构改为框架—抗震墙结构
	增设支撑法	承载力不足 抗震性能不足	常用于将框架结构改为框架—支撑结构
	增设结构主体	建筑外观保护 使用功能变化大	常用于内部新建主体结构，建筑外表皮依附于新结构

结构改造加固设计时，直接和间接加固法宜结合考虑，多种加固技术可综合应用。

7.4.2 改造加固常用技术的应用

表7-19中"直接加固法"为改造加固设计采用的常见方法，其对应的技术为改造加固设计的常用技术。各类结构体系中常用的改造加固设计常用技术如下[112]：

1）砌体结构

（1）墙体承载力不足时，可采用钢筋混凝土面层加固法、钢筋网水泥砂浆面层加固法；砖柱承载力不足时，可采用围套加固法、外包型钢加固法。

（2）圈梁—构造柱体系不完善时，可增设外加构造柱及圈梁，圈梁应闭合。

（3）窗间墙宽度不满足或窗间墙高宽比较大时，可采用增设混凝土窗框法、钢筋网砂浆面层法。

（4）支承大梁的墙段构造尺寸、承载力不满足要求时，可采用组合柱钢筋网砂浆面层法、新增板墙加固法或增设梁垫法。

（5）女儿墙超过适用高度时，可采用拆除法、增设型钢支撑件法。

（6）砌体墙体裂缝，可采用填缝法、压力灌浆法、外加网片法加固；开裂严重时可采用置换法。

（7）对外立面历史风貌保留有要求的建筑且外立面砌体材料强度不满足要求时可在外立面内侧另设受力体系或面层法进行加固。

2）钢筋混凝土结构

（1）框架柱轴压比不足时，可采用增大截面法。

（2）钢筋混凝土抗震墙配筋不足时，可加厚原有墙体或增设端柱、墙体等。

（3）房屋刚度较弱、明显不均匀或有明显的扭转效应时，可增设钢筋混凝土抗震墙或翼墙，也可设置支撑加固。

（4）当混凝土梁板承载力不足时，可采用增大截面法、粘贴钢板法、粘贴纤维复合材料法、钢丝绳网—聚合物改性水泥砂浆面层法等。

（5）楼盖结构为预制板时，当支承长度不满足要求时，可通过增设角钢等方式增加预制板支承长度进行抗震加固。

（6）预制楼盖的水平刚度不满足传递水平力要求时，可通过新增面层法或板下另设水平钢支撑法。

（7）钢筋混凝土构件有局部损伤时，可采用细石混凝土修复；出现裂缝时，可灌注水泥基灌浆料等补强。

（8）当采取增大截面加固法时，新增截面厚度较小时宜采用灌浆料或细石混凝土；当原混凝土强度远低于设计要求时，宜采用置换混凝土法。采用粘贴纤维复合材或粘贴钢板进行抗弯加固时，抗弯承载力提高不应超过40%，且不适用于潮湿环境。

3）钢结构

（1）梁、柱、支撑承载力不满足要求时，可采用增大截面法。

（2）出现扩展性或脆断倾向性裂纹损伤时，根据裂纹开展情况，可采用焊缝修补法、嵌板修补法、附加盖板修补法。

（3）钢屋架承载力不满足要求时，可采用增大截面法、增设普通杆件或预应力杆件改善截面内力分布法。

4）木结构

（1）修复或更换承重构件的木材，其材质宜与原件相同或相近。

（2）对木构件的干缩裂缝，可根据裂缝宽度采用嵌填腻子、木条、开裂段加设铁箍或纤维复合材箍的方法；对受力裂缝或处于关键受力部位的干缩裂缝，应根据具体情况采取加固措施，或更换新构件。

（3）对腐朽、虫蛀等危害，可视危害程度采用刮除表面腐朽部分并做防腐处理、切除腐朽段后用新木构件或其他材料构件代替的方法。

7.4.3 改变结构体系加固设计技术

当存在以下情况时：建筑结构刚度弱，多遇地震下的弹性变形大于容许变形值；建筑高度超过《建筑抗震鉴定标准》GB 50023—2009规定高度；当地设防烈度提高、抗震设防类别提高、或两种情况同时出现时，造成建筑结构的整体抗震能力不足。

若采用常规加固方法会造成大面积的结构构件需要加固，改造加固可行性差。此类既有建筑可采用改变结构体系加固设计技术进行改造加固设计，从结构体系入手，改善并优化既有建筑的结构传力途径和受力模式，可有效提高结构抗震性能，并将量大分散的加固方式改为少量集中的加固方式。

1）设计方法

改变结构体系加固设计应以整栋建筑（结构单体）作为实施对象，根据鉴定报告的结论，并结合改造后的建筑功能需求，合理增设结构构件（如剪力墙，支撑等），以避免局部加强导致结构刚度、强度突变以及薄弱层的形成。新增结构构件为原结构建立二道防线，提高结构抗震能力的同时，又减少原结构的加固量和施工难度。基于结构构件为后加构件，此类加固设计方法应考虑结构的应力滞后效应。

改变结构体系加固设计应进行整体抗震验算。新增构件与原有构件之间应有可靠连接；新增的抗震墙、柱等竖向构件应设置可靠的基础。

常见的改变结构体系加固设计技术主要运用在下列既有建筑中：①混凝土框架结构改变成为框架—抗震墙结构；②混凝土框架结构改变成为钢支撑—混凝土框架结构；③

钢框架结构改变成为钢框架—支撑结构;④内框架砖房结构改变成为混凝土框架结构。

2)工程应用

例如四川省展览馆改造项目[113]

四川省展览馆位于市中心的天府广场,建成时间1969年10月。原建筑南厅(五层,高度38m),北厅(四层,高度30.75m),东厅及西厅(四层,高度 30.75m)等,各厅之间设缝。原建筑采用预制装配式钢筋混凝土框架结构体系,框架柱通过预埋角钢焊接连接;楼屋面采用大跨度预制混凝土带肋板;基础采用打入式预制管桩基础。

原展览馆设计于1968年,远早于我国第一本建筑抗震设计规范《工业与民用建筑抗震设计规范(试行)》TJ11—74)的实施时间,结构未考虑抗震设防。

2004年对该建筑进行改造,改造后功能为"四川省科技馆"。改造原则是尽量保护和充分利用原有建筑,外立面保持原状,减少改造工作量,节省改造费用。建筑改造内容是为满足新功能要求而重塑建筑空间,增设消防暖通设备,增设疏散用楼、电梯间;增设设备用夹层;增设内院走廊。

经验算,该建筑几乎全数构件均需要进行抗震加固,加固量极大,且施工将会破坏原立面风格。通过多项技术和经济综合对比,最终确定加固方案为:通过新增抗震墙将框架结构改为框剪结构,新增抗震墙结合新增楼电梯间进行布置。

针对原预制楼板楼盖整体性不足的问题,通过在板下另设水平钢支撑,加强楼面整体性;新增水平钢支撑一端与柱连接、一端与新增剪力墙连接,确保地震水平力的有效传递。新增外走廊采用现浇楼板,进一步提高结构楼面刚度。同时对框架柱也进行抗震加固。

采用改变结构体系的方式,新增的剪力墙可承担大部分的地震荷载,因此可明显减少对原有结构的加固工程量(图7-7)。

该工程经加固后实现了预期效果,立面风貌保持不变,整体功能及抗震性能均得到了明显提升(图7-8、图7-9)。

该加固方法的重点和难点在于增设剪力墙定位选择和墙长尺度的把握,实施难度在于相应基础的加固和剪力墙与既有构件的节点处理。

新增剪力墙的基础,与原有基础连成整体,考虑到新旧基础的协调变形,基础的差异沉降的不利影响,近似将新剪力墙基础的地基承载力乘以系数0.8~0.9予以降低。

剪力墙与周边结构普通采用植筋方式进行连接,为减少植筋钻孔量,避免对原框架梁柱截面造成过大损伤,也可采用等代连接筋。新增剪力墙的常用节点大样[112]如图7-10所示:

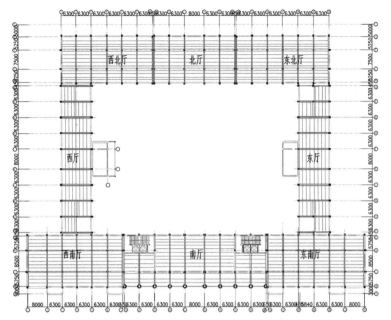

图7-7　既有建筑结构平面布置图

图7-8　改造前的四川省展览馆

图7-9　改造后的四川省展览馆

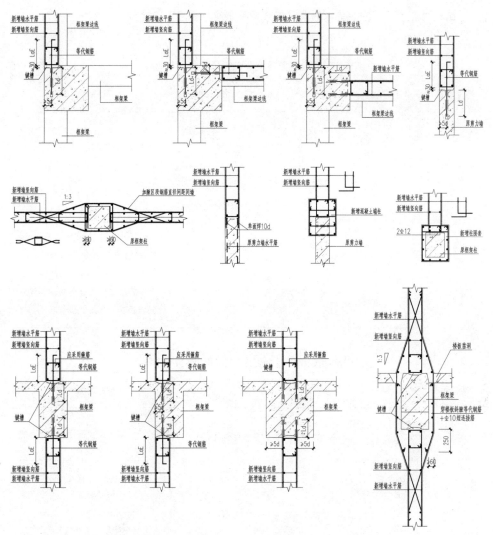

图7-10　新增剪力墙与既有结构连接的构造做法

7.4.4 基于性能化的加固设计方法

既有建筑构造加固实施较为困难，且加固量大而分散，采用基于性能化的加固设计方法，可减少或避免构造加固。

1）设计方法

参照我国现行国家标准《建筑抗震设计规范》对结构性能化要求，结构构件对应于不同性能要求的承载力参考指标如表7-20所示。

结构对应于不同性能要求的层间位移角参考指标如表7-21所示。

结构构件实现抗震性能要求的承载力参考指标　　　表7-20

性能要求	多遇地震	设防地震	罕遇地震
性能1	完好，按常规设计	完好，承载力按抗震等级调整地震效应的设计值复核	基本完好，承载力按不计抗震等级调整地震效应的设计值复核
性能2	完好，按常规设计	基本完好，承载力按不计抗震等级调整地震效应的设计值复核	轻~中等破坏，承载力按极限值复核
性能3	完好，按常规设计	轻微损坏，承载力按标准值复核	中等破坏，承载力达到极限值后能维持稳定，降低少于5%
性能4	完好，按常规设计	轻~中等破坏，承载力按极限值复核	不严重破坏，承载力达到极限值后基本维持稳定，降低少于10%

结构构件实现抗震性能要求的层间位移参考指标　　　表7-21

性能要求	多遇地震	设防地震	罕遇地震
性能1	完好，变形远小于弹性位移限值	完好，变形小于弹性位移限值	基本完好，变形略大于弹性位移限值
性能2	完好，变形远小于弹性位移限值	基本完好，变形略大于弹性位移限值	有轻微塑性变形，变形小于2倍弹性位移限值
性能3	完好，变形明显小于弹性位移限值	轻微损坏，变形小于2倍弹性位移限值	有明显塑性变形，变形约4倍弹性位移限值
性能4	完好，变形小于弹性位移限值	轻~中等破坏，变形小于3倍弹性位移限值	不严重破坏，变形不大于0.9倍塑性变形限值

确定结构性能要求后，可参照表7-22确定抗震等级。

基于性能化分析的加固设计方法的基本思路是通过提高结构的承载能力，使结构满足罕遇地震下的性能目标，从而降低结构对延性的需求，使抗震构造措施降低成为可能[114]。

在下列情况下，既有建筑改造加固设计采用基于性能的设计技术具有较大优势：①抗震构造不满足相应规范要求；②结构加固设计中采用了消能减震技术。

结构构件对应于不同性能要求的构造抗震等级	表7-22

性能要求	构造的抗震等级
性能1	基本抗震构造。可按常规设计的有关规定降低2度采用，但不得低于6度，且不发生脆性破坏
性能2	低延性构造，可按常规设计的有关规定降低1度采用，当构件的承载力高于多遇地震提高2度的要求时，可按降低2度采用；均不得低于6度，且不发生脆性破坏
性能3	中等延性构造。当构件的承载力高于多遇地震提高1度的要求时，可按常规设计的有关规定降低一度且不低于6度采用，否则仍按常规设计的规定采用
性能4	高延性构造。仍按常规设计的有关规定采用

2）设计流程

采用基于性能化分析的加固设计技术的设计基本流程如图7-11所示。

3）工程应用

某宿舍楼抗震加固项目

①工程概况

某宿舍楼建成于1988年，建筑平面布置成矩形，总长约51m，中间部位宽约17m，两侧端部略收窄，宽约15m，地下2层（即箱型基础部分），地上25层，大屋面结构高度79m，总建筑面积约2.2万m²。由下往上，1~3层层高依次为4.5m、4.2m、4.2m，4层为设备层，层高2.2m，5~24层为标准层，层高3m，顶层层高3.9m。结构形式采用现浇钢筋混凝土框架–剪力墙结构。剪力墙墙厚主要有350mm、300mm、250mm、200mm。边框柱截面尺寸从下往上依次为：800mm×1000mm、800mm×700mm、600mm×700mm、600mm×600mm、500mm×500mm，中柱截面尺寸从下往上依次为：1000mm×1000mm、950mm×950mm、900mm×900mm、700mm×700mm、600mm×600mm、500mm×500mm。框架梁截面尺寸主要有350mm×700mm，250mm×700mm，次梁截面尺寸主要有250mm×600mm。楼板采用为110mm厚现浇钢筋混凝土楼板，局部板跨较大区域为140mm厚。主体结构地上部分混凝土标号，±0.000~21.10标高段为300号，21.10~60.10标高段为250号，60.10以上为200号；箱型基础部分除底板采用425号，其余为300号，整体结构计算模型示意图如图7-12所示。

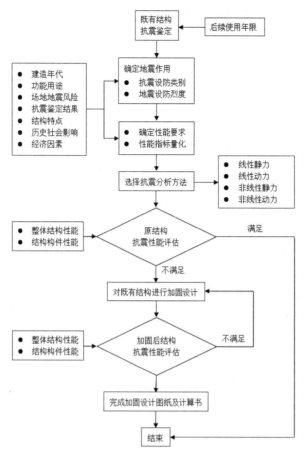

图7-11 基于性能化分析的加固设计方法流程图

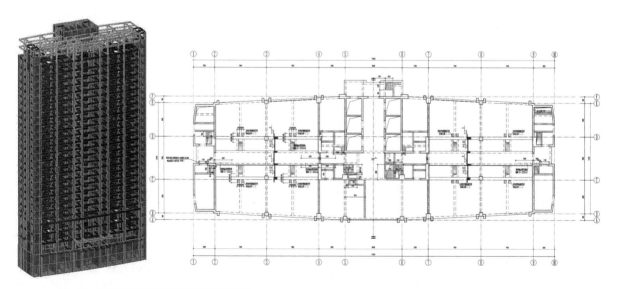

图7-12 整体结构计算模型及结构平面示意图

②存在的问题

该房屋建成于1988年，按照78版抗震规范进行设计建造的房屋，根据其设计建造年代，后续使用年限可选用30年，采用A类建筑抗震鉴定方法。但《建筑抗震鉴定标准》GB 50023—2009要求A类钢筋混凝土房屋抗震鉴定时，房屋的总层数不得超过10层。因此抗震承载力应采用《建筑抗震鉴定标准》GB 50023—2009第3.0.5条要求进行验算，并考虑构造的影响。第一级鉴定仍可以A类建筑抗震鉴定方法进行鉴定。

由于该房屋设计采用78版抗震规范，原结构构件抗震构造措施较低，结构延性不足。

③解决方案

根据抗震性能化设计原理，可通过提高承载力的冗余度来降低对延性的要求，因此，对结构构件抗震承载力采用计入构造影响系数的抗震设计规范算法进行验算，并进行中大震计算分析，从而对结构的抗震能力进行综合评定。

采用上述设计思路，对改造后结构进行建模计算分析，结构在多遇地震作用下的弹性层间位移角和罕遇地震作用下的弹塑性层间位移角，均满足现行规范要求。结构构件承载力大部分都能满足要求，通过分析结构在罕遇地震作用下的破坏机制，确定结构的关键构件（如损伤较大的竖向构件），提高关键构件的承载能力，对其余构件的抗震构造要求可适当放松。对部分不满足要求的框架柱构件采用增大截面法进行加固，剪力墙经验算均满足要求。

从本案例可以看出，结构改造加固设计可借鉴抗震性能设计的思路，立足于承载力和变形能力综合考虑，充分发挥原有结构的承载能力，遵循适用、安全、合理、经济等原则制定有针对性的抗震加固方案指导加固设计。

7.4.5 消能减震和隔震技术

当地设防烈度提高、抗震设防类别提高、或两种情况同时出现，造成建筑结构的整体抗震能力不足时，采用消能减震及隔震技术，既能提高结构抗震性能又可较大幅度地减少加固量，节约工期及工程造价。

采用在既有建筑中增加黏滞阻尼器（或其他增加阻尼）的改造加固设计，可在不增大结构抗侧刚度的基础上，增加结构阻尼，有效减小了结构地震作用，从而减小了结构加固工程量，但是与阻尼器及其附属结构（支撑、墙等）连接的框架，其地震作用有所增加，往往需要加固处理；另外黏滞阻尼器其耐久性及质量也是值得重视的性能之一。

由于阻尼器特性，在框架结构等抗侧刚度较小结构中增加黏滞阻尼器，其减振效果好于将黏滞阻尼器置于有较大抗侧刚度结构之中。

采用在既有建筑中增加屈曲约束支撑的改造加固设计，可增加结构抗侧刚度，减小结构变形，从而减小非消能子结构地震作用，减小其加固工程量；但由于屈曲约束支撑相连框架（消能子结构）地震作用增加较多，往往需要进行结构加固处理。屈曲约束支撑在小震作用下增加结构刚度，改善结构抗震性能，在中、大震作用下屈曲耗能，在增加结构阻尼基础上，减小了中、大震作用下结构抗侧刚度，从而减小了其地震作用，具有较好的抗震性能。

采用隔震技术对既有建筑进行改造加固设计，可明显减小隔震层上部结构的地震作用，从而极大地减少上部结构的加固改造工程量，减少加固改造对建筑功能及外观的影响，其缺点为隔震层施工时须采用托换技术，其施工难度较大，风险较高，对施工技术提出了较高要求。增层改造工程中，在新增楼层底部设置隔震层，将较大程度减小原有及新增结构水平地震作用，但隔震层下部需要满足中震性能目标，由此导致的加固工程量可能有较大程度增加；如果隔震层位置较高或新增房屋高度较大，隔震层抗倾覆承载力也是需要关注的问题之一。

1）消能减震技术

（1）黏滞流体阻尼器原理[115]

黏滞流体阻尼器利用流体的黏性提供阻尼来耗散振动的能量。目前已经研制开发的黏滞流体耗能器主要有：筒式流体阻尼器、黏性阻尼墙系统、油动式耗能器等。

若根据活塞上耗能构件构造的不同，杆式黏滞阻尼器则可分为孔隙式、间隙式和混合式阻尼器三种；孔隙式黏滞阻尼器（图7-13）是指在活塞上留有小孔，活塞和缸筒内壁实行密封的黏滞阻尼器；间隙式黏滞阻尼器（图7-14）是指活塞和缸筒内壁留有间隙；混合式黏滞阻尼器是指活塞上有小孔，且活塞与缸筒内壁留有间隙的阻尼器。

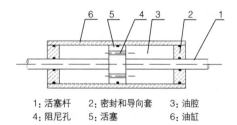

1：活塞杆　　2：密封和导向套　　3：油腔
4：阻尼孔　　5：活塞　　6：油缸

图7-13　孔隙式黏滞阻尼器

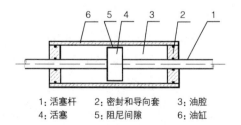

1：活塞杆　　2：密封和导向套　　3：油腔
4：阻尼间隙　　5：阻尼间隙　　6：油缸

图7-14　间隙式黏滞阻尼器

采用速度相关型粘滞阻尼器,其力学模型为:

$$F = CV\alpha$$

式中F为阻尼力(kN),C为阻尼系数 kN(ms)$-\alpha$,V为阻尼器活塞相对于阻尼器外壳的运动速度(m/s),α为阻尼指数。

黏滞阻尼器的优点可以总结如下:①滞回曲线饱满,呈椭圆形,具有不错的耗能能力;②黏滞阻尼器对结构不产生附加刚度,不增加地震动能量输入且不用考虑阻尼器与结构主体的刚度匹配问题;③通过耗能方式降低地震需求,无需过多对结构主体加强,进行加固施工时简单易操作;④温度适应性好,发挥作用稳定,维修代价低(图7-15)。

(2)黏滞流体阻尼器特点及构造

在既有建筑中增加黏滞阻尼器,能够有效增加结构阻尼,减少结构地震反应,减少结构构件所受作用力,从而减少结构加固工程量,节约施工工期及造价。由于结构工程用黏滞阻尼器最大作用力普遍相对较小,增加阻尼器时,新增附加荷载对直接相连框架影响较小,其加固设计及施工相对较为简单。黏滞阻尼器典型布置示意图如图7-16所示。

(3)屈曲约束支撑(BRB)原理[116]

屈曲约束支撑的构成如图7-17所示,主要由钢内芯、外围约束单元以及在二者之间

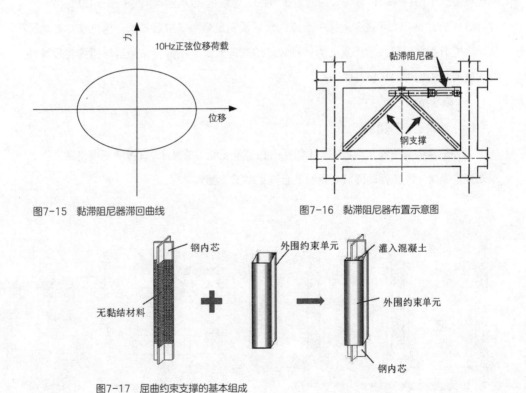

图7-15 黏滞阻尼器滞回曲线

图7-16 黏滞阻尼器布置示意图

图7-17 屈曲约束支撑的基本组成

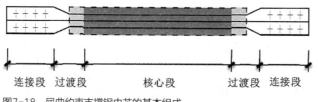

连接段　过渡段　　核心段　　过渡段　连接段

图7-18　屈曲约束支撑钢内芯的基本组成

的无黏结材料或空气间隙三部分组成。屈曲约束支撑的钢内芯又可以在纵向上分为核心段、过渡段和连接段三部分（图7-18）。

由于屈曲约束支撑的这种构造及受力特性，使得钢内芯核心耗能段能够全长全截面实现充分的屈服耗能，而不会发生屈曲，使屈曲约束支撑在整体上具有相近的受压和受拉承载力。

（4）屈曲约束支撑（BRB）工程应用特点

屈曲约束支撑是一种最简单、最方便的结构减震消能技术，在诸多工程中已有应用。

屈曲约束支撑与原有主体结构框架的连接方式通常有两种：方法一为采取附加钢框的连接方式（图7-19）；方法二为通过在节点区外包钢板的连接方式（图7-20）。

连接方式一、二可避免对原有节点的损坏及满足强节点抗震要求，保证支撑在地震作用下充分发挥消能减震作用，为一种较好的处理方式。不推荐采用后锚措施将预埋件植入既有结构构件的连接方式。

2）隔震技术

（1）隔震支座种类及原理

常用隔震装置有叠层橡胶支座（包括有铅芯及无铅芯支座）、摩擦滑移隔震结支座、滚动隔震装置、支撑摆动隔震装置和混合隔震装置（图7-21）。

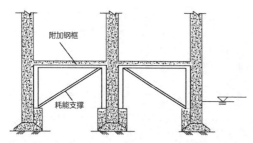

图 7-19　屈曲约束支撑连接方式一（附加钢框）

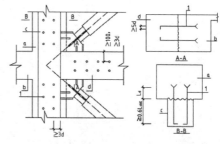

图7-20　屈曲约束支撑连接方式二（外包钢板）

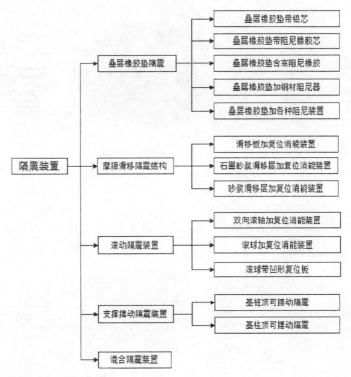

图7-21　隔震装置分类

在加固工程中应用较多的是叠层橡胶支座（叠层铅芯橡胶支座），当需要增加阻尼时，可与黏滞阻尼器组合使用。本节主要以应用较多的叠层橡胶支座（叠层铅芯橡胶支座）为对象。

在建筑物基础与主体结构之间（或中间楼层）设置隔震装置而形成隔震层，通过延长整个结构体系的自振周期（图7-22）减小隔震层上部结构地震能量输入，达到减小结构地震动反应的目的。隔震结构的上部结构振型以第1、2振型平动为主，且上部结构层间位移角很小，能够保护上部结构和上部主体结构内重要设备的安全。

铅芯橡胶支座是在叠层橡胶的中心位置竖直地压入具有良好耗能能力的铅芯而成（图7-23）。它的力学性能是天然橡胶支座和铅芯阻尼器的叠加。

（2）隔震加固技术应用现状[117]

最早的隔震加固工程案例是美国盐湖城大厦，该建筑始建于1894年，共12层，在1934年的地震中受到局部破坏，于1989年采用橡胶支座隔震的加固方案进行加固。在接下来的十几年间，美国近30幢建筑也采用了隔震加固技术，包括钢筋混凝土结构、钢结

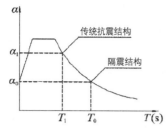
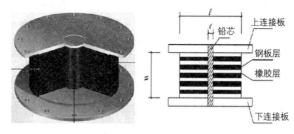

图7-22 隔震结构与抗震结构周期对比   图7-23 铅芯橡胶支座构造示意图

构、砌体结构等，典型的建筑物如表7-23所示。日本对一些办公楼、机场等大型公共建筑也采用了隔震加固技术，效果十分显著。

美国采用隔震加固的典型建筑   表7-23

序号	名称	加固时间/年	结构形式	楼层	建筑面积/m²	隔震装置
1	金刚石研究中心	1991	钢筋混凝土	8	28 000	铅芯橡胶垫
2	旧金山海军总部	1991	木	4	1 900	摩擦型隔震
3	长滩医院	1995	钢筋混凝土	12	33 000	铅芯橡胶垫
4	奥克兰政府大厦	1995	钢-砌体混合	18	14 000	铅芯橡胶垫
5	加州法院	1994	钢-砌体混合	5	33 000	摩擦型隔震
6	UCLA大厦	1995	钢筋混凝土	6	9 300	铅芯橡胶垫
7	旧金山政府大厦	—	—	—	56 000	高阻尼橡胶垫
8	亚洲艺术博物馆	—	—	—	16 000	铅芯橡胶垫
9	洛杉矶政府大厦	—	—	28	82 000	高阻尼橡胶垫

2001 年徐忠根、周福霖等对某多层建筑进行了隔震改造设计。2010年中国建筑科学研究院与山西省建筑设计院在山西省忻州市首次采用隔震技术对中小学校舍等6个单体工程（共计10万m²）进行了抗震加固，加固类型涉及砖混结构和钢筋混凝土结构。

总体而言，隔震技术应用于加固工程，在下列情况下较为适用[118]：①建筑位于高烈度区，主体结构构件承载力、构造及整体结构变形等不能满足规范要求。②原有装修年代较近、装修档次较高、对建筑外观有较高要求的建筑；对于功能特殊、管线较多、设备安装复杂的既有建筑更为合适。③建筑物层数较多，采用隔震技术能够明显减少上部结构加固工程量。

（3）隔震加固关键技术

① 隔震层位置的确定及结构构造措施

A.对于砌体结构，隔震支座通常设置于基础顶面至±0.00楼板之间（图7-24）[119、120]。

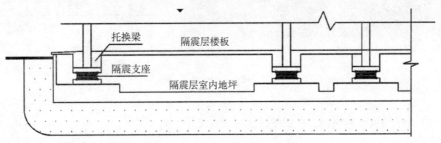

图7-24　隔震支座设置于基础顶面至±0.00楼板之间

当采用隔震支座设置于基础顶面至±0.00楼板之间的隔震方案时，对砌体结构进行隔震加固的工艺原理主要包括以下两点：

a.采用框式托换技术，利用托换夹梁和贯穿墙体的连系梁形成一个刚性底盘，上部结构荷载转移到底盘上，使上部结构与基础分离。墙下托换梁的构造如图7-25、图7-26所示（图中尺寸仅针对特定工程，具体工程应计算确定）。

托梁下的隔震支座，因其竖向刚度非常大，可作为整个墙梁构件的竖向支座。

b.在底盘与基础之间安装隔震支座，对隔震支座与上下结构构件进行可靠的连接，同时对基础进行加固处理。若基础或地基承载力不满足规范要求，可采取以下措施：结合隔震层需要检修空间加厚其底板，与原有条形基础连接，形成整体筏板基础以提高基础承载力；沿隔震支座下部砌体新增钢筋混凝土地基梁；对基础进行加固。

B.对于框架结构加固设计，隔震支座常设置于基础顶面至±0.00楼板之间或设置于一层（图7-27）；当结构设置地下室时，将隔震支座设置于地下室柱上（图7-28）。

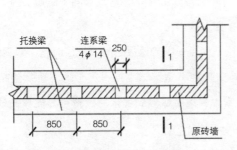

图7-25　拖换夹梁及连系梁平面布置图

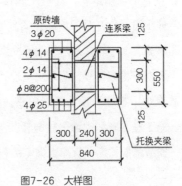

图7-26　大样图

图7-27 隔震层设置于一层

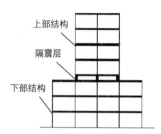

图7-28 隔震层设置于地下室

C.对于加层改造结构，在新增楼层与原有楼层之间设置隔震层（图7-29），相比于直接增层结构，层间隔震结构的自振周期有所增大，在地震作用下各个楼层的层间剪力、层间位移和加速度幅值均有不同程度地减小，隔震结构效果明显[121]。

②隔震支座的布置及选型

铅芯橡胶支座初始刚度较大，在铅芯屈服后具有滞回耗能的特点，但是其会增加隔震层初始刚度，对减小上部结构地震反应较为不利；天然橡胶支座水平刚度较小，上部结构的减震效果好，但其结构的位移较大，因阻尼小，必须与阻尼器配合使用。实际工程中，通常将铅芯橡胶支座和天然橡胶支座配合使用，也常在隔震层增加黏滞阻尼器，以增加隔震层附加阻尼。高阻尼橡胶支座具有水平刚度小、阻尼相对较大的优点，在国外应用较广，在国内实际工程中应用不多。

③施工措施[120]

在加固改造工程中设置隔震支座，施工措施较为复杂，应进行可靠论证后方可实施。

A.对于砌体结构，隔震支座设置于基础顶面至±0.00楼板之间时施工顺序为：室内、外土方一次开挖→墙体托梁施工→室内外土方二次开挖→基础加固（隔震支座下承台同时施工）→墙体开凿→隔震支座就位（图7-30）。

B.对于框架结构，隔震支座设置于基础顶面至±0.00楼板之间或一层时施工顺序为：在原有地下室柱间设置隔震支座，开挖并支护地下室周边土层—施工地下室周边挡土墙—施工柱围套和支墩—柱围套及支墩混凝土强度等级达到要求后设置可靠支撑—截断柱—安装隔震支座—拆除支撑（图7-31）。

图7-29 在加层上部结构及原有下部结构之间设置隔震层

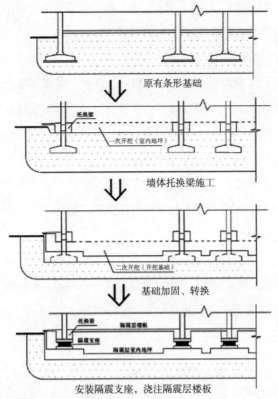

原有条形基础

托换梁
一次开挖（室内地坪）

墙体托换梁施工

二次开挖（开挖基础）

基础加固、转换

托换梁　隔震层楼板
隔震支座
隔震层室内地坪

安装隔震支座，浇注隔震层楼板

图7-30　砌体结构基础隔震层施工顺序

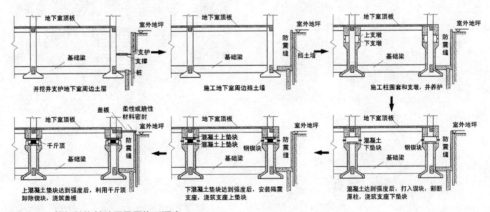

图7-31　框架结构基础隔震层施工顺序

工程应用案例

1）西南科技大学新校区体育教学训练中心加固项目

（1）工程概况

工程位于绵阳市西南科技大学新校区内，为该校体育馆，下部为现浇钢筋混凝土框架结构，屋盖为钢网架结构，基础采用人工挖孔桩。该工程主要楼层为标高为-0.050、5.350、10.750，各层楼面布置示意图（图7-32～图7-34）。

建筑总高度为33.5m，总长为104.1m，总宽76.2m，总建筑面积为15940m²。工程于2007年5月开始施工，2008年3月主体结构施工完毕，屋面钢结构网架尚未安装（图7-35）。在5·12汶川地震中，部分结构构件遭受震损。经安全性检测鉴定，该体育馆受地震破坏评定为中等破坏，要求对受损梁、柱、板采取有效措施进行加固处理，并拆除受损的填充墙重砌。汶川地震后，当地抗震设防烈度由6度提升为7度（地震加速度为0.1g，地震分组为第二组），因此该体育馆除了需进行结构构件和非结构构件的损伤修复外，还需要对整体结构进行提升抗震性能的抗震加固。

（2）加固方案及关键技术

依据安全性检测鉴定报告，有部分梁、柱、板受到不同程度的损伤，需采取有效措施进行加固处理。经过评估，对于受损的梁采用裂缝修补的方式修复、对受损的柱采用包角钢的方式修复、对受损的板采用粘贴碳纤维布的方式修复。

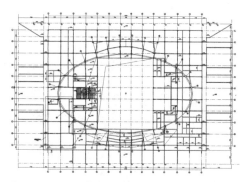

图7-32　-0.050标高结构平面布置图

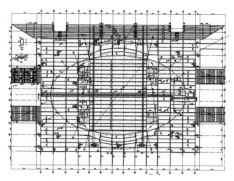

图7-33　5.350标高结构平面布置图

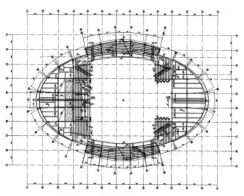

图7-34　10.750标高结构平面布置图

图7-35　下部混凝土结构

由于当地抗震设防烈度提高,需要对整体结构进行提升抗震性能的抗震加固。若采用常规加固方式,主体结构大量框架梁、柱需要加固。经过多方案比较后,最终该体育馆采用位移型阻尼器的抗震加固设计方案。本工程采用软钢阻尼器,其力学参数为:弹性刚度$K=4.84×105kN/m$,屈服力$F=194kN$,如图7-36所示。

体育馆共布置16组阻尼器,阻尼器通过钢支撑与主体结构连接,钢支撑截面为Q345的$450×300×30×30$(mm)和$450×300×11×18$(mm)的工字钢,结构阻尼器布置如图7-37~图7-43。

由分析结果可求得,在设计地震下结构总阻尼比由5%提升至8.4%,结构构件的承载力和层间最大弹性位移角均满足设计要求。

阻尼器通过预埋件与框架梁相连,钢支撑通过预埋件与梁柱节点相连,连接大样如图7-44、图7-45。

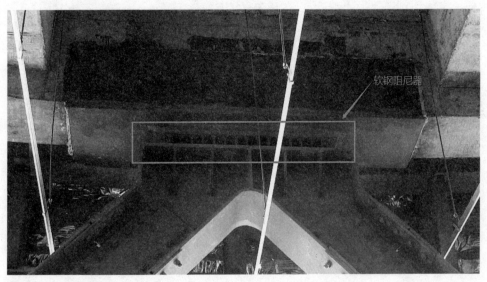

图7-36 软钢阻尼器

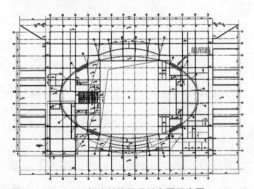

图7-37 -0.050标高结构阻尼器布置示意图

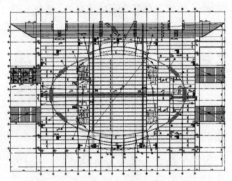

图7-38 5.350标高结构阻尼器布置示意图

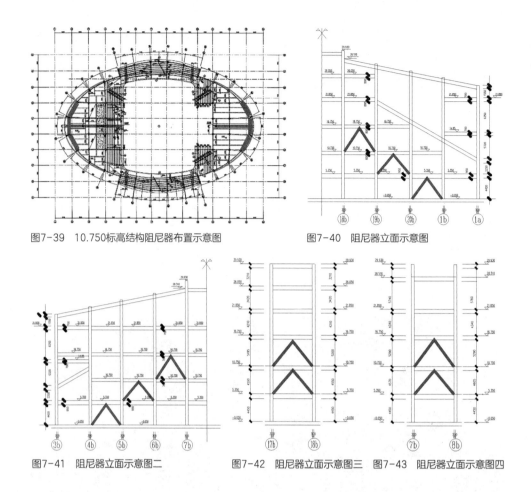

图7-39 10.750标高结构阻尼器布置示意图　　　　图7-40 阻尼器立面示意图

图7-41 阻尼器立面示意图二　　　图7-42 阻尼器立面示意图三　　图7-43 阻尼器立面示意图四

施工现场图片如图7-46：

2）成都东郊记忆项目32号楼

（1）项目概况

成都东郊记忆（工业遗产保护）项目位于成都市二环东外侧，由原成都红光电子管厂改建成为现代文化产业新兴园区。其中32号楼（原名201号建筑）于1974年建设完工后，一直用作科研实验楼使用。总建筑面积16141m²，建筑高度21.1m。通过设缝分为南楼、北楼、东楼以及生活

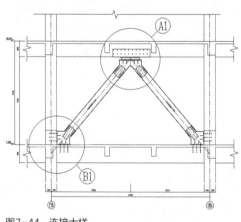

图7-44 连接大样

楼四部分组成，其中以连廊连接。南楼、北楼为四层装配式单向框架结构，东楼为五层装配式整体式单向框架结构，生活楼为四层砖混结构。楼板均为槽形板，支承槽板的框

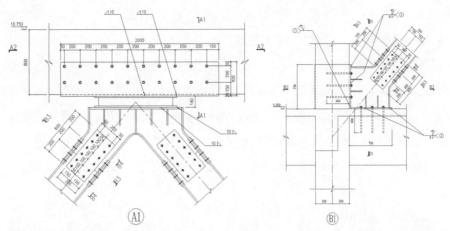

图7-45 连接节点大样

图7-46 现场施工图片

架梁为花篮形，花篮上口设现浇层用于穿梁上部钢筋。框架梁柱节点除边节点采用铰接节点外，其余则为刚接节点。连廊为底框结构。

32号楼现拟改造为办公建筑，于2010年9月进行主体结构质量现状检测与鉴定。通过现场调研，原楼面使用荷载大于办公使用荷载。鉴定报告指出：原单向抗侧体系于抗震不利，其围护结构与主体结构之间无拉结，砖混结构未设置圈梁构造柱，不满足鉴定标准要求；连廊原采用底框结构，其高宽比等关键指标均显著超过鉴定标准相关要求。

经检测鉴定，混凝土强度等级为C18，构件尺寸、截面形式、材料强度等均满足鉴定要求。

（2）加固方案及关键技术

结构后续设计使用年限考虑为30年，按照A类建筑进行鉴定。

根据鉴定及分析结论，原连廊底框结构考虑拆除；为保证建筑功能，改建为框架结构。原生活楼砖混结构，其承载力富裕较多，根据鉴定标准，通过补足圈梁构造柱体系进行抗震加固。

南楼、北楼、东楼结构单元布置接近，故以其南楼为例进行说明。因原设计资料已遗失，结构构件的配筋依靠局部破损检测获得，但由于检测手段的限制，难以检测梁的第二排纵筋，结构的承载能力实际会被低估。

针对原结构为单向抗侧力体系的缺陷，通过设钢连续梁+BRB支撑形成双向抗侧体系。针对填充墙无拉结的问题，采用新增拉结筋进行加固。

采用BRB+钢水平系杆的方式形成另一个方向抗震体系，不仅为结构提供侧向刚度，也可在大震下提供阻尼耗能，改善结构的抗震性能。

图7-47给出了32号楼的屈曲约束支撑布置平面，屈曲约束支撑在结构的底层及第二层的两个柱跨内的布置，在第三层及顶层仅在一个柱跨内布置。

为避免在混凝土节点区采用大量植筋连接节点形式造成的对原结构的损伤，考虑在

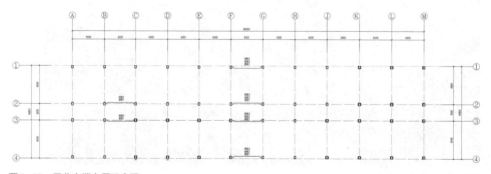

图7-47　屈曲支撑布置示意图

其内部嵌入钢框架进行连接的形式（图7-48），即将屈曲约束支撑的连接节点改造为屈曲约束支撑直接与钢框架连接，此连接节点为常规构造形式；而嵌入的钢框架也可为原单向混凝土框架提供侧向支撑，其间连接通过满布植筋的方式实现，从而避免了在节点区植筋对原结构的损伤。图7-49给出了屈曲约束支撑在底部的节点，为平衡柱脚底部的拉力，特在地梁内设置型钢以抵抗此拉力。为提高各榀新增内嵌的钢框架在平面外的稳定能力，除在端部与原混凝土柱加强连接外，尚在屈曲约束支撑的交点处设置系杆连接。

根据计算结果，对其他主体结构构件，根据具体情况分别采用粘钢法或增大截面法加固。本楼改造前后的外立面见图7-50、图7-51。

图7-48 屈曲约束支撑与内嵌框架

图7-49 屈曲约束支撑底部节点

图7-50 改造前室外

图7-51 改造后室外

7.4.6 节点加固技术

框架节点是框架结构中的重要部位，在框架中起传递和分配内力，保证结构整体性的作用，节点的安全可靠是结构承载力能力的关键。

我国早期建筑设防标准低，梁柱节点在设计和构造上都存在缺陷，节点核心区配箍较少，实际地震中常出现柱头受损后节点区箍筋难以有效约束柱纵筋而发生鼓曲的现象。

城市更新中存在对既有结构进行托梁换柱形成大空间的需求，新增夹层时，新增梁与柱之间在柱高中部连接形成的新增节点。在这些应用场景中，节点区的作用至关重要。

结构震损后突出的震害主要表现在节点部位。在震后修复加固工程中，对节点加固需结合其他改造同时进行。

采用消能减震加固时，新增消能构件一般需与节点连接，节点需要保证在大震下消能器出力需求，其承载力不应超过节点区的极限承载力，不足时则需对节点进行加固才能保证消能减震的目标。

框架节点的抗剪机理目前使用较多的为斜压杆机理、桁架机理、剪摩擦机理。研究节点的受力机理可为节点加固设计提供理论支撑。

当核心区没有配置箍筋或配箍很少（图7-52），节点受力后混凝土受压区形成已斜向压杆，由相邻构件传递到节点上的内力形成的水平和垂直方向的节点剪力主要由斜压杆承担，节点抗剪强度主要由核心区混凝土控制。

桁架机理适用于核心区既有水平箍筋又配有较密垂直钢筋的构件，在反复荷载作用下，斜裂缝将节点核心区划分为一条条斜压杆，与水平箍筋充当的拉杆及垂直钢筋一起构成桁架承担节点区的剪力。受力简图如图7-53。

剪摩擦机理适用于核心区水平箍筋屈服而梁筋未发生黏结破坏，核心区混凝土受剪破坏裂缝沿对角线发生，将核心区分为两大块，节点的抗剪能力由穿过裂缝的箍筋受拉屈服所承担的剪力及核心区开裂混凝土之间的摩擦力组成。

目前的加固规范重点突出对构件的加固方法与构造要求，但作为基本抗震概念当中的"强节点弱构件"的节点加固方法缺乏相关标准。混凝土框架节点的常见直接加固方法有采用混凝土加大截面法、粘钢加固法等。因加固材料不同，加固后节点的性能也有不同。本节对常见节点加固方式进行简要描述，其节点加固效果宜通过试验做进一步的研究工作。

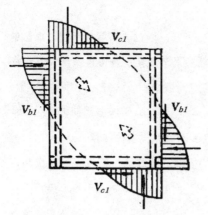

图7-52 斜压杆机理

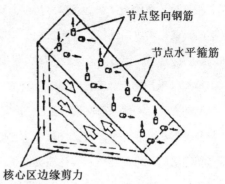

图7-53 桁架机理

1）节点增大或置换截面法加固技术

增大截面法是节点加固的基本方法，其在设计构造方面，须处理好新加部分和原有部分混凝土之间整体工作共同受力问题。试验研究表明，加固结构在结合面上出现各种复杂的拉、剪应力。在弹性阶段，结合面上的剪应力和法向拉应力，主要由新旧混凝土之间的黏结强度承担；开裂后到极限状态下，则主要是通过贯穿结合面的锚固钢筋或锚固螺栓所产生的被动剪切摩擦力传递。由于结合面上的剪切强度和黏结强度远低于混凝土自身强度，因此结合面是加固后结构的薄弱环节，即或是轴心受压，破坏面也总是在结合面上[122]。

在老旧建筑中，柱及节点配箍很少时，破坏为斜压机理控制。因此提高节点区混凝土强度及尺寸，就能提高斜压杆的承载能力，并附加穿越节点区的水平大直径拉筋形成剪摩擦机理，同时改善新旧混凝土之间的黏结能力。

增大截面加固节点会改变构件的几何外形，增加尺寸明显时，会影响观感质量。针对混凝土强度明显不足时，采用置换混凝土法加固，并重新补足缺少的节点区钢筋，从而明显改善节点的受力性能。对于非完全缺损的构件，可通过截面内力平衡条件计算保留的芯柱尺寸，芯柱外形根据原柱确定，如接近圆形或方形时可考虑为圆形芯柱，如为长方形时，可考虑为椭圆形。置换混凝土采用高强度材料，可实现等强或适度超强置换节点。

对增大截面加固法，采用高强度材料进行加固，依靠新加材料对核心区混凝土的套箍效应、斜压机理及剪摩擦机理，改善或提高节点的承载能力。原节点配箍率过低而未新增拉筋时，加固节点承载力可提高，但延性不会提高。

2）节点粘钢加固法加固技术

根据对节点的桁架机理及剪摩擦受力机理的分析可知，通过适当增加穿越节点区的水平向箍筋或梁纵向钢筋，或增加柱竖向钢筋，均能提高节点抗剪承载能力。外粘钢板如同核心区箍筋，使混凝土受到约束，可提高其延性及承载力。

节点区采用粘钢加固，有以下三种方式（图7-54）：节点区全包裹薄钢板方式；柱上包角钢方式；梁体侧面粘钢板及U形箍方式。节点区则需等代螺杆穿越。对于方式1，全包节点钢板裁剪十分不便，方式3会增加框架梁的极限承载能力，而没有对柱极限承载力相应提高，可能会影响强柱弱梁的抗震性能要求，因此这两种方式不推荐采用。柱上包角钢方式因为节点区梁相交关系，当正交方向两根梁均贴柱边时，会导致角部角钢无法穿越节点区而截断，结合对节点承载力受力机理分析及实验证明[123]，截断后性能虽有下降但仍能有效提高抗剪承载力。

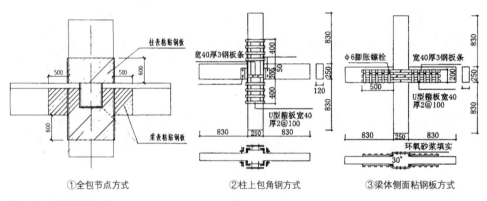

①全包节点方式　②柱上包角钢方式　③梁体侧面粘钢板方式

图7-54　粘钢加固方式

粘钢加固中，外粘钢板对节点的约束是局部，与增大截面加固或粘碳纤维加固相比，对节点刚度提高相对较弱，但相比其他方式，加固后的节点延性提高效果最佳。

角钢无法贯通时，应通过在梁底或梁侧面设锚栓将角钢固定在节点区外的梁侧位置，锚栓应通过计算确定，以保证角钢及缀板发挥其承载能力。

3）节点混凝土损伤处理原则

节点区在经历了强震或抗浮受损后，需要检测钢筋的屈服状态，评估节点的受损程度，可参考现行《建筑震后应急评估和修复技术规程》JGJ/T 415—2017中相关规定，对承载力进行折减。明显损伤时，可考虑进行置换加固，屈服的钢筋也应切除替换。

7.4.7 竖向交通改造加固技术

既有住宅加装电梯涉及地基处理、管线迁移、电路增容、建筑安全鉴定、城市管理、消防安全、造价及维护成本测算等多方面专业问题。

增加电梯有新增箱式电梯、爬楼机等楼道电梯的形式。爬楼机在墙壁上安装导轨，每跑楼梯平台处需要采用逐级换乘方式前行，运行速度比较慢，也可以通过增设配件方式搭乘轮椅。

增设箱式电梯需要根据既有建筑的楼梯平面布局进行设计。图7-55为借助电梯入户时，两类典型的楼梯布置条件下新加电梯的布局方案图。剪刀梯的形式可实现电梯在楼层处入户，而两跑楼梯则难以实现楼层入户，只能到达半层处再走楼梯入户。

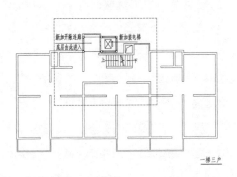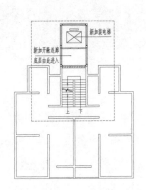

图7-55　剪刀楼梯和传统两跑式楼梯新增箱式电梯布局

当既有建筑梯井较宽时，可采用定制的窄体箱式电梯，实现楼层入户；也可采用新增入户平台借助阳台进行入户的电梯设计（图7-56）。

改造最为彻底的方式就是直接改造楼梯，将传统两跑楼梯改造为单跑楼梯，再在外侧外挂电梯。

图7-56　入户平台方式

图7-57　钢结构外挂电梯

新增电梯结构与原主体结构可采用脱开形式，也可采用连接形式。采用脱开形式时，应保证新增结构自身的安全性和稳定性；采用连接形式时，应遵循变形协调共同受力原则，加强原结构与新增结构的整体性，确保结构安全。

新增电梯的主体结构目前多数均采用钢结构形式（图7-57）。采用钢框架的结构形式，支撑设置应综合考虑美观和经济因素。支撑优选钢拉杆的形式，以减少结构杆件对景观视线的影响。钢构件建议采用矩管截面。为提高结构的舒适性，建议在楼层处与原主体结构拉结。

新增电梯的地坑建议适当上移，必要时配备无障碍坡道。当地基条件较好时，地坑底板直接作为电梯结构的筏板基础；地质条件不好，或管线有冲突时，需要考虑采用托换技术避开受影响的区域及管线空间，或者在管线空间的夹缝里布置微型钢管桩，利用桩基或其他基础并配合托换梁对上部电梯结构及地坑进行托换。微型钢管桩基与打入式钢管桩相比，采用地螺丝桩具有振动噪声小，施工速度快的优势，具有较好的应用前景。考虑耐久性因素，建议内部灌入水泥砂浆进行封闭。

7.5 既有建筑围护结构改造加固设计关键技术

围护结构主要包括各类填充墙、幕墙及门窗等。以填充墙为例，随着建筑使用年限的不断增长，墙体可能出现酥裂及粉化等耐久性问题，导致墙体承载力、刚度及抗震性能退化。另一方面，填充墙也易在外力作用、砌块干缩、温湿度变化及地基不均匀沉降等因素作用下开裂[124]。因此需根据其重要性进行有针对性的修复。

对于具有重要历史意义的围护结构修复，需严格遵循相关法律、法规及政策的规定，并与建筑专业密切配合，以保留围护结构的原真性。

7.5.1 墙体修复技术

对围护墙体的修复主要包含三方面的内容：一是对填充墙砖石砌块及灰缝的修复，包括对劣化砖石块体的修复、重嵌灰缝、墙面清洗及防护等；二是对围护墙体受力性能的加固，目前常见的墙体加固技术主要有基于表面加强的传统加固技术、FRP（即纤维增强聚合物）加固技术、新一代复合材料加固技术及可拆卸的干式加固技术等；三是对填充墙裂缝的修补，根据裂缝形态及不同的成因，常用的裂缝修补技术包括填缝密封修补法、配筋填缝密封修补法、灌浆修补法及喷射修补法等[124]。下面主要针对墙体修复前两方面的内容做进一步介绍。

1）填充墙砖石砌块及灰缝修复

（1）砖石修复

①替砖法

替砖法常用于具有历史意义的砖石墙体修复，需要注意的是，应用此方法前需对墙体损害状况进行检测，对于价值较高的历史建筑，只有在清洗加固技术无法解决墙体损害加剧的情况下才可考虑此方法。该方法的主要步骤是：首先将外墙表层处理干净，再将劣化严重砖块逐一剔出，最后用新砖块原位镶嵌之后重新嵌缝。例如，青岛欧人监狱部分墙面（图7-58）采用了替砖法进行修复。

图7-58 青岛欧人监狱修复前后对比[124]

②反转块体

当采用替砖法进行修复时，若原有砖块仅外表面部分风化损坏，可采用反转块体的方法进行修复，将破损砖石块小心地剔出，反转后重置原位。

③成形修复

该方法采用调色灰浆填补小孔或者修复带有损伤的砖块，是一种修复局部损坏砖块的方法，但只能作为一种临时性维修措施，不宜大面积应用。例如，上海江湾体育场部分墙面（图7-59）采用了砖粉进行修复。

图7-59　上海江湾体育场修复后整体与局部[125]

④面砖修补

该方法采用与建筑物原有砖墙相近的面砖对清水砖墙进行修缮。主要步骤是：先将破损的旧砖凿除一定深度，再用相近的面砖粘贴。需要注意的是，在对具有历史意义墙体的维修中，不应采用专用于现代建筑修复的、环氧树脂粘贴的较薄面砖。例如，位于上海的刘长胜故居（图7-60）清水砖墙破坏已十分严重，就采用了面砖修补的方法进行修复。

不同砖石修复方法的优缺点见表7-24，实际选用时，应根据不同的修复要求采用合适的修复方式。

图7-60　上海刘长胜故居修复后砖墙细部及整体外观图[125]

砖石修复方法	优点	缺点
替砖法	能较为完好地保留建筑风貌	替砖来源难找；工艺较为复杂
反转块体	完好保留建筑风貌	对块体要求较高；工艺较为复杂
成形修复	一定程度保留建筑风貌，工艺较为简单	远期效果尚未明确，不宜大面积采用
面砖修补	工艺较为简单	属于破坏性修复

（2）重嵌灰缝

重嵌灰缝适用于砖墙原始的基底砂浆质地松软易碎或者被严重侵蚀而使得水分易渗入到墙体深处的情况，需注意只有在保障建筑长期健康的前提下才能为具有历史意义的砖砌体重嵌灰缝。

图7-61为中建西南院设计的"成都东区项目建设南路风貌整治工程"项目46号楼子项外墙重嵌灰缝前后对比图。

图7-61   重嵌灰缝前后对比图

（3）墙面清洗与防护

砖石外墙目前有三种基本的清洗方法，即水清洗、化学清洗以及研磨清洗。近年来，还出现了以超声波清洗技术、干冰清洗技术以及激光清洗技术等为代表的新型清洗方法。

墙面防护是指在砖石墙面施加防水剂或憎水剂。此种方法对墙体的干预程度较高，会对历史墙面的真实性造成一定破坏，因此若非绝对必要，不应当采用。防水剂的使用必须非常谨慎，因为其可能会导致墙体因水分无法排出而产生严重的问题。憎水剂透气而不透水，目前广泛使用的是有机硅材料。有机硅具有良好的电绝缘性、耐高低温性、化学稳定性和耐老化性能，具有憎水防潮的特征且基本不影响空气和水蒸气的透过性。

有机硅材料（含改性后的有机硅材料）经常被用作砖石外墙的表面防护剂，其老化期一般在10年以上，老化后分解为粉状石英体沿墙面自然脱落，此过程具有一定可逆性。但防护剂老化破裂往往因墙面暴露部位的差异而不均匀，会导致墙面外观难看，另外对其进行更换和维护也较为困难。

（4）土楼夯土墙体微生物自修复剂修复

该方法在微生物诱导矿化理论的基础上实现了土楼夯土墙体裂缝的自修复。具体方法是将微生物与其他试剂掺和后形成可溶于泥浆中的自修复剂，当墙体出现裂缝时，自修复剂中的Ca^{2+}通过微生物诱导矿化形成产物填充裂缝，从而达到土楼夯土墙体自修复的目的。该方法为实际工程中土楼的维修保养提供了一定的参考价值[126]。

2）围护墙体受力性能加固

现阶段常见的围护墙体受力性能加固技术特点如表7-25所示。

主要填充墙受力性能加固技术的特点   表7-25

围护墙体受力性能加固技术	主要特点	
基于表面加强传统加固技术	占用建筑空间、增加结构质量，对结构刚度有较大影响，在某种程度上可能对结构的抗震行为产生负面作用。	
FRP（即纤维增强聚合物）加固技术	能有效改善结构的抗震性能，基本不影响结构的动力特性，但加固面层与砌体结构的黏结性能需要被改善。由于在耐久性、耐火性、兼容性及可逆性上表现较差，再综合考虑加固成本、施工难度及环保、健康等因素，目前的FRP加固体系无法大范围用于普通民房的改造工程中。	
新一代复合材料加固技术	基于纤维复合材料FRC（即普通纤维增强混凝土）、ECC（即工程胶凝复合材料）的加固技术	效果较好，且具有一定程度上的可逆性（人工剥离加固层的难度小）。
新一代复合材料加固技术	TRC（即织物增强混凝土）面层加固技术	拥有更好的相容性和受力机制，可以充分利用内嵌织物的抗拉能力，极限承载力略低于FRP加固，但变形能力有较大提高，而且在地震作用下的稳定性、与墙体间的相容性远优于FRP加固体系。在TRC体系中，关于加强网的尺寸、密度，以及同墙体之间的连接方式及其作用还需要更深入的研究。
	SRG（即钢纤维织物增强砂浆）加固技术	采用了高强钢纤维丝，其受力性能优于TRC，且在耐久性及抵抗恶劣环境方面具有优势，是一种具有应用前景的加固技术。但我国关于SRG加固砌体墙方面的研究基本处于空白，未来需要进行广泛的理论试验研究。
可拆卸的干式加固技术	施工简单、不需养护，可极大缩短加固工程周期。而且由于其对被加固建筑的外立面影响小，可用于文化遗产建筑的加固。然而，由于加固材料、加固方式的不同，这种加固体系的性能有很大差别，需要大量的研究来寻找有效、简洁的加固方式。将可拆卸加固与耗能装置联系起来，或可作为下一步的研究重点。	

7.5.2 围护结构连接技术

城市更新过程中，特别是在历史文脉建筑的加固改造过程中，为了维持建筑原貌，往往需要保留围护结构，而对于主体结构（地基基础、上部承重结构），则需要根据建筑检测鉴定结果，进行加固改造。加固改造后的主体结构，需与原有围护结构进行连接，应根据不同的围护结构、主体结构形式与特点，灵活采用不同的连接方式。下面通过一些工程实例简要介绍几种具有代表性的连接方式。

1）成都东郊记忆项目46号楼

成都东建记忆项目46号楼子项具有代表性的围护结构与主体结构的连接方式如下述三个实例所示，其中实例1、实例2采用了整体式连接，即将围护结构与主体结构连接为一个整体共同参与受力；实例3则采用了幕墙式连接，即围护结构不参与主体结构整体受力，仅承担自重。分述如下。

实例1：针对46号楼子项内框架顶层无圈梁的问题，在外墙楼层处增设了混凝土圈梁，原有围护结构与新建圈梁之间的连接，采用了图7-62所示的连接节点；新增圈梁纵筋锚入两端构造柱或框架柱内，同时，沿圈梁轴线方向每隔1m设置混凝土键，混凝土键纵筋伸出与圈梁实现可靠锚固，混凝土键端部则锚入原有墙体之中，这样，新增圈梁与原有墙体通过混凝土键实现整体连接，可协同受力。

实例2：针对46号楼子项房屋角部无构造柱的情况，在原有砖壁柱周边增加混凝土围套并在房屋四大角增设混凝土构造柱。具有代表性的新增构造柱与原有砖墙的连接方式如图7-63所示，由于新增构造柱被砖墙分隔为若干个独立的构件，不利于整体参与受力，因此，在楼层标高上下各1m处增设一道混凝土键，混凝土键将新增构造柱与砖墙连

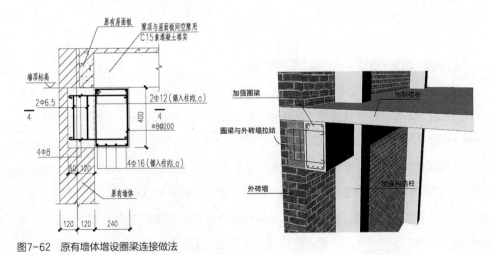

图7-62 原有墙体增设圈梁连接做法

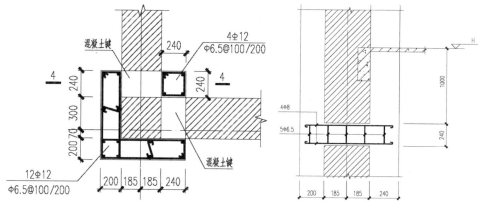

图7-63 新增构造柱与砖墙连接大样

接为一个整体，可更充分地发挥构造柱的作用，改善结构延性及抗震性能。

实例3：46号楼子项排架结构部分需要新建砖墙，并在新建砖墙与原有排架柱的交点设置构造柱。新建砖墙、构造柱与原有排架柱的连接方式如图7-64所示，在构造柱中设置U形钢筋，U形钢筋通过植筋锚入原有排架柱；

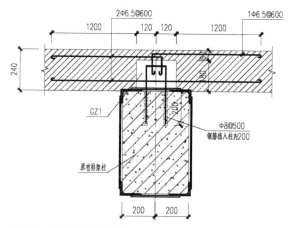

图7-64 新砌墙体构造大样

同时沿墙长度方向设置连接钢筋，连接钢筋锚入构造柱内，这样，新建砖墙通过构造柱与原有排架柱实现了类似于幕墙节点的连接，构造柱及U形钢筋起到了类似于幕墙预埋件的作用，砖墙仅承担自重，不参与排架结构的整体受力。

2）成都邮政通信指挥调度中心改建项目

该项目主楼子项内部结构均为新建，但需保留原有建筑外墙及其加固衬墙（图7-65），原有建筑外墙在楼层位置与新建结构的连接节点采用了图7-66所示的构造。原墙内侧新增了200mm×200mm混凝土构造柱，构造柱在楼层标高设置∟125x8角钢预埋件，该预埋件顶部沿原墙长度方向设置有一个长条形开孔；楼层梁则设置∟63x8角钢预埋件，楼层梁预埋件与构造柱预埋件通过钢板连接，钢板与楼层梁预埋件在梁底焊接，钢板与构造柱预埋件则通过M20螺栓实现沿原墙长度方向的滑动连接。该构造可保证原墙与新建结构在墙体平面外实现近似铰接，确保墙体不在平面外发生倾斜或失稳；在实

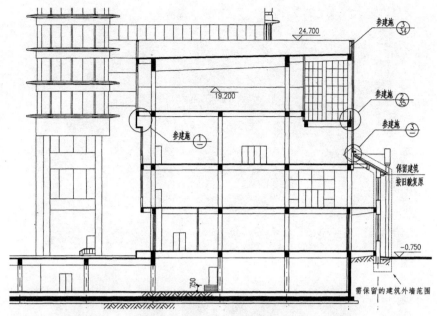

图7-65　主楼子项新建结构与需保留的建筑外墙（红色虚线框内的部分）示意

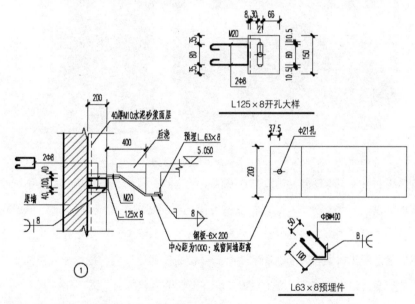

图7-66　原墙与新建结构的连接构造

际侧向荷载作用下，允许原墙与新建结构沿原墙长度方向滑动发生相对位移，从而确保原墙不发生剪切破坏。

3）巴塞罗那斗牛场改建项目

在对某些历史性建筑进行加固改造的过程中，一个核心问题是如何在不破坏建筑外

图7-67　改造后的巴塞罗那斗牛场

图7-68　改造后的外立面

图7-69　新增构件与原砖墙的连接

墙原有风格的条件下实现新增结构与原有围护结构的有机结合，巴塞罗那斗牛场改建项目为我们提供了一种十分具有参考价值的方案。斗牛场被改造成为一个6层的现代化购物中心，为了保留其摩尔风格的红砖外墙，也为了给购物中心提供更开敞的游览空间，首先将钢筋混凝土拱梁与砖墙在购物中心二层楼面位置通过预留锚栓形成整体，然后拆除一层的砖墙，最后把钢筋混凝土拱梁支承在下部的钢斜撑上（图7-67～图7-69）。改造后的外立面与红砖外墙原有风格十分契合，结构体系传力明确构造合理，透露出结构构件独特的美感。

　　结构改造加固设计在城市更新进程中扮演着重要的角色。在"碳达峰""碳中和"的时代趋势下，改造加固设计工作领域拓展到生态化、绿色化改造（如采用可再造材料、低碳环保材料和绿色施工技术等）已成必然。一场关于城市更新的巨幕已经拉开，重塑城市肌理，驱动旧城蝶变。让我们一起期待城市的涅槃新生，让建筑焕发新的活力。

第八章

城市更新设计关键技术绿色建筑篇

第八章　城市更新设计关键技术绿色建筑篇

绿色建筑是在建筑的全寿命周期内，节约资源、保护环境、减少污染，为人们提供健康、适用、高效的使用空间，最大限度地实现人与自然和谐共生的高质量建筑。在城市更新的进程中，应用到的绿色建筑技术众多，在本书的其他章节中也有相应介绍，本章紧扣绿色建筑中的节约能源和室外环境品质提升的要点，重点研究两项关键技术，分别是：既有建筑改造节能关键技术以及建筑室外环境改善关键技术。

8.1 既有建筑改造节能关键技术

8.1.1 既有建筑改造存在的问题及改造原则

既有建筑的改造主要是针对围护结构和设备系统进行改造，存在着三类普遍性问题：

（1）既有建筑的改造面临着与现有建筑的文化价值和建筑形象存在冲突的问题；

（2）既有建筑的围护结构改造中，普遍存在着老旧建筑没有考虑节能设计或者原有的设计不能满足现行标准和室内舒适度的问题；

（3）既有建筑普遍存在着设备设施落后陈旧，既不节能，又无法满足室内舒适度要求的问题。

针对以上三类问题，在进行改造时，应秉持以下原则：

（1）既有建筑的改造（尤其是外围护结构改造时）应在保证现有建筑文化价值和形象的基础上进行改造，而不仅仅是注重节能和提升室内环境品质的功能性改造；对于有历史文化价值的建筑，应首先考虑其文化价值，对传统建筑应考虑其对城市风貌价值的影响，在保持既有建筑形象的前提下，进行适用的改造。

（2）应对既有建筑进行节能诊断，根据诊断结果，进行综合分析，选取最佳方案进行改造。对居住建筑，应根据国家节能政策法规和标准的要求，结合当地的地理气候条件、经济技术水平，因地制宜地开展全面的节能改造或部分的节能改造；对公共建筑，应采取现场考察与能耗模拟计算相结合的方式，综合考虑改造后的能耗降低效果与投资回收期的平衡。

（3）对于设备系统的改造，应根据节能诊断结果，通过技术经济分析评估后确定具体的节能改造技术措施，包括对设备进行更新换代和功能升级、进行合理的系统改造并保证系统的相互匹配、实现能耗的分项计量以及增加室内舒适度调控装置等。

既有建筑的改造，特别是针对围护结构的改造，根据建筑所处的气候分区不同，存在着地域气候的差异性问题，应合理选用地域气候适应的被动式设计技术：

（1）在夏热冬冷地区，既有老旧建筑普遍存在冬季室内温度过低，夏季室内温度过高的问题[127]。对此，在改造中坚持必须满足夏季防热要求，适当兼顾冬季保温的原则。冬季应做好建筑气密性维护，防止冷风渗透带来的不利影响；夏季需降低太阳辐射得热问题，提高玻璃部分隔热性能，并提高外表面（非透明部分）的反射率，进而降低空调系统运行负荷，提高室内热舒适度。在建筑立面改造中，可以适当采用灵活可控的遮阳设施来降低室内太阳辐射得热量，并能有效的控制室内眩光指数。

（2）在夏热冬暖地区，既有建筑普遍存在夏季室内过热，空调运行能耗高的问题。对此，在改造中应坚持满足夏季防热要求，一般可不考虑冬季保温的原则。在通风方面，可以结合景观设计进行导风；外窗应设置遮阳设施，避免阳光直射；外墙和屋面应注意防晒，可以采用刷浅色涂料和采用种植屋面等方式。

（3）在北方寒冷地区，老旧住宅存在能耗突出的现象，居民为了改善室内热环境，往往在夏季采用空调制冷，冬季加大对暖气的依赖，加剧了能源消耗[128]。对此，在改造过程中应坚持满足冬季保温要求，部分地区兼顾夏季防热的原则。改造中应利用当地地形及气候的有利因素，如结合太阳高度角设计接收太阳能或遮阳设施；利用或避免主导风向，调控室内的温湿度指标，以提高舒适度；窗户改造应充分利用太阳能资源。

（4）在温和地区，老旧建筑普遍存在由于门窗节能性能差和缺乏遮阳设施造成能耗过高的问题。在改造过程中应坚持部分地区考虑冬季保温，一般可不考虑夏季防热的原则。在围护结构改造中应做好自然通风设计，如利用走廊组织自然通风；设置平开窗或悬窗，有效开窗面积高且灵活性强；建筑北向可设置边庭采光，便于冬季获得更多的日照和太阳辐射。

（5）在高海拔严寒地区，既有建筑的冬季的能耗问题更为突出。在改造中应坚持必须充分满足冬季保温要求，一般可以不考虑夏季防热的原则。改造建筑可提高围护结构传热系数，有利于提高改造对象的节能潜力；提高建筑的气密性，对漏气和漏风部位给予密封处理，在玻璃和窗框间敷设密封胶条；还可以在外门口设门斗或暖风机气幕；高海拔严寒地区在改造过程中应根据当地的可再生资源分布情况，合理利用可再生能源，进行被动式太阳房的设计。

本章节从评估、设计、后评价三个阶段对既有建筑改造节能的关键技术进行分析，具体技术如下图8-1：

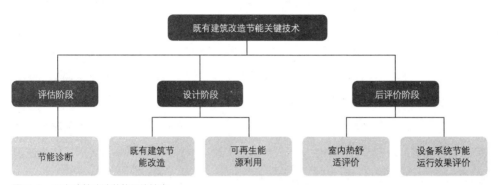

图 8-1　既有建筑改造节能具体技术

8.1.2 针对围护结构和设备系统的节能诊断

节能诊断是在既有建筑节能评估过程中的具体技术，是指通过现场调查、检测及对能源消费账单和设备历史运行记录的统计分析等，找到建筑物能源浪费的环节，为建筑物的节能改造提供依据的过程。节能诊断涉及建筑外围护结构热工性能、采暖通风空调系统及生活热水系统、供配电与照明系统、监测与控制系统等。节能诊断技术路径如图8-2所示。

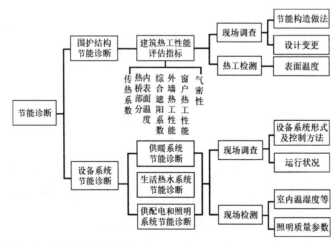

图 8-2　节能诊断技术路径图

建筑外围护结构的节能诊断首先要查阅施工图和竣工图，了解外围护结构的构造做法和材料、建筑遮阳设施的种类和规格以及关于节能的设计变更内容；其次，应对外围护结构现状进行现场检查，了解保温系统的完好程度以及与设计的一致性；然后对确定的节能诊断项目进行热工性能计算和检测；最终确定外围护结构的节能环节和节能潜力，形成外围护结构热工性能节能诊断报告。

在进行建筑热工性能评估时，主要评估以下几个指标。

①传热系数：外围护结构传热系数应包括热桥部分在内的加权平均传热系数；

②热桥部分内表面温度：热桥部分的检测应根据红外摄像仪的室内热成像图进行分析确定；

③遮阳设施的综合遮阳系数：建筑物外窗外遮阳设施的检测应按照现行标准的相关规定进行；

④非透光外围护结构的热工性能：对非透光外围护结构的保温性能、隔热性能和热工缺陷等进行检测；

⑤透光外围护结构的热工性能：对透光外围护结构的保温性能、隔热性能和遮阳性能等进行检测；

⑥气密性：主要是对房间气密性和外窗气密性进行实际诊断。

供暖系统及生活热水系统节能诊断应根据系统的设置情况，对建筑室内温湿度、冷热源机组的实际性能系数、锅炉的运行效率、水泵效率、风机单位风量耗功率、系统新风量、输配系统供回水温度、风系统平衡度、冷却塔冷却性能、能量回收装置的性能、空气过滤器的积尘情况以及管道保温性能等内容进行诊断。

8.1.3 既有建筑节能改造

既有建筑节能改造主要包括围护结构节能改造和设备系统节能改造两部分内容。

自2009年实施《公共建筑节能改造技术规范》以来，节能改造已经经历了十多年的发展历程，时至今日，出现了许多新技术、新构造和新产品，本章列举如下：

①围护结构节能改造应用了很多新的产品，包括玻璃采用热质变雾化调光玻璃及电质变调光玻璃、双银或三银Low-E玻璃，保温采用保温装饰一体板等；

②严寒和寒冷地区的居住建筑改造中更重视提高建筑的气密性，对漏气和漏风部位给予密封处理，在玻璃和窗框间敷设密封胶条等；

③设备系统节能改造方面在寒冷和严寒地区推广采用清洁能源，包括光伏发电技

术、太阳能热水技术、地源热泵技术等;

④在建筑进行新风系统改造时,采用新风热回收系统;

⑤电梯改造时采用节能电梯,采用群控、变频、感应控制或带能量反馈功能的节能措施;

⑥公共建筑改造中设置可对建筑能耗监测、数据分析及管理的能源管理系统,能实现分析计量和自动远传。

1)既有建筑节能改造技术路径

既有建筑节能改造的技术路径(图8-3)如下:首先分析需要改造的建筑类型,并优先考虑改造建筑所在地区的整体风貌及人文属性;然后根据不同的建筑类型(图8-4),确定所改造部位(图8-5)的改造原则;最后是选用具体技术措施(图8-6)满足改造要求,并进行结果分析。

2)围护结构热工性能改造

(1)基本原则

既有建筑由于建造年代不同,结构设计和抗震设计标准不同,施工质量也不同,在对围护结构进行节能改造时,不得破坏原有建筑主体结构安全,为保证结构安全,应对

图8-3 既有建筑节能改造技术路径图

图8-4 既有建筑建筑类型图

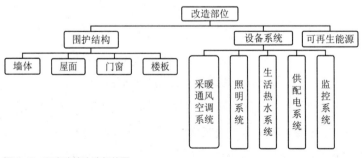

图8-5 既有建筑改造部位图

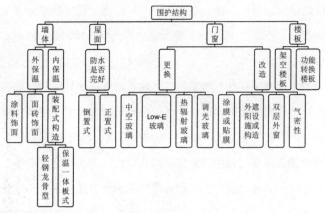

图 8-6　既有建筑节能改造技术措施图

原建筑结构进行复核、验算；当结构安全不能满足节能改造要求时，应采取结构加固措施，以保证结构安全。

改造应结合当地经济技术水平，并兼顾节能改造所能起到的保持或提升建筑的功能、美化环境、保护城市风貌和文化特色等因素来对既有建筑节能改造技术进行考核，选择适宜的节能改造技术方案。

外墙、屋面、外窗是影响建筑热环境和能耗最重要的因素，宜对外墙、外窗、屋面等部位进行节能改造。围护结构改造后的外窗传热系数、综合得热系数、屋面及外墙传热系数应符合国家及地方现行建筑节能设计标准的要求。

（2）外墙保温改造

既有建筑基层墙体对结构安全影响较大，其构造和材料不得随意更改，进行外墙节能改造时，在考虑改造的基本原则下，根据立面形式、工程难易程度和建筑外装饰材料等考虑，综合以上因素，采用适合此项目的外墙保温隔热技术。

外墙保温性能改造主要有内保温及外保温两种形式。

既有建筑外墙多为钢筋混凝土剪力墙或实心砖，此类墙保温隔热性极差，故重点考虑改造。针对主立面为南北向的建筑，从改造难易和费用研究，东西山墙应放在外墙改造的首位。

考虑到既有建筑室内的复杂程度及改造的难易程度，优先应考虑建筑外保温技术。外保温饰面形式主要有涂料、面砖及装配式外保温系统。采用外保温技术对外墙进行改造时，材料的性能、施工应符合现行标准及《建筑设计防火规范》GB 50016—2014（2018年版）等的规定。

当考虑内保温技术时，应对混凝土梁、柱等热桥部位进行结露验算，所选材料有害物质释放量不应超过规定指标，建筑室内空气质量应满足现行国家标准《室内空气质量标准》GB/T 18883—2002的有关规定，保温系统耐火性能满足规范要求。

（3）门窗保温改造

建筑外窗是室内与室外视线互通的桥梁，也是对室内热环境和房间供暖空调负荷的影响最大的部位。夏季太阳辐射如果未受任何控制地射入房间，将导致房间环境过热和空调能耗的增加；冬季太阳辐射则有利于提高房间温度，降低供暖能耗。

外窗的空气渗透对建筑空调供暖能耗影响也较大，为实现建筑节能，因而要求外窗具有良好的气密性能。外窗改造时所选用外窗的气密性等级应不低于现行国家标准《建筑外门窗气密、水密、抗风压性能检测方法》GB/T 7106—2019中规定的6级，幕墙不应低于3级。

外窗改造时应从提高传热系数，满足气密性要求、加大可开启面积和设置遮阳等方面进行。外窗改造的方法包括替换原有构造、增加保温隔热措施和改变窗户开启方式三类。

替换原有构造措施有以下方法：用中空、涂膜玻璃、双银或三银Low-e玻璃替代原玻璃；用符合节能标准的窗户替代原窗户；采用热质变雾化玻璃或电质变雾化调光玻璃替换原玻璃。

增加保温隔热措施有以下方法：在单层玻璃面上贴节能膜或涂膜；在原有外窗外侧加设一层新窗户；东、南、西方向主要房间加设外遮阳装置，应优先采用活动外遮阳，并应保证遮阳装置的抗风性能和耐久性能。

在对外窗的开启方式进行改造时，应有利于建筑的自然通风，开启面积应符合现行行业节能标准对自然通风的要求。

针对不同气候分区的外窗改造，严寒及寒冷地区应优先考虑双层或三层中空玻璃，夏热冬冷地区在双层中空玻璃窗的基础上优先考虑活动外遮阳或玻璃加膜等隔热措施，夏热冬暖地区重点考虑外遮阳及改造玻璃遮阳性能。

（4）屋面保温改造

屋面保温形式主要有正置式和倒置式，应分析项目的原有保温形式及气候特点，选择合理的保温方式。

对屋面结构节能改造时，在若防水层未被破坏的前提下，不得随意更改既有建筑结构构造，不破坏建筑内外防水，应优先在原有防水层上做倒置式保温。由于屋面结构层以上的保温及防水材料，不会影响结构安全，设计可根据屋面热工性能需求进行更换。

屋面节能改造应根据既有建筑屋面形式，选择下列改造措施：

①平屋面改坡屋面时，宜在原有平屋面上铺设耐久性、防火性能好的保温层；平屋面改造为坡屋面或种植屋面等对结构荷载影响较大的措施时，应核算屋面的允许荷载。

②坡屋面改造时，宜在原屋顶吊顶上铺放轻质保温材料，其厚度应根据热工计算确定；无吊顶时，可在坡屋面下增加保温层或增设吊顶，增设吊顶时宜在吊顶上铺设保温材料，吊顶层应采用耐久性、防火性能好，并能承受铺设保温层荷载的构造和材料。

③屋面改造时，宜同时安装太阳能热水器，增设的太阳能热水系统应符合现行国家标准《民用建筑太阳能热水系统应用技术标准》GB 50364—2018的有关规定。

既有建筑节能改造技术应用的案例比较多，下面以西藏自治区拉萨电视台广播电视中心为例来阐述这项技术是如何应用的。

节能诊断：首先通过对建筑物的竣工图、设备的技术参数和运行记录、能源消费账单、室内温湿度状况、围护结构、供热采暖系统的现状等进行建筑节能诊断。

具体围护结构情况诊断如下：

明确外墙饰面采用的是干挂石材饰面，外墙填充墙采用的是300mm混凝土空心砌块，外墙未做其余保温，内墙为200mm混凝土空心砌块，屋面为普通的混凝土屋面，无保温处理；外窗采用塑钢型材单玻外窗。通过对竣工图纸进行复核，明确建筑体形系数为0.133。各朝向的窗墙面积比见表8-1。

不同立面的窗墙面积比 表8-1

朝向	南	北	西	东
窗墙面积比	0.17	0.20	0.01	0.05

西藏自治区拉萨电视台广播电视中心不是历史风貌建筑，且项目所在地无明显的建筑风貌，未考虑人文条件限制。

根据既有建筑的使用功能和供暖时间进行分析，考虑到西藏地区太阳能资源丰富，以及技术经济发展水平和高原施工难度大的现状，重点开展对外墙、屋面、外窗的节能改造。通过对不同保温方式的优劣对比，同时结合该项目的实际情况，提出以下技术方案：

①建筑外墙主立面改造部分拆除现有方包石石材饰面，采用保温装饰一体板（芯材为XPS板）外保温技术；其他位置的墙面采用石膏复合XPS内保温技术。

②屋面保温采用挤塑聚苯板保温正置式屋面。

③外窗玻璃采用断热桥铝合金型材6+12A+6mm中空玻璃，传热系数3.2。

改造结果如表8-2所示。

<table>
<tr><td rowspan="2">部位</td><td>外墙</td><td>屋面</td><td>外窗</td></tr>
<tr><td>传热系数W/(m²·K)</td><td>传热系数W/(m²·K)</td><td>传热系数W/(m²·K)</td></tr>
<tr><td>目标既有建筑</td><td>2.02</td><td>1.16</td><td>6.4</td></tr>
<tr><td>改造后热工性能</td><td>0.538</td><td>0.434</td><td>3.2</td></tr>
</table>

围护结构的热工性能比较　　　　表8-2

采用能耗分析软件对节能改造的前后能耗计算，得出能耗减少率如表8-3：

全年耗热量减少率　　　　表8-3

	既有建筑	节能改造
耗热量/MJ	549.86	334.22
全年耗热量减少率/%	39.22	

在西藏自治区电视台广播电视中心进行既有建筑节能改造中，通过对外墙、屋面及外窗的热工性能改造提升，每年能够为该建筑节约215MJ耗热量，并为当地其余既有建筑节能改造技术提供了一定的参考方向。

3）设备节能改造关键技术

建筑设备节能改造部位主要是采暖通风空调系统、生活热水供应系统、供配电及照明系统、监测及控制系统，节能改造应从技术可行性、可实施性和经济性等方面对既有建筑设备进行节能诊断及综合分析，确定改造的方向。

（1）采暖通风空调改造

采暖通风空调系统由冷热源、输配系统及末端设备构成，系统较为复杂，且相互影响和制约，在节能改造的过程中，需充分考虑各系统之间的匹配问题。既有建筑更换冷热源设备的成本较高，在对冷热源设备改造时，应充分挖掘现有设备的节能潜力，若仍不能满足节能要求时，再考虑更换设备，更换的设备应满足现行国家标准《公共建筑节能设计标准》GB 50189—2015及地方标准对冷热源设备的性能要求。

冷热源系统的节能改造，可以选择以下改造措施：

①更换高能效或高效率的冷热源机组替换原冷热源设备。

②合理地利用可再生能源，如选择合适的（空气源、水源、地源）热泵，利用太阳能作为热源。

③在经济合理的情况下，对中央空调系统增加热回收装置、温湿度独立控制系统，或对燃油或燃气锅炉加设烟气热回收装置。

④增加或改善中央空调机房节能群控系统。

⑤对以蒸汽为热源的机组，采用凝结水回收系统，收集用气设备所产生的凝结水。

输配及末端系统的节能改造，根据项目具体情况，可以选择以下改造措施：

①对输配系统管道进行改造，减少输配距离，使系统最大输送能效比(ER)满足相关节能标准要求，同时可对管道更换或加设保温。

②更换合适的风机或水泵（能效限定值满足相关国家节能要求）。

③在经济合理的情况下，增加排风热回收系统。

④制定合理的控制策略，如大功率水泵、风机等增加变流量或变速调控装置，对锅炉房和换热机房设置供热量自动控制装置。

⑤选择合适的末端系统，重新对空调系统进行分区设置，每个采暖空调房间设置独立室温控制端。

（2）生活热水系统改造

生活热水系统的改造可采取更换热效率高、容积利用率高、生活热水侧阻力损失小的水加热设备，以及利用太阳能、附近的集中、区域冷热源站、工业余热、废热等提供生活热水供应或作为热源。

（3）供配电系统及照明系统的改造

供配电系统及照明系统的改造中，应在满足功能、用电安全及节能的需求为前提下进行，并采用高效节能产品及技术。

供配电及照明系统改造中可选择以下措施：

①在保障照明均匀度的前提下，合理选择光源及灯具替换原光源；采用T5三基色荧光灯、紧凑型节能荧光灯或LED、金卤灯等高效节能光源；在满足眩光限制和配光要求条件下，选用效率高的灯具。 使用电感镇流器的气体放电灯采用单灯就地补偿方式，其照明配电系统功率因数不低于0.9。

②对供配电系统中落后的元器件产品进行更换。

③对无功补偿的变压器设置自动补偿装置，或更换补偿设备，补偿后的变压器侧功

率因数在0.95以上，10kV侧功率因数在0.90以上。

④对大型用电设备、大型调光设备、电动机变频调速控制装置等谐波源较大设备，设置就地设置滤波装置。

⑤有条件时可更换变压器，选用能效等级更高的变压器。

（4）监测及控制系统改造

对公共设备监控系统实施改造，主要有公共照明控制系统、电梯状态监控系统、设备能耗监测系统、给水排水送排风监控系统。监控系统的改造应做到能够实时采集数据，并且能够对设备运行情况进行记录、保存功能。

监控系统改造中可选择以下措施：

①对设备电能进行分项计量，设置能够实现对建筑能耗监测、数据分析及管理的能源管理系统，分类、分级对用能实现自动远传计量。

②电梯采取群控、变频调速、轿内误指令取消功能或能量反馈等节能措施。电梯在无外部召唤且轿厢内一段时间无预置指令时，可自动转为节能运行模式的功能；自动扶梯、自动人行步道采用具备空载时暂停、低速运转或变频感应启动等功能。

③走廊、楼梯间、门厅、电梯厅、卫生间、停车库等公共场所的照明，可采用集中开关控制或就地感应控制方式。

④具有天然采光的场所，靠采光侧的灯具可独立形成控制回路，有条件时宜采取照度自动调节参数。

4）特殊空间节能改造

本章节所述特殊空间，主要针对大空间及高大空间建筑进行阐述，此类建筑进深大、高度高、墙地面积比大、人员密度变化大及存在多功能性。人员活动范围不固定、有些区域人员停留时间较短或主要集中在某一区域活动，能耗主要由空调、照明和其他动力设备等组成。且此类大空间随着空间高度增加，室内空间热环境存在温度分层现象，此现象也是此类高大空间能耗形成的主要原因。

针对此类空间的改造，可从建筑空间本体和设备系统两方面考虑来选用适用的技术措施。

建筑空间本体的改造有以下技术措施：①对建筑南侧增加遮阳措施；②通过替换外窗，在过渡季节风向上适当增加可开启面积；③增加门斗过渡空间，阻挡冬季冷风进入和夏季室外热空气对流；④对有天窗的高大空间，可以对天窗进行局部改造，通过热压形成自然通风。

设备系统的改造有以下技术措施：①对建筑空间的朝向，细分供暖、空调区域，对供暖、空调系统进行分区控制；②对大空间的过渡区域，可适当降低温度标准，进行合理的调控；③靠近外窗区域，采光采用独立于其他区域的照明控制措施等。

8.1.4 可再生能源利用

可再生能源包括太阳能、地源热泵、水源热泵、空气源热泵等，城市更新设计中的可再生能源利用应根据当地资源与适用条件统筹规划。

1）太阳能系统

太阳能系统的应用较适用于太阳能资源丰富地区，根据使用地的气候特征和实际需求，考虑全年综合利用情况，为建筑物供暖、供冷、供电或供应生活热水。

既有建筑新增太阳能系统，应考虑建筑结构安全性以及太阳能构件与建筑的一体化设计，同时还要做好安装和运维的安全防护措施，避免太阳能设备构件坠落风险。根据不同地区气候条件、使用环境和集热类型等因素，太阳能系统应采取防冻、防结露、防过热、防热水渗漏、防雷、防雹、抗风、抗震和保证电气安全等技术措施。

太阳能集热系统的技术应用，应综合考虑技术可行与成本增量等因素，几种常用技术方案的应用分析见表8-4：

可再生能源应用方案对比 表8-4

技术方案	技术特点及投资成本	屋顶（集热器安置）面积	是否设置蓄热	推荐使用建筑
太阳能热风采暖	制造成本低廉，初投资较低	所需屋顶面积大	不设置	2层以下（学校、办公建筑等仅需白天供暖建筑）
太阳能聚光式集热+吸收式热泵+辅助热源	需采用聚光式集热器配合热泵使用，建议采用空气源热泵作为辅助热源；初投资大于平板式+辅助热源系统	聚光式集热器集热效率高于平板式，同时吸收式热泵进一步提高能源利用效率，缓解了集热面积不足的问题	需设置（仅白天使用的公建不设置）	12层以下（节能改造后的公共建筑、居住建筑）
				20层以下（新建公共建筑）
				22层以下（新建居住建筑）
太阳能聚光式集热+辅助热源	需采用聚光式集热器，建议采用散热器作为采暖末端，采用锅炉或电加热作为辅助热源，初投资大于平板式+辅助热源系统	聚光式集热器集热效率高于平板式，一定程度上缓解了集热面积不足的问题	需设置（仅白天使用的公建不设置）	6层以下（节能改造后的公共建筑、居住建筑）
				10层以下（新建公共建筑）
				11层以下（新建居住建筑）

技术方案	技术特点及投资成本	屋顶（集热器安置）面积	是否设置蓄热	推荐使用建筑
平板集热+辅助热源	建议采用空气源热泵作为辅助热源；初投资较大	所需屋顶面积较大	需设置（仅白天使用的公建不设置）	3层以下（进行节能改造后的居住建筑、公共建筑）
				3层以下（新建公共建筑）
				7层以下（新建居住建筑）
平板集热	完全依靠增大集热器集热面积与蓄热容积来解决阴、雨、雪等天气以及晚上工况的供暖；投资很大	所需屋顶面积很大	需设置	适宜于无传统能源供应的项目

2）地源热泵、水源热泵

地源热泵在应用实施前应对浅层或中深层地源热能资源进行勘察调研，确定地源热泵系统应用的可行性与经济性。与此同时，还应根据建筑规模，对改造建筑进行全年动态负荷以及吸、排热量计算。对于建筑面积50000m²以上的大规模地埋管地源热泵系统，应进行10年以上地源侧热平衡计算。

地下水换热系统应根据水文地质勘查资料进行设计，必须采用回灌措施，避免对地下水资源造成浪费及污染。

江河湖水源地源热泵系统在应用实施前应对地表水体资源和水体环境进行评价，不得破坏江河湖泊的水生态系统。

3）空气源热泵

空气源热泵多用于长江黄河流域，用于严寒和寒冷地区时，应采取防冻措施。当室外设计温度低于空气源热泵机组平衡点温度时，应设置辅助热源。

空气源热泵室外机组安装位置应考虑噪声影响和排出热气的气流组织情况，应确保改造建筑以及周围建筑使用环境的舒适与健康。

8.1.5 室内热舒适性和设备系统节能运行效果的后评价方法

在对既有建筑进行节能改造后，对建筑的室内热舒适性评价既可以从使用者的主观感受角度进行评估，也可以根据实测的客观参量来评估改造技术方法的适用性。对设备系统节能运行效果的评价则可以用能耗指标作为评判标准来评估设备系统改造方法的有效性，从而为类似改造项目的技术方案提供支撑。对于公共建筑，按照现行技术规程《公共建筑改造技术规程》的要求，在进行节能改造后，应对建筑物的室内环境、改造的系统和设备进行检测和评估，宜定期对节能效果进行评估。

使用后评价（Post Occupancy Evaluation，POE）作为规划设计的一个方法，已经有30多年的历史了。根据各类评价方法依据理论的不同，可分为以下几种方法[129]。

①调查收集资料法：如文献资料收集、现场调研、问卷调查等；

②专家评价法：如专家研讨会、专家打分法等；

③统计预测法：如数理统计分析等；

④对比分析法：分为前后对比分析法、有无对比分析法和横向对比分析法等；

⑤效益分析法：如层次分析法、模糊综合评价法等；

⑥新型评价方法：如熵值法、灰色关联度法等；

⑦混合方法：包括以上方法的混合使用[130]。

以上方法各具特点，在POE中都有较为广泛的应用。关于城市更新中节能与室内外环境质量的使用后评价，采用调查收集资料法中的问卷调查与统计预测法中的数理统计分析相结合的方式，通过客观的建筑性能和设备效能的评价指标及使用者主观满意度调查，能对建筑运维的实际效果进行科学、准确、客观的评价。

1）既有建筑室内热舒适性评价

（1）室内温湿度测试

依据《民用建筑室内热湿环境评价标准》GB/T50785—2012的相关要求，对主要功能房间进行抽样布点，测试温湿度和风速等参数，核对是否满足现行国家标准《民用建筑供暖通风与空气调节设计规范》GB 50376—2012和《公共建筑节能设计标准》GB 50189—2015的规定。

（2）建筑热舒适的可控性

核查建筑热舒适的可控性，包括可调遮阳系统、空调末端系统是否可控以及外窗与玻璃幕墙可开启部分的比例。核查遮阳设施的落实情况，看是否正常运行；核查主要功能房间的采暖及空调末端控制情况，且是否正常运行；核查主要功能房间的可开启外窗设置数量，人员数量及工位布置方式，核查可控率。

（3）室内热湿环境满意度评价

对建筑使用者发放调查问卷，进行室内热湿环境评价，应覆盖建筑内部不同空间。主要调查使用者对建筑内不同空间的温湿度满意度（非常不满意、不满意、一般、满意、非常满意）在哪一个区间。

2）设备系统节能运行效果评价

根据建筑安装的能耗监测平台中关于供暖通风与空调系统运行能耗、照明插座系统能耗、电梯系统能耗、动力设备系统运行能耗等数据，并核实节能控制措施落实情况，判断设备系统节能运行情况。

8.2 建筑室外环境改善关键技术

在城市更新设计中，针对建筑尺度以外的室外环境改善也是绿色建筑的重要内容。该技术适用于街道、小区、城区级等不同规模的室外区域。建筑室外环境改善包括室外热湿环境改善、自然通风优化设计和室外环境噪声控制等内容，技术路径如图8-7所示：

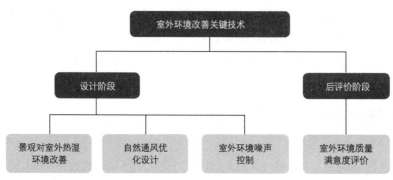

图8-7　室外环境改善的技术路径

8.2.1 景观对室外热湿环境改善

1）绿化遮阳

绿化是城市更新中的一个重点，同时也是美化环境、改善微气候的重要手段。绿化可以通过遮阳和蒸发降温来调节建筑吸收的太阳辐射量，对室外热湿环境起到调节作用（图8-8）[131]。绿化对热环境的改善主要体现在对周边环境的降温增湿，还可以起到降低风速和提高人们户外热舒适度感觉的效果。

2）下垫面反射率的影响

不同下垫面的反射率不同，直接影响下垫面的温度，进而影响空气温度、相对湿度以及辐射温度，最终对微气候的舒适性及安全性产生影响。下垫面反射率的提高可以降

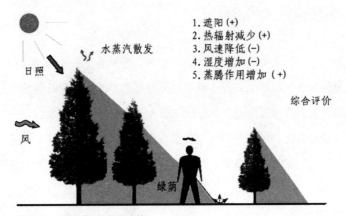

1. 遮阳 (+)
2. 热辐射减少 (+)
3. 风速降低 (−)
4. 湿度增加 (−)
5. 蒸腾作用增加 (+)

综合评价

图8-8　绿化对微气候的改善

低下垫面表面温度，进而降低空气温度，但是由于反射率的提高会导致平均辐射温度升高，因此，在景观设计中，不能简单地通过提高下垫面反射率来改善室外热环境，合理的选择更为重要。采用浅色路面或硬质铺装的反射率较高，如浅灰色和青灰色的路面和硬质铺装。

在道路和硬质铺装运用降温涂料进行降温不但行之有效，而且环境友好、成本低廉、便于推广应用。彩色降温涂料必须吸收一定波长的可见光以呈现某一特定颜色，所以提高彩色涂料太阳反射率的最佳途径就是提高其近红外反射率（表8-5）。

彩色太阳热反射降温涂料的相关参数表　　　　表8-5

样品		太阳热反射率	紫外反射率	可见光反射率	近红外反射率	明度
橙色	外墙橙	0.618	0.057	0.522	0.782	74.7
棕色	锌铁铬棕	0.319	0.057	0.140	0.567	35.9
	钛铬棕	0.581	0.066	0.451	0.789	69.7
红色	氧化铁红	0.335	0.055	0.185	0.545	36.1
	外墙红	0.587	0.056	0.420	0.840	43.8
绿色	酞菁绿	0.280	0.060	0.077	0.552	34.5
黄色	氧化铁黄	0.483	0.053	0.369	0.661	64
	外墙黄	0.637	0.056	0.532	0.814	73.2
	钛铬黄	0.609	0.063	0.469	0.831	70.2
	钛镍黄	0.685	0.060	0.632	0.802	87.8
蓝色	钴铝蓝	0.408	0.210	0.328	0.528	41.7
	酞菁蓝	0.342	0.065	0.093	0.686	31.5

8.2.2 自然通风优化设计

随着社会进步、科技发展和人们对生活需求的不断提高，城市环境的生态效益得到更加重视，良好的城市风环境是提高城市生态效益的重要因素，改善城市风环境有利于降低建筑空调能耗、有利于污染气体扩散、有利于降低城市热岛效应以及提高人体舒适性。城市风环境主要受当地主导风向、规划布局、建筑形体、景观设计等影响。根据当地主导风向，优化规划布局和建筑形体，通过道路规划配合景观设计构建通风廊道改善区域风环境。

1）研究方法分析

研究室外风环境目前主要采用的方法有风洞试验、网络法及数值计算CFD方法。

风洞试验是当前建筑室外风环境及风工程领域使用的主要方法，它是通过制作实际建筑物的缩尺模型在大气边界层风洞中进行的，通过必要的手段产生类似于实际建筑周围的风场，然后通过布置在模型表面及其周围的试验仪器测量风速、风压等相关数据，研究内容涵盖建筑物的风压风速分布以及不同高度比和相对位置的变化所产生的相互干扰影响。风洞试验往往存在着诸如模型制作费时费力、试验周期较长、难以同时研究不同的建筑设计方案等缺点，而且缩小尺寸的试验模型并不总是能反映全比例结构的各方面特征，另外，在测点布置、同步测压等一系列问题上也有很多不足有待解决。

网络法又叫节点法，是从宏观角度对自然通风进行分析，主要用于自然通风建筑设计初期的风量预测。它利用质量、能量守恒等方程，将每一个建筑或者房间考虑为一个计算节点，列出风压和热压作用下的自然通风量计算方程，从而求解自然通风量。但是，由于网格法是对建筑形体的一种近似，也就说，并不考虑建筑形体的影响，其计算精度相对较低，无法给出环境风场内各个部分的具体风速、风量大小。所以并不适合用于建筑室外风环境评价，只能用于估算通风量及风速大小。

数值计算CFD是从中观及微观角度，针对建筑群和建筑单体，利用质量、能量及动量守恒等基本方程对流场模型进行求解，分析其空气流动状况的计算方法。采用CFD对自然通风模拟分析，用于区域内室外自然通风风场布局优化和单体建筑室内流场分析，以及对象中庭这类高大空间的流场模拟，通过CFD提供的直观详细的信息，便于设计者对城区布局或建筑单体进行通风策略调整，使之更有效的实现自然通风。

综上所述，采用CFD对建筑室外区域进行模拟分析是城市更新中改善室外风环境的最佳手段。

2）技术措施

（1）建筑规划布局优化

建筑规划布局影响了室外风环境状况，改变了建筑及建筑周边的风场分布及流通状况。建筑布局影响建筑上风向和下风向环境状况，风速过大是由于建筑布局形成的狭口效应或室外植被不能有效阻挡区域内过大的气流。通风不畅是上风向建筑的阻挡，在其背面形成涡流，阻碍了下风向建筑室内外空间内的通风效果。

建筑规划布局的优化方法主要有以下几种：

①预留建筑群边界的开口，增大开口的尺度和数量，可以增加水平方向的进风量和风速，便于导风；

②在建筑迎风面采取前低后高的建筑布局方式，对垂直方向上风的扩散更有利[132]（图8-9）；

③适当减小迎风面大小，避免建筑长边垂直于主导风向；

④选取合适的建筑迎风面形态，避免迎风面过于凹凸复杂。

（2）道路系统优化

城市更新中涉及道路系统更新，可以从通风的角度对道路系统进行优化设计：

①布置适宜的街区开敞空间，利于缓冲风场和增强通风；

②适当引入河道水体，能使临河建筑风环境和温湿度都有所改善；

③利用河道设置天然的通风廊道，形成自然与人工相结合的街区通风廊道（图8-10）。

（3）景观导风

室外公共空间景观设计对风环境的改善作用同样明显，景观以及构筑物的布置方式可以调整风向和风速，将气流有组织地导入建筑群内部，在人行活动区域形成

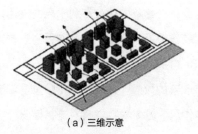
（a）三维示意

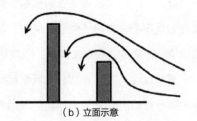
（b）立面示意

图8-9 建筑布局导风示意

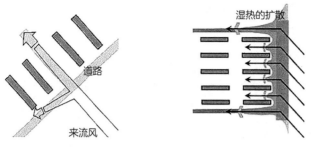

图 8-10　道路系统优化对构建通风廊道的影响图

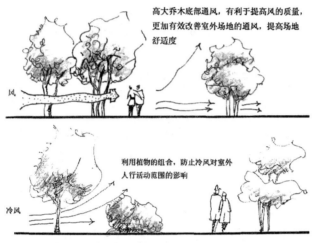

图 8-11　植物配置对场地内通风与防风的影响

良好的通风效果。因此在景观设计阶段应充分考虑当地主导风向,沿主导风向布置通风廊道,为确保通风效果良好,应避免通风廊道存在过多曲折以及较多较大障碍物阻挡。

改变下垫面粗糙程度可有效控制人行高度的风环境舒适性,可以通过增加区域内绿地面积,充分利用植物季节性生长特点,采用乔、灌、草复层绿化方式应对不同区域内风环境舒适性问题。例如茂密的植被制约风的流通;稀疏的植被有利于风的流通;常绿植物宜布置在冬季主导风向的上风向,起到挡风作用等。绿化配置应遵循高矮布置、疏密有致的设计原则,充分发挥其生态效益(图8-11)。

水景观设计同样能对室外微气候起到调节改善的效应。动态水景(喷泉、溪流、瀑布等)容易带动附近空气流动,同时起到降温作用,温差导致空气对流,因此会在该区域形成微风环境,改善局部舒适性。对于干旱地区,水景面积越大改善效果越明显:夏

夏季流水 　　　　　　　　　　　　　　　　冬季无水

图8-12　流水景观墙

季，干燥的热空气流经动态水景，湿度增加温度降低，有效降低行人体表温度，提高舒适性；冬季，由于水的比热容较大，降温较慢，风掠过水面后带来较暖的空气。对于潮湿地区，水景面积不宜过大，可结合景观构筑物采用季节性动态水景，如流水景观墙等（图8-12）。

3）技术应用

利用CFD模拟工具对安仁古镇既有街区进行室外风环境模拟分析，应用以上技术方法，提出优化方案。

①气象条件：安仁古镇位于四川省成都市大邑县，位于亚热带湿润季风气候区，全年主导风向为东北风，风速频率为11%，年平均风速为2.0m/s。

②现状梳理：目前安仁古镇有保存较为完好的历史街区以及庄园古宅，建筑规模约为30万m²，建筑布局多采用围合式，整体看来较为封闭。街区内部主要道路宽度在6~9m之间，沿东北方向往西南方向延伸；支路宽度在4m左右，分布错综复杂。沿街建筑层数多为2~3层，首层多设有外廊，屋面采用双坡瓦屋面（图8-13、图8-14）。

③建筑规划布局优化方法应用分析：基于建筑规划布局中的优化方法，本案例沿街建筑层数较低且迎风面无复杂的凹凸形态，但建筑长边垂直主导风向，且每栋建筑紧密相邻（如图8-15黄色区域所示），导致场地内风速过小。为解决上述问题，本案例宜采用在建筑群边界（黄色区域）预留开口，开口的数量和尺寸应有所增加。具体做法是采取拆除相邻老旧建筑或增设底层架空的方式来改善自然通风效果。通过CFD模拟手段

图 8-13　安仁古镇现状图

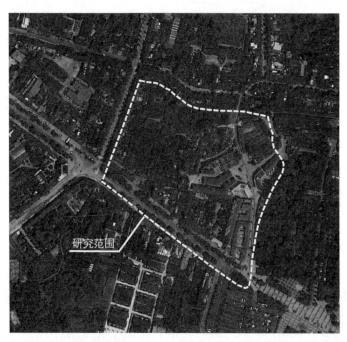

研究范围

图 8-14　安仁古镇片区卫星图

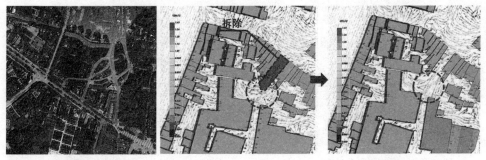

图 8-15　通风效果模拟分析图

对优化方案加以验证，拆除红色区域建筑后，蓝色范围内的气流组织通畅，风速明显提高，通风效果得到改善。

8.2.3 室外环境噪声控制

　　城市更新中加强环境噪声的治理是改善人居环境品质的重要内容，也是绿色建筑倡导的环境宜居的宗旨。环境噪声污染主要有四个来源：社会生活噪声、建筑施工噪声、工业企业噪声和交通运输噪声。区别于新建项目，城市更新中的室外环境噪声控制主要从噪声源的传播路径上进行降噪控制，主要有三种手段：

　　①设置声屏障和结合景观绿化进行道路交通噪声治理。对道路交通噪声污染比较严重的城市道路系统（高速路、快速干道、城市主次干道、高架道路）沿线设置隔声屏障，采用复合型隔声吸声屏障，可对声屏障声影区范围的声环境有明显的改善效果；结合景观设计，种植高大遮阴乔木与低矮灌木丛相结合的复合绿化带以及设置景观声屏障的形式，也能起到一定的降噪效果。

　　②对室外的设备噪声源进行有针对性的降噪治理。对现有室外噪声源进行测试后，基于测试结果进行有针对性的降噪治理，包括设置隔声罩、隔声屏障以及其他设备降噪措施。

　　③提高受影响建筑的外围护结构（主要是外窗）的隔声性能。对受室外噪声污染影响严重的建筑，最有效的处理方式就是提升外围护结构的隔声性能。外窗是最薄弱的环节，提升外窗的隔声性能，可以根据实际情况，更换隔声性能更好的隔声窗，或增加一层窗户。对于原有窗户构造，应注意使用年限久后关闭不严和漏缝的情况，应进行更好的密封处理，能有效提升原有窗户的隔声性能。

8.2.4 室外环境质量满意度评价

开展室外环境质量满意度评价能够检验室外环境改造设计的实现程度，提高建筑室外环境质量，同时可以发现潜在的问题和新的使用需求，可以为后续类似城市更新项目提供技术指导。

针对区域的室外环境质量进行使用后评价，主要包括场地风环境评价、室外热岛强度评价和场地环境噪声评价等。

（1）场地风环境评价

核查场地周边状况，核对是否与场地风环境模拟计算分析报告中设置条件一致，并调查建筑使用者对场地风环境的满意度。

（2）室外热岛强度评价

核查实际的乔灌木绿化遮阳及景观构筑物遮阳情况，对硬质铺装和屋面材料的太阳辐射反射系数进行测试，并对室外硬质铺装和建筑屋面表面温度进行测试。

组织使用者进行问卷调查，让其评价室外热环境属于（非常不满意、不满意、一般、满意、非常满意）哪一个区间。

（3）场地环境噪声满意度评价

由具有相关资质的第三方检测机构，根据现行国家标准的检测方法，在场地周围进行抽样布点，对昼间和夜间噪声进行检测，判断是否满足标准要求。

组织室外声环境的满意度调查，对使用者（如办公楼职员或商场的工作人员等）进行问卷调查，让其评价室外噪声环境属于（非常不满意、不满意、一般、满意、非常满意）哪一个区间。

第九章

城市更新设计关键技术建筑智能化篇

第九章 城市更新设计关键技术建筑智能化篇

城市更新中，采用新一代信息化技术和智能化系统，提升城市功能和管理效率，是城市发展的重要环节。本章节主要针对既有建筑智能化系统升级改造技术、智慧公共服务技术以及既有建筑智慧能源管理平台应用技术三个方面进行阐述。

智慧城市建设为城市更新带来动力，以提升城市功能、促进城市可持续发展和提高居民生活幸福感为主线，是城市发展理念和创新精神的体现。智慧城市建设提供了广阔的应用前景，促使城市管理者通过运用新兴技术手段来满足城市日益丰富的应用需求，同时为新产业、新环境、新模式、新生活、新服务提供有力支撑。

9.1 既有建筑智能化系统升级改造技术

既有建筑改造中，智能化系统升级改造是重要内容，包括智能化基础设施设备与系统的更新、改造和升级；升级智能化系统为建筑带来新的体验，实现更舒适、便捷、高效、绿色和节能的效果。

区别于新建建筑，既有建筑现有的基础设施设备功能不全，原有智能化系统设计标准低，运行能力差，无法满足使用功能需求，包括建筑通信基础设施不到位，网络速度慢，线路老旧，改造升级困难，建筑基础信息采集、传输、发布不及时，建筑安全监控设施不到位，历次局部改造升级也不够完善，缺乏顶层规划和建筑整体性建设发展理念，是目前智能化系统改造中普遍存在的现状。

现有信息化技术和智能化系统处于更新换代、快速发展阶段，为既有建筑改造升级带来便利，很多新技术在改造项目中及时应用，增加了既有建筑智能化系统升级改造的适用性和先进性。

既有建筑智能化基础设施升级改造，首先要对智能化设施现状进行评估，包括现有智能化系统的安全性、可靠性和可维护性，进行综合判断，提出改进措施，确立改造标准和目标定位；升级改造需要结合新一代信息化技术，包括云计算、大数据、物联网、人工智能等新技术、新应用，制定设计方案，充分论证，并提升建筑各项功能与需求。

智能化系统改造，需要关注后期运维管理的因素，包括升级智能化平台和设施设备运维功能，以及改造后对运维管理效率进行评价。建筑基础功能管理、综合业务管理，是建筑持续发展的必要保障，也是智能化系统正常运行的条件。提升建筑管理能力，打造智慧建筑竞争力，是现代建筑发展的必经之路。

本章节从项目评估、标准定位、规划设计、后评价四个阶段对既有建筑智能化系统升级技术进行分析，建筑智能化升级的技术路径如图9-1。

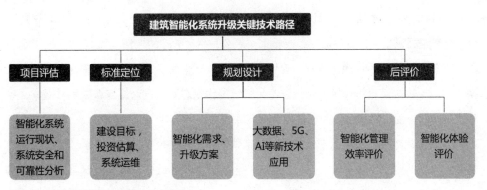

图 9-1　既有建筑智能化升级的技术路径

9.1.1 既有建筑智能化系统现状评估

随着城市功能的完善和更新，既有建筑需要进行改造和维护，其智能化系统越来越跟不上新的需求，主要体现在建筑内智能化基础设施老化严重，智能化系统不全，公共安全得不到保障，信息化应用水平低，包括设施设备管理机房、管井条件差，维修不到位等，严重阻碍了建筑使用功能和智能化应用。改造这些基础设施，提升设备效率、运维水平，创造舒适、高效、安全的环境，是建筑更新升级的必要条件。

现状评估分析是规划设计工作的前提，有利于建筑智能化新技术、新应用的布局。清晰准确地评估智能化基础设施的现状，明确需要改造的信息通信设施，以及机房、通道和线路，为既有建筑智慧新功能的合理规划奠定基础。

既有建筑智能化系统现状评估指标如下：

①智能化各子系统设置情况、运行状态。原有系统设备与改造后的建筑功能适应性评估，系统运行条件评估，新增加系统布置的条件评估，包括设备机房、安装位置、信号传输线路评估。

②智能化控制室布局、调度能力。控制室机房布置条件，机房工程配套条件评估，包括UPS电源升级、机房环境、装修条件、接地及安全、值班调度能力评估等。

③网络接入能力、数据采集精度、传输速率、线路通道维护状态。公共建筑改造中，计算机网络的改造是重要环节，原有交换机基本上需要升级或重新配置，评估网络带宽、速率和安全性，对大楼的智能化系统传感器、信号采集器、终端控制设备进行评估，对传输线路和管井、线槽进行评估。

④能源管理系统运行状态。国家提倡建筑绿色、节能要求，既有公共建筑改造需要进行能耗的评估，重新构建能源管理系统，对能源管理系统运行现状以及计量、采集、传输条件进行评估，并评估能效数据报上一级公共平台管理的条件。

⑤智能化系统平台操作系统、软件版本更新、硬件设备使用年限。智能化系统升级换代快速，建筑使用年代较长时，智能化系统工作状态更差，对原有系统软件版本、硬件工况进行评估，对平台架构、数据库进行评估。

⑥智能化系统安全评估。包括智能化系统操作安全、数据安全、身份识别认证、网络防护与运行安全、信息系统源代码编码安全、计算机终端安全等，对标等级保护要求构建的防护措施，信息传输通道物理保护措施等。

9.1.2 智能化系统升级改造标准定位

标准定位是在现有信息化技术条件下，结合建筑改造后的使用功能，有充分的现状评估报告为基础，制定成熟的系统升级方案，形成改造标准指导项目实施，包括智能化功能需求与建设目标、定位。

智能化系统改造标准应结合城市规划发展指标、基础条件要求，定位与建筑改造的总体目标要一致，标准定位结合项目改造的投资估算，智能化系统改造升级标准还应考虑项目后期运维的影响。

9.1.3 信息基础设施、平台应用及信息安全规划设计

规划设计要结合既有建筑现状评估与分析成果，提出规划设计方案。提升智能化功能、完善安全性和可靠性，其中以建筑功能定位为基础的智能化系统需求是重点关注内容。作为智能化系统规划设计的输入条件，包括对建筑智能化需求、现状、改造目标进行分析，对重要基础条件如智能化机房、竖井布局、管网通道进行梳理，形成设计输入

的主要内容和分析报告。

现有智能化机房、管井等基础设施通常无法满足新系统的布放条件，往往需要对土建进行调整，对电源和机房空调进行完善，在规划阶段需要组织相关专业配合与讨论，优化基础设施，提出解决方案。

系统安全也是规划设计中关注的要点，包括身份认证管理、数据传输、防止网络攻击以及运维安全等内容，在规划设计时，要按照相关规范要求和保障体系，做好应对措施，提前布局、全局部署。

1）智能化系统设计

在现状分析报告基础上，提出更新智能化系统总体方案，进行论证分析；对智能化新技术的适应性论证；对建筑定位与改造目标进行分析；对既有建筑改造中的智能化系统设计难点进行分析；对建筑应用场景进行分析。

结合建筑功能与管理需求，对智能化基础设施规划，对智能化系统升级换代规划，对机房扩容、管井梳理等，为智能化系统制定总体设计方案。设计方案应解决智能化系统重要关注内容，包括智能化机房、弱电竖井、通道的改造设计方案，并完善楼宇自控、安防监控、建筑物内通信信号覆盖和计算机网络等智能化系统。

智能化系统规划方框图如图9-2。

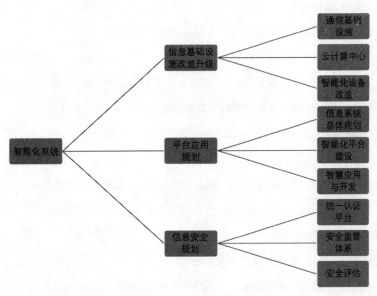

图9-2　智能化系统规划方框图

2）智能化升级改造优选项

以人为本是建筑改造升级坚持的理念。智能化为人们提供安全、舒适的工作、生活环境，在满足功能需求的条件下，进行优选建设。

（1）智能化基础设施改造

通过现状评估，既有建筑的智能化基础设施通常是需要全面改造，包括基础子系统的主设备、传输线路、末端传感器、执行机构等，并对机房布局、竖井通道、线槽等基础条件进行改造。

计算机网络升级，提升网络带宽和传输速率，包括楼层接入交换机、核心交换机升级换代，扩容运营商网络接入带宽。

优化建筑物内移动通信覆盖信号，引入运营商信号覆盖；改造中，留出足够的位置和通道，以及供电条件，满足基础通信系统的要求。

（2）公共安全系统升级

评估既有建筑的安装条件，结合建筑功能、管理需要，主要对出入口、通道、重点区域等增加或更换监控摄像机，对视频监控区域全覆盖；对信息线路、电源配置进行改造；升级改造监控主机和显示大屏；视频监控系统可根据需要配置图像分析、识别、数据对比功能。

公共区域疫情防控，具备红外测温、视频分析等功能；对门禁控制、闸机、卡口设施设备进行升级维护；对防盗报警系统测试及系统升级。

升级安防管理系统软件，有条件时建立智慧安防管控平台等。

（3）新增无感通行、智慧停车等提升服务质量的系统

在访客系统中，设置网上申请、预约、授权、移动终端确认、通道闸图像识别功能，实现无感通行，提升建筑舒适体验与形象品质；既有建筑的改造中，需要引入互联网移动端APP应用、改造大堂通道闸机，安装访客管理平台系统及软件。

在既有建筑的停车场应用无感智慧停车管理系统，具备车牌自动识别功能，实现智能录像，快速通行。有条件的建筑升级改造停车诱导、车位引导和反向寻车等功能，引入互联网移动端APP应用、自主缴费、移动支付功能。通过大数据共享平台实现信息共享，包括车位信息查询、智能导航、车位预订、诱导与反向查询等功能。

3）功能要求和升级要素

智能化系统功能要求与建筑改造后的定位、使用性质对应。在明确改造目标后，做出的总体规划，必须满足建筑功能、使用条件、管理运维等要求；总体规划方案还应给出智能化系统投资估算，并根据投资规模，合理选择适宜的子系统进行改造升级。建筑智能化系统功能要求和升级要素如表9-1。

建筑智能化系统功能要求和升级要素 表9-1

智能化系统及子系统		功能要求	改造升级要素
一、信息化应用系统	智慧管理平台	综合管理平台、集成智能化子平台	大型公共建筑需求
	移动端应用	管理端、App、微信公众号	业务需求
	数据资源中心	数据库+数据分析+扩展应用	业务数据管理库
	云平台	私有云、公有云、混合云平台	云服务条件
	智慧城市、智慧社区上连接口	与上级应用平台实现信息共享	城市服务
	物联网	实现物联网数据传输、转发、完成物联网与互联网之间的通信	网络覆盖+末端接入
二、信息设施系统	信息接入系统	运营商接入机房+5G覆盖	运营商接入通道
	布线系统	光纤、铜缆、支持IPv6	水平、竖向通道
	移动通信室内信号覆盖系统	5G/4G网络	机房、通道、安装面布局
	用户电话交换系统	由通信运营商提供虚拟语音交换机	虚拟交换机布局
	无线对讲系统	多信道数字式、定位功能	天线、馈线分配通道
	信息网络系统	办公网+设备网+专网，无线网络	机房布局
	有线电视系统	光纤网络	运营商接入通道
	卫星电视接收系统	卫星电视节目	卫星通信机房和基础座
	会议系统	音视频会议、会议预约	会议室装修
	公共广播系统	数字网络广播	广播机房
	信息导引及发布系统	LED、LCD显示屏应急发布和指示功能	公共区域安装位置
	时钟系统	时间校准、卫星授时	布置区域
	室内导航与定位系统	Wi-Fi覆盖+室内导航与定位技术	平面布局数字图像
三、设备管理系统	建筑设备监控系统	对冷热源、空调通风、水、电设备管控	设备专业配合
	建筑能源和能效管理	水电暖能源计量、智能配电、能效综合管理	能源统一调度管理
	智能照明系统	分区域、联网统一控制，具备远程控制	照明回路改造
	自动遮阳系统	公共区域、楼层设置	设备配合
	环境质量监测	室内与空调系统联动	功能改造
四、公共安全系统	安全防范管理平台	将各安防子系统整合、结合BIM技术、可视化、应急指挥系统	管理需要
	入侵报警系统	重要区域报警	设备布置
	视频安防监控系统	全数字监控系统	摄像机与线路敷设
	出入口控制系统	闸机+人脸识别联动+门禁	闸机+门禁位置
	电子巡查系统	离线式	设备布置
	五方对讲系统	对讲联网	管线通道
	停车库(场)管理系统	车牌识别、车位引导、反向寻车	功能改造
	访客登记系统	访客预约、通道闸	功能改造
	人脸识别分析系统	人脸识别摄像机、智能分析、疫情管控	设备布置

智能化系统及子系统		功能要求	改造升级要素
五、机房工程	智能化机房	消防、安全防范、设备管理	机房布局+装修
	数据中心机房	根据建筑功能确定合适的机房等级	机房布局+装修
六、新技术应用	物联网技术	实现物联网设备协议转换、远程管理能力	管网敷设困难时
	大数据采集及分析	实现数据交换、数据资源目录、数据挖掘分析	管理功能需要
	智慧物业	物业管理的全岗位数据与现场各岗位实时互动	管理功能需要
	AR、VR、BIM+GIS、AI、5G、Wi-Fi6	虚拟现实、场景与高速数据通信	管理功能需要

除公共建筑改造外，住宅项目在改造中，有智能家居、智慧园区的需求，特别是老旧居住小区的改造，量大面广。随着居住条件的改善和配套设施完善，新技术、新应用为智能家居、智慧园区提供了广阔的发展前景。

9.1.4 智能化系统升级改造的后评价

既有建筑智能化升级改造后评价，主要分析智能化运维措施，对标设计目标进行测评，包括智能化系统升级改造后的运行周期性评价、管理效率评价、能效指标评价、智能化体验提升。

（1）后评价方法对比分析

是以信息化新技术应用和大数据分析反馈作为主要评价方法。

①调查收集资料法：如信息新技术应用收集、设备运行管理资料等；

②专家评价法：如专家评估、专家打分法等；

③对比法：智能化运行平台历史数据对比分析等；

④新技术应用对管理效率提升的对比分析等。

（2）智能化系统运行效果评价

智能化系统运行效果评价包括建筑智能化运行模式、管理水平提升、建筑运行智能化、安全性、舒适性、便捷性体验评价，以及管理增效节能效果，即对既有建筑水、电、天然气、空调能耗指标进行评价。分类、分项对应能源数据分析，并核实节能控制措施落实情况；有智能化专家进行的专业评价，也有建筑内自用客户对智能化改造后的现实体验和评价。

（3）后评价考核体系

需要对既有建筑智能化系统改造后的情况建立可持续的考核体系。通过长期跟踪更新后的系统运转效率，并及时进行调整，一方面使智能化系统始终保持在实用、高效的服务状态，另一方面为信息化新技术的升级换代提供基础和参考。

9.2 智慧公共服务技术

城市公共服务直接面向民众，是城市运行效率和民众满意度的直接体现。城市公共服务在智慧城市建设的大背景下，已经逐渐从传统公共服务过渡到采用各种技术手段的智能服务，并最终达到智慧城市公共服务的标准。智慧公共服务是通过新建或改造各类信息化应用系统，建立运维管理平台，从而达到共享城市公共资源，提升城市建设和管理的水平，推动城市发展转型升级的目的。

本节从现状评估、标准定位、规划设计、后评价四个阶段对基于信息化技术的智慧公共服务应用技术进行分析，具体技术路径如图9-3。

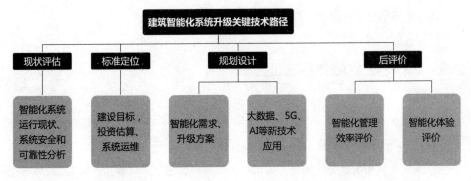

图9-3 智慧公共服务技术路径

9.2.1 智慧公共服务现状评估

完善的智慧服务体系是城市更新的重要内容，也是智慧城市建设面向民众的最终体现。各个地区由于基础不同，经济差异，应结合当地实际、因地制宜地制定智慧公共服务评价体系，采用合理的信息化技术，围绕智慧民生、智慧生态、智慧产业等领域，各有侧重地推动智慧公共服务建设。

智慧公共服务现状的评估，应包含以下几个方面：

（1）信息化技术应用评估

对5G建设规模、覆盖范围的评估；各类综合服务管理平台建设规模、CIM城市信息模型、软件模块选择的评估；城市综合管廊建设的评估。

（2）智慧城市服务评估

对综合信息服务平台建设规模的评估，对智慧社区应用，包括疫情防控、社区医疗、行政管理、居家养老、便民购物、家政服务、便民缴费等进行选择、评估。对城市道路通行能力、城市停车数量评估，对车辆指挥调度、车位指示、车位引导的明晰度评估，对建立智慧停车管理平台、道路及停车场收费管理系统、城市停车诱导系统、静态交通监管系统进行评估。

（3）智慧生态评估

对智慧生态景观区域的定位进行评估，对基础硬件设施建设评估，对运营管理平台及营销管理平台以及应急响应指挥平台评估，对智慧导航、导览、导游、导购、社交分享、租赁服务等软件应用进行评估，对智慧生态景观建设进行评估。

（4）智慧政务、智慧产业评估

对政务平台提供服务的全面性进行评估，对电子政务平台的安全性进行评估，对公共信息平台的准确性进行评估，对物流信息平台的及时性进行评估。

9.2.2 智慧公共服务标准定位

智慧公共服务标准定位应结合城市规划发展指标、基础条件要求，与城市发展水平、建设目标、功能定位一致。

应充分响应城市发展关注的重点事项，包括群体需求、环境健康、城市治理、安全应急、城市交通、出行等智慧应用内容。

标准应与城市阶段性投入资源与投资估算相匹配，应考虑智慧公共服务体系运行能力与后期运维条件等因素。

9.2.3 智慧公共服务体系规划设计

智慧公共服务的规划设计，应以评估结果为依据制定实用的评价体系指标，根据建设基础、财政预算采用适当的信息化技术，选择适宜的服务内容，并根据轻重缓急分期分批实施。

1）信息化技术

（1）信息通信技术

信息通信技术快速发展，基于5G通信模式在推广，为城市更新提供信息链接手段，是城市智慧公共服务的重要基础，因此5G通信网络部署是重要工作，在城市基础设施改造中，首先要展开全城域5G信号全覆盖建设。5G技术的高速率、大容量、低时延优势，在智慧公共服务中发挥巨大作用，主要应用包括：

①VR/AR技术，展示城市更新面貌，可应用于城市公园、市民服务中心以及各种展览展示厅等。

②基于5G的车联网为自动驾驶、编队行驶、传感器数据、车辆生命周期维护等提供安全、可靠、低延迟和高带宽的连接，是未来交通的发展方向。在城市更新中，有利于改善交通环境。

③5G+AIoT推动物联网向"物网协同"和"人物融合"，实现城市基础信息、数据和人的融合。5G在城市管理、公共服务、社会治理、生产制造等领域将发挥重要作用。

④新一代通信技术在环境、能源、医疗、家庭娱乐等方面均有广泛应用前景，将为城市创新、发展产业带来变革。

（2）BIM技术

BIM技术在城市公共服务中有广泛的应用前景，将在城市更新中发挥重要作用。对城市现有建筑进行BIM建模，可以更全面地收集建筑信息，在后续的平台建设中提供技术支撑。同时在对市民提供公共服务时，也能采取更加直观化的展示、操作方式。

（3）CIM城市信息模型

CIM城市信息模型在城市更新中，作为顶层架构进行规划。基于 BIM+GIS+物联网技术的三维城市空间模型和城市信息综合体，组建城市管理平台。通过可视化的数据支撑体系，将所有的物联网数据与城市空间关联，让城市全面感知。智慧城市中的安防、能耗、设备环境监控等应用系统数据将汇集在CIM中，纳入城市指挥中心进行统一管理。CIM平台也将为智慧政务、智慧交通、智慧生态等应用提供数据及模拟场景展示，提升整个城市智慧公共服务的直观性。

（4）以综合管廊为代表的市政相关技术

在城市更新中有条件的地段采用综合管廊，能够避免传统市政管道建设的一系列问题。采用地下综合管廊的方式有利于提升城市综合承载能力、保障城市安全、美化城市景观、完善城市功能、促进城市集约高效和转型发展。

综合管廊的智慧化建设已经成为一个系统性工程，通过基础智能化系统和集成管理平台建设，可以大大提高智慧管廊的运维水平，降低管理成本。

①智慧管廊基础系统

通过智慧管廊基础系统建设，采用适当的技术措施，实现基础数据提取。智慧管廊的基础系统见表9-2。

智慧管廊的基础系统　　　　　　　　　　　　　　　　表9-2

管廊设备监控	电力电缆监测系统
	通信光缆监测系统
	给水管线监测系统
	热力管线监测系统
	天然气管线监测系统
环境与设备监控	环境监控系统
	机电设备监控系统
	管廊防外破监测系统
	管廊结构沉降监测系统
通信系统	数据网络系统
	语音通信系统
	无线对讲系统
安防系统	电子井盖监控系统
	视频监控系统
	应急对讲广播系统
	门禁管理系统
	入侵报警系统
	电子巡检管理系统
消防系统	火灾自动报警与联动系统
	防火门监控系统

通过对管廊内电力电缆、通信光缆、给水管道、热力管道、天然气管道的特性参数检测，保证各类市政管线传输的质量和效率。

基于管廊的特殊性，需要对较长距离的物理空间环境与设备进行监测。而采集的氧气浓度、有害气体浓度等数据是否准确及时影响到了进入管廊人员的人身安全，因此必须保证环境与设备数据的准确性。

智慧管廊的基础数据网络建设，建议分别设置安防网和环境设备监控网。两个系统先各自组成相对独立的环网，配置独立的汇聚交换机，与核心交换机进行数据连接。由于管廊内的安防摄像机数据传输量远小于普通民用建筑（根据摄像机软件算法仅在画面有变化时才传输、存储数据），因此安防网可以采用单环网形式。环境设备监控网络采用双环网的结构，末端交换机及线路进行备份。

需要建设完整的智慧管廊安全管理体系，从人防、物防、技防各个方面保证管廊的安全性。光纤测温探测器和烟感探测器，联动视频监控及管廊排风等系统，实现火灾的自动监测控制。电子井盖监控系统、视频监控系统、应急对讲广播系统、门禁管理系统、入侵报警系统可使值班人员在监控室就能及时掌握管廊内管线以及附属设备等的运行状况，同时可以直观监控管廊内的人员活动情况，从而保证管廊内管线及附属设备的运行安全。

智能巡检系统，应用卫星定位、GIS、网络通信、基站定位及互联网传感等技术实现管网运行的维护与管理，有效满足管理部门对巡检、维修人员的任务监管、实时跟踪、隐患问题汇报及人员调度等信息化管理方面的需求。

②智慧管廊新技术应用

A. 综合管理平台

智慧管廊中所有的设备数据、环境数据、人员数据均汇集到综合管理平台，并部署在统一指挥中心。综合管理平台软件采用分布式结构，统一数据存储，各子系统共享数据库。软件平台提供电子地图、AR场景等多种可视化监控方式，具备设备管理、远程监控、数据存储等功能，具有"集中管理、分布控制、全面监控、安全联动"等众多特色。

B. AR增强技术与三维虚拟漫游

通过AR（增强现实）技术，实现管廊隐蔽工程穿透式地下数据查询与展现，使城市地下地上信息一体化。三维场景虚拟漫游技术通过人机交互，使用户能够自由观察和体验虚拟环境。通过手动飞行和自动飞行两种模式，展现管道沿线的传感器及实时参数。

C. 大数据

平台层为大数据存储和挖掘提供存储和计算平台，为多区域中心的分析架构提供多数据中心调度引擎。功能层提供大数据集成、存储、管理和挖掘功能。服务层基于 Web 和 Open API 技术提供大数据服务。

2）智慧公共服务规划设计方案

智慧公共服务总体规划应结合城市管理功能规划、智能化基础设施规划、电子政务、电子商务规划等，总体规划包括整体设计、重点优选服务项目规划。

整体设计需要结合城市发展定位和区域规划。城市智慧公共服务是衡量城市定位的重要指标，也是体现"以人为本"的重要方面。区域规划是对城市经济、社会、环境的发展所做的全局性、长期性、决定全局的连续性谋划和规划。从总体规划入手，结合城市土地规划、生态设计、产业规划、信息化规划，制定长期发展战略，并围绕城市公共服务、医疗、旅游、平安城市、智慧交通等不同需求，展开应用研究和分析。

（1）重点优选项目规划

结合发展周期，在资金、人力、城市公共服务规模化投入上，可以分期分步列入优先目标规划，优先着手一个或多个需求，重点打造包括系统和平台建设，以及在智慧服务中需要落实的列项等，重点优选项参考如表9-3。

重点优选项目 表9-3

类别	分项	内容	系统/平台
城市管理提升	智慧电子政务	"一站式"电子政务	政务公共服务平台
			移动电子政务系统
			电子采购系统
		移动办公	阳光监督系统
			智慧城市网格
			智慧城市全程支撑服务平台
	智慧城管	城市管理感知网络建设	视频、位置、环境感知网络
		城管信息资源共享平台	地理信息系统
			基础数据资源管理系统
		业务应用系统建设	监督数据采集与移动执法系统
			视频监控系统
			指挥调度与综合执法系统
	智慧公共安全	前端基础设施	应急响应感知设施
			城市基础设施安全感知设施
		网络基础设施	公安专网建设
			有线、无线通信网建设
			公共安全数据中心建设
		公共信息平台	社会治安综合管理系统
		智慧安全应用系统	全方位立体安全防控系统
			应急指挥中心
			城市运行动态监测预警系统
			现场应急处置系统
			管线传感系统
			地下管线综合管理信息平台

类别	分项	内容	系统/平台
产业经济升级	智慧旅游	旅游信息服务	智慧文化旅游"云"数据中心
			文化旅游综合指挥平台
		景区服务系统	城市自助导览系统
			景区电子票务管理系统
	智慧商务	商务服务	商务会展信息化平台
			中央商务区信息化平台
		企业服务	企业信息化云服务平台
			产品创新公共服务平台
		园区服务	园区智能化公共管理平台
	智慧产业经济	产业融合发展	智慧资本市场服务平台
		产业融合发展	电子商务智慧化工程
		产业集群发展	移动云服务公共服务平台
		产业集群发展	物流公共信息平台
民生服务升级	智慧医疗卫生	信息平台	医院信息化系统建设
		业务应用	公共卫生信息系统
			综合管理信息系统
	智慧教育	教育信息化基础设施	教育云数据中心
			教育无线网络建设工程
		精品基础教育	精品课堂示范项目
			数字化校园示范项目
	智慧社区	公共服务平台	社区公共服务平台
		远程管理	智慧家居
市政基础设施更新	智慧交通	综合交通信息	综合交通管理服务平台
		交通监控指挥	交通监控指挥中心
		交通信息	交通信息中心
		公众出行信息服务	智慧出行系统
	智慧水务	基础信息采集传感系统	水质流量监测项目
			灾害预警监测项目
		水资源信息共享与综合管控平台	水资源三维GIS基础平台
			水资源信息资源共享平台
			水质监控系统
			资源循环利用系统
	智慧环保	环境监测监控网络	危化品转移监控系统
		环境信息数据的智能分析、处理	环境信息数据综合分析中心
		数据支持	公共环境信息服务平台
	智能化基础设施	通信基础设施及网络	5G、Wi-Fi6无线网络
		城市信息传输网络	高速光缆网建设
		云计算中心	运营商级数据机房
	城市公共信息平台	感应、度量、洞察城市运行	城市综合监测运行及指挥中心平台

（2）城市智慧交通服务

目前几乎所有城市，都面临交通状况紧张的考验。一方面道路容量与停车位数量不足导致了出行拥堵和停车难，另一方面交通设施条件不足、智能化程度不高进一步加剧了拥堵挤塞和事故的发生。

除了扩展城市空间，增加中小道路车位，还应采用先进的技术手段，提升城市交通的信息化程度，从而统一调度城市资源，缓解道路拥堵，解决停车场及周边管理不规范、乱停乱放及乱收费等现象。

①城市智慧交通管理系统建设

城市智慧交通管理系统的建设，是为了打造全面感知、全时调控、全程诱导、全新服务的智慧交通管理新模式。城市智慧交通管理系统建设内容主要包括:道路监控系统、违章监测处理系统、智能信号灯控制系统、交通大数据监测与管控系统、智慧停车管理系统等。基础应用支撑系统包括计算机硬件、网络设备、信号灯、车辆监测摄像机、信息发布设备等设施。

②城市级智慧停车管理系统技术

城市智慧停车管理系统建设内容主要包括:道路停车收费管理系统、公共停车场收费管理系统、城市停车诱导系统、静态交通大数据监测与管控系统、智慧停车管理平台。基础应用支撑系统包括计算机硬件、网络设备、车位管理设备、停车收费设备、信息发布设备等智慧停车管理设施。

道路停车、公共停车场收费管理系统：通过车位检测器，将车辆进出场时间、泊位空闲状态等数据实时采集至后台进行统一存储、处理，通过后台中心与前端设备（手机app、微信公众号、手持机等）及相关系统进行数据交互，实现公共车位停车智能管理。道路收费管理系统通过有效规范城市停车行为，设置缴费终端进行停车收费，为方便用户，支持刷卡、支付宝、微信等多方支付系统。

城市停车诱导系统为车主提供目的区域停车点泊位的使用情况，支持智能手机客户端应用，系统通过车牌识别仪、车位检测器或手持POS机对城市道路停车位进行检测，并上传至控制中心。控制中心对采集设备、通信设备、发布设备进行定位分析、故障诊断、状态管理、参数设定和剩余车位计算逻辑设定。通过各级城市诱导屏和手机App、Web网站等进行数据发布，引导城市车流，缓解交通压力。

③移动应用App及微信公众号

移动应用App和微信公众号主要通过手机或移动终端，接入互联网络，将导航、车位预订、第三方支付等多功能结合在一起，并实现与多个第三方平台（信息采集系统、公共安全管理、第三方支付等）的互通与互联，使用户可以掌握城市中道路状态信息、车主违章信息、车位分布、占用情况、收费标准、线路导航、相关信息等情况。移动App及微信公众号还可以与信息采集系统、自助缴费终端、综合诱导服务系统等多个系统组合成为一套完整的交通管理系统。

（3）智慧生态服务

①环境监测及预警

环境监测与预警系统通过监测土壤水分、土壤温度、空气温度、空气湿度等环境参数，在城市内实现自动信息检测与监控。借助实时图像与视频监控手段，更直观地观察城市环境状态，并利用综合管理系统对所有数据进行分析处理，帮助城市管理者有针对性地提升城市环境品质。

②智慧生态景观定位及理念

在国家公园城市、生态城市的建设方针指引下，城市生态公园及城市绿道的建成，使城市和田园之间形成了特殊的"默契"。现代生态景观建设，早已不是以单纯的观赏、休闲功能为主要目标，而是以市民游客服务、营销和运营管理为核心重点，运用各种智能化技术，形成真正的智慧生态景观。其功能要求主要包括市民、游客服务，生态景观营销、运营管理。

③智慧生态服务技术

智能化系统包括信息网络系统（有线无线一体化）、视频监控系统、人流量统计系统、人员定位系统、信息发布及查询系统、停车管理系统、广播系统、智能灯控系统、能耗监测系统等，为上层服务应用提供基础数据。

综合管理平台通过管理中心及其相应的运维软件（综合管理平台）、增值服务软件建设，可以减轻运维人员工作量，从而节约人力成本，提高管理水平。综合管理平台分为运营管理平台和营销管理平台，其中运营管理平台包括基础支撑系统通过数据库服务、中间件服务、GIS服务、统一身份认证等功能，构筑多功能、稳定的服务基础架构。综合应用系统包括能耗管理、机电设备管理、安防管理、信息发布、资产管理、车辆及停车管理、监测预警系统、应急指挥系统、决策分析系统。系统集成及联动是集成各子系统软件平台，并需要联动各子系统功能，形成一个有机整体。子系统包含GIS平台、安防系统、信息发布及查询系统、广播系统、智能停车系统、智能照明系统、App及门户网站等。

④智慧导航、导览、导游、导购服务

智慧导航服务系统在城市更新中，主要通过卫星定位与导航服务，结合地面Wi-Fi、运营商通信基站信号等多种方式实现人、车、物的定位与流动分析，提供交通路况、临时管制信息、交通事故路段状况等，并形成最优行进路线与方案。

智慧导览服务系统会根据游客当前的时间、地点等实际情况推荐合适的游览路线，同时还提供景点周边信息（酒店、餐馆、娱乐、购物、车站、公共厕所等），并与智慧导购系统对接，为游客提供方便、快捷的购物体验。

智慧导游包括景点推荐服务、智能导游服务、景点评价及舆情分析查询服务、第三方信息服务接入（主要包括天气状况查询、景区流量监测及游玩时间推荐、路线规划推荐等）、智能语音识别等。

智慧导购服务为市民和游客提供周边住宿、餐饮、车票、景区门票等信息查询，并实现在线预定和支付。

提供特别景点门票预订服务，主要目标是控制人流重点控制区域人流密度，设定日浏览上限，避免人员踩踏事故，提高市民游客游览体验。

（4）安全预警及管理

保障城市公共安全离不开预警监测系统和危机处理系统。通过城市天网、联网型入侵报警、联网型火灾报警系统、110、119电话等信息化系统的建设，使管理人员可以及时地发现城市中的不安全因素，应对各类突发事件及意外灾害。通过引入智能化的监测系统可使管理者在事故发生前或灾害出现的早期就及时预警，并按照处理预案提供科学有效的处理措施，从而防止意外事故的发生及灾害的大范围扩散。

9.2.4 智慧公共服务体系后评价

基于信息化技术的智慧公共服务的后评价，主要针对群众满意度分析，对标各建设评价体系，包括智慧服务提升改造后运行周期性评价，人力、物力成本、管理效率、经济效益、智能化体验的提升。

后评价方法主要包括：

①调查收集资料法，如管理平台数据收集、群众满意度信息收集等；

②专家评价法，如专家评估、专家打分法等；

③对比法，如智能化运行平台历史数据对比分析等，新技术服务应用运行效率前后对比分析等。

9.3 既有建筑智慧能源管理平台应用技术

随着我国社会经济的高速发展，既有建筑能源消耗问题日益严峻，能源管理措施的落后也造成了额外的能源浪费。现状与国家能源政策和绿色节能、碳排放达标目标不一致。实施智慧能源管理，有效降低建筑能耗是既有建筑改造的必要选择。国家能源的重点规划部署中，提出了高效智能化管理，大力优化建筑能源利用。以智能化改造为基础，建立智慧能源管理平台，实现能源管理新突破。

建立智慧能源管理平台首先需要对建筑设备相关系统进行升级改造，通常包括：空调及送排风系统、建筑设备管理系统、智能照明系统、能源监测管理系统、智能变配电系统等。可采用可再生能源利用技术、智能控制、节能设备等措施对高耗能的设备及系统进行改造，例如空调系统中可对末端系统的气流组织进行优化，提高末端能效，照明系统对灯具效率、光源做优化，在改造中采用节能灯具、高效光源、充分利用自然光等措施，并进行智能照明控制，达到节能目的。

能源管理系统作为既有建筑节能改造的重要环节，最有效的手段是建立智慧能源管控平台。通过对供能与用能系统进行数据采集、统计分析、一体化全景展示，实现各子系统与"智慧管控"高度融合，辅助决策和管理人员做好城市能源管理工作，了解能源导向，清楚能源成本，提升既有建筑以及区域级能源效率。

通过建设能源管理平台，在管理方面，能够及时获取能源在生产、传输、使用全中产生的数据，进行分析和优化管控流程，逐步提高能源综合利用效率。在运维管理中，充分利用积累的历史数据和使用心得，进一步完善平台功能。通过节能减排、提升能效，为国家"碳达峰、碳中和"的实现奠定基础。

本节从项目评估、标准定位、规划设计、后评价四个阶段对既有建筑智慧能源管理平台应用技术进行分析，具体技术路径如图9-4。

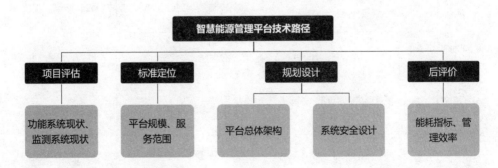

图 9-4　智慧能源管理平台技术路径

9.3.1 智慧能源管理系统现状评估

在评估阶段，我们需要重点关注既有建筑供能系统现状和用能监测系统现状两个方面。对于供能系统需要了解的有能源类型、能源规模、负载情况、覆盖范围、分配方式等。对于用能监测系统，不同能源类型需要的监测数据差异较大，需针对不同类型分别分析；需要了解各系统覆盖的能源类型、监测精度、监测实时性、系统开放性、自动化程度等。

评估内容为能源管理平台建设提供有效支撑，指导设计方案的选择，有利于既有建筑改造顺利实施，到达节能降耗目标，并满足建筑能源管理的需要。能源管理系统运行状态评估指标有：①国家或当地对建筑绿色、节能规范和评价要求；②既有公共建筑改造能耗要求；③能源管理系统的运行条件；④评估其现状以及能源采集、计量、收集数据方式；⑤能效数据报上一级公共平台管理（园区或城市）的条件。

能源管理现状评估分析示例如表9-4：

能源管理现状评估分析示例表 表9-4

系统	类型	覆盖情况	智能化程度	数据接口
变配电智能化系统	电	大型园区有设置，部分老旧居民小区未设置	普遍为5年前设置，功能较少	未设置对外接口
建筑设备监控系统	电	大型园区有设置，部分老旧居民小区未设置	对机电设备进行常规的控制，BIM技术应用	少量建筑预留了接口
能源计量系统	水电暖	对用水、用电进行了统计，少量园区对空调进行了计量	普遍仅统计无分析优化功能	少量建筑预留了上级数据接口
智能灯光控制系统	电	大型园区有设置，部分老旧居民小区未设置	定时控制，办公区恒照度功能	少量建筑预留了接口
机房动环监控系统	水电	仅少量机房设置	仅监控，带报警功能	未设置对外接口
路灯监控系统	电	城区道路路灯设置，次级道路未设置	通常为定时控制	未设置对外接口
充电桩系统	电	园区、地下车库设置	仅计量收费及故障报警	未设置对外接口

9.3.2 智慧能源管理系统的标准定位

　　智慧能源管控平台设计需根据前期的项目评估结果确定平台建设的标准和定位。主要需明确平台服务的对象与范围，并根据调研结果估算平台的建设规模。

　　平台的标准制定需贴合实际使用方的需求，在资源与投资估算可承受的范围内提供必要且实用的服务。同时平台建设标准的制定也需考虑到后期运维管理的便捷性与可扩展性。

9.3.3 智慧能源管理平台规划设计

1）总体架构

　　智慧能源管控平台总体架构设计，需要充分考虑平台适用性，并配有对应的安全保障体系和运维保障体系来保证平台的正常运行。平台系统架构可分为展示层、应用层、数据层、网络层、感知层，总体架构如图9-5。

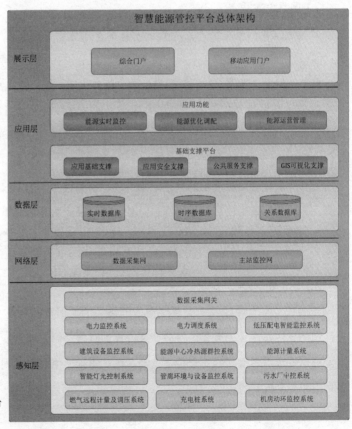

图9-5　智慧能源管控平台总体架构图

总体架构中，感知层是起点，由末端的各类传感器、智能仪表、采集终端等进行数据采集，将能源生产运输使用全过程数据及相关的环境数据（例如综合管廊监测、气象信息监测），统一接入到信息采集平台，作为智慧能源管控平台的基础数据支撑。网络层可分为各区域的数据采集网络和能源主站的监控网络两个部分。网络设计需充分考虑平台中各类信息传输的需求，通过时钟同步网和先进的网络运维技术，保证平台网络的安全可靠、易用便捷。网络建设需考虑可扩展性并预留适当的余量来应对远期数据量的增长。数据层利用大数据技术，将感知层通过网络层汇总来的各功能及用能子系统数据进行处理，对各类数据的分类、归集和相关性分析，并按照使用需求，利用人工智能、数据挖掘、聚类分析等技术，对初步整理的数据做进一步分析和利用。应用层是针对实际运用需求，开发对应的应用，采用PC客户端、手机App等多种手段，实现全区域范围内各类能源的监控与分析、智慧能源优化调配、智慧能源运营管理三方面内容，从而提升整个城市能源生产分配系统的运行管理效率。展示层是用于图像数据呈现，如显示大屏、电脑终端、移动手持终端等，系统包括接入设备和网页应用门户、移动应用门户等。

2）多系统数据交互架构

智慧能源管控平台接入全场各区域功能及用能子系统数据，通过数据的整合、分析，形成具有能源系统数据汇集、信息共享、优化调控和运营管理等综合功能的系统。系统需具备与市政管理平台、政府办公网、信息集成系统等数据交互接口。

数据标准化是大数据平台建立的基石，可确保数据平台可接入高质量的数据，并可按标准的模型对外提供整理后的数据。标准化主要包括采集标准、接入标准、存储标准、数据质量标准、数据安全标准等。

管控平台需通过标准化的数据采集网关，将各种类型的系统数据转换为统一的通信格式，实现各系统的信息互通。网关同时也能够接受智慧能源管控平台下发的各类指令和优化控制策略，然后再转发给各子系统实施。平台需支持MODbus、TCP/IP、KNX、RS485等常见的能源管控系统相关协议。

3）系统安全设计

能源管控平台中收集了大量城市能源相关的实时数据和历史数据，确保系统的安全性和稳定性显得尤为重要。在前期系统规划时就需制定系统安全、网络安全、数据安全、应用安全等多方面的安全控制策略。在具体设计中需遵循制定的控制原则，关注权限管理和安全机制的建立。

9.3.4 智慧能源管理平台后评价

既有建筑智慧能源管理平台建成后的评价，主要分析能耗指标、综合优化用能方案，对标设计目标进行的测评，包括改造后的能耗运行周期性评价、管理效率的提升。

1）后评价方法对比分析

①调查收集资料法：如能耗指标收集、设备运行管理资料等；

②专家评估、专家打分等；

③对比法：能耗数据对比分析等；

④新技术应用设备运行效率前后对比分析等。

2）智慧能源管理平台运行效果评价

根据智慧能源管理平台运行数据、管理模式、成果应用情况，对既有建筑水、电、气、空调能耗指标进行评价。分类、分项对能源数据进行分析，包括变配电智能化监控、空调系统能耗、照明插座系统能耗、电梯系统能耗、动力设备系统运行能耗等数据，并核实节能控制措施落实情况，判断设备系统节能运行工况，提供能耗历史数据分析图表等。

参考文献

[1] 阳建强, 陈月.1949—2019年中国城市更新的发展与回顾[J]. 城市规划, 2020, 44(2): 9-19, 31.

[2] 董玛力, 陈田, 王丽艳. 西方城市更新发展历程和政策演变[J]. 人文地理, 2009, 24(5): 42-46.

[3] 中国城市规划设计研究院,建设部城乡规划司.城市规划资料集（第八分册 城市历史保护与城市更新）[M]. 中国建筑工业出版社, 2008.

[4] 唐燕,杨东.城市更新制度建设: 广州、深圳、上海三地比较[J]. 城乡规划, 2018, (4): 11.

[5] 张灵珠, 晴安蓝. 三维空间网络分析在高密度城市中心区步行系统中的应用: 以香港中环地区为例[J].国际城市规划, 2019, 34(1): 46-53.

[6] 蒋欣辰, 刘壬可, 李源媛. 基于空间句法的小尺度商业公共空间行为研究: 以成都大慈寺太古里街区为例[C]//. 北京交通大学, 中国城市规划设计研究院, 东南大学. 第十二届国际空间句法研讨会. 2019: 465.

[7] 张志斌, 曹琦. 城市山体公园使用后评价: 以兰州五泉山公园为例[J]. 西北师范大学学报（自然科学版）, 2010, 46(5): 114-119.

[8] 赵焕臣,许树柏,和金生.层次分析法: 一种简易的新决策方法[M]. 北京: 科学出版社, 1986.

[9] 王冠. 气流微循环影响下的西安城市广场和街道空间小气候分析研究[D]. 西安: 西安建筑科技大学, 2016.

[10] 宋英华, 赵相成, 吕伟, 李志红. 考虑多因素影响的避难场所服务范围划分方法[J]. 中国安全科学学报, 2019, 29(5): 138-144.

[11] 常影. 香港私人发展公众休憩空间(POSPD)设计导控研究与启示[D]. 广州: 华南理工大学，2019.

[12] 辛萍. 基于PSPL的北京历史街区公共空间品质评估体系构建研究[D]. 北京: 北京工业大学, 2017.

[13] 吴熠文. 基于无人机倾斜摄影测量的建（构）筑物三维形貌测量技术[D]. 长沙: 湖南大学, 2019.

[14] 洪成, 杨阳. 基于GIS的城市设计工作方法探索[J]. 国际城市规划, 2015, 30(2): 100-106.

[15] 陈昱宇. 基于特色风貌的城市设计管控要素与管控体系研究 [D]. 华中科技大学, 2019.

[16] 蔡晓丰. 城市风貌解析与控制[D]. 上海: 同济大学, 2006.

[17] 王亮. 沈阳市特色风貌评价与规划研究[D]. 哈尔滨: 哈尔滨工业大学, 2017.

[18] 陈伟东, 张大维. 中国城市社区公共服务设施配置现状与规划实施研究[J]. 人文地理, 2007, 22(5): 29-33.

[19] 成都: 成都市规划管理局, 成都市规划设计研究研究. 成都市公建配套设施规划导则（2010）[S].

[20] 杭州市规划管理局, 杭州市建设委员会. 杭州市城市规划公共服务设施基本配套规定（2016修订版）[S].

[21] 孟庆, 余颖, 辜元 ,李鹏, 曹力维, 冷炳荣. 面向实施的社区服务设施规划协同研究. [J]城市规划. 2014. 93-96.

[22] 杨震, 赵民. 论市场经济下居住区公共服务设施的建设方式[J]. 规划研究, 2002, 26（5）：14-19.

[23] 朱颂梅. 中国城市社区商业的发展趋势及对社会的整合作用[J]. 商业时代, 2013(29): 15.

[24] 360图书馆. 一文看懂盒马鲜生的商业模式分析[DB/OL]. https://www.jianshu.com/p/e11a8a21fde7.

[25] 胡晓华, 易王瀚. 一文读懂互联网医院未来发展趋势[DB/OL]. 中国医疗. 2020-03-29 http://med.china.com.cn/content/pid/167324/tid/1017.

[26] 手机人民网. 成都武侯区倪家桥社区党群服务中心实施社区"文创+"工程[DB/OL].http://m.people.cn/n4/2018/0403/c3770-10774209.html.

[27] 封面新闻. 成都市倪家桥社区的小康样板: 社区党群服务中心"变身"全天候互动式家园[DB/OL]. https://baijiahao.baidu.com/s?id=1669845051748591259&wfr=spider&for=pc.

[28] 武侯玉林. 玉林|"院子文化创意园"开园, 音乐流淌, 时光静好……[DB/OL]. https://mp.weixin.qq.com/s/TgbONMy2Lo1ZbOH7VdDT7A.

[29] 佚名. 猛追湾: 聚焦民需营造国际化社区场景为市民带来全新"慢生活"体验[DB/OL].http://chrm.chenghua.gov.cn/content/2020-06/02/003141.html.

[30] 谷德设计. 挪威KRONA知识与文化中心[DB/OL]. https://www.gooood.cn/krona-knowledge-and-cultural-centre-by-mecanoo-architecten.htm.

[31] 谷德设计. 故乡守望者: 慧剑社区中心–钻采厂影剧院改造, 四川/同济原作设计工作室[DB/OL]. https://www.gooood.cn/hui-jian-community-centre-drilling-and-mining-factory-theatre-renovation-china-by-original-design-studio.htm.

[32] 谷德设计. Kampung Admiralty社区综合体, 新加坡 / WOHA[DB/OL]. https://www.gooood.cn/kampung-admiralty-by-woha.htm.

[33] 吴欣燕. 历史文化街区的形态价值评估体系研究[D]. 广州: 华南理工大学, 2014.

[34] 张杰, 陶金, 霍晓卫. 历史文化名城遗产保护价值评估: 意愿价值评估法在喀什老城中的运用[J]. 国际城市规划, 2013, 28(3): 106-110.

[35] 郑晓华, 沈洁, 马菀艺. 基于GIS平台的历史建筑价值综合评估体系的构建与应用: 以《南京三条营历史文化街区保护规划》为例[J]. 现代城市研究, 2011, 26(4): 19-23.

[36] 李文博. 基于价值认知的宣西法源寺文化精华区综合整治研究[D]. 北京: 北京建筑大学, 2019.

[37] 邹伟, 王芃森, 侯杰, 陈晨. 大数据支持下城市更新政策实施的精细化评估初探: 以上海市铜川路水产市场搬迁为例[J]. 上海城市规划, 2019(2): 69-76.

[38] 朱隆斌. 人为本形次之: 扬州老城保护的中德合作探索与实践[J]. 城市建筑, 2007(7): 84-86.

[39]　李长文. 我国社区社会组织培育系统机制构建[EB/OL]. [2015-12-28]. https://wenku.baidu.com/view/42fe9d3bdc3383c4bb4cf7ec4afe04a1b171b063.

[40]　石飞, 王炜, 陆建. 我国城市居民出行调查抽样率确定方法探讨与研究[J]. 公路交通科技, 2004, 21(10): 109-109.

[41]　《中国公路学报》编辑部. 中国交通工程学术研究综述·2016[J]. 中国公路学报, 2016, 29(6): 1-161.

[42]　邓进. 大数据时代交通模型发展趋势及体系变革的思考[J]. 建设科技2020(15): 56-59, 63.

[43]　杨永强. 中小城市核心区道路交通综合治理关键技术研究[D]. 南京: 东南大学, 2018.

[44]　李依, 邓昭华. 交通稳静化理论研究的综述及启示[J]. 智能建筑与智慧城市, 2021(5): 16-21.

[45]　王炜, 过秀成. 交通工程学第2版[M]. 南京: 东南大学出版社, 2011.

[46]　刘艳妮. 我国城市停车系统相关问题研究[D]. 西安: 长安大学, 2006.

[47]　彭康. 老旧居住小区立体停车设施设置方法研究[D]. 重庆: 重庆交通大学, 2015.

[48]　聂婷婷. 基于区位的城市停车需求预测研究[D]. 西安: 长安大学, 2013.

[49]　吴德华. 基于现状调查的城市老城区停车需求预测方法[J]. 交通运输系统工程与信息, 2014, 14(1): 235-241.

[50]　余童真. 装配式地下立体停车库选型与结构设计研究[D]. 北京: 北京交通大学, 2018.

[51]　陈珑云, 朱笑云. 沉井式地下停车库促进城市有机更新[J]. 地下空间与工程学报, 2021, 17(2): 343-349.

[52]　程卫帅. 基于致灾过程的区域洪灾风险评估方法及其应用研究[D]. 武汉: 武汉大学, 2010.

[53]　黄崇福. 自然风险评价理论与实践[M]. 北京: 科学出版社, 2002.

[54]　陈军飞, 丁佳敏, 邓梦华. 城市雨洪灾害风险评估及管理研究进展[J]. 灾害学, 2020.

[55]　周力宁. 基于SWMM的城市内涝风险识别研究[D]. 成都: 西南交通大学, 2016.

[56]　姚林塔, 孙运凡, 郑颖青, 林凌, 林金凃, 赖绍钧. 利用最大降水量拟合福州城市内涝积水深度的误差分析[B]. 福州市气象局, 2018.

[57]　蒋高明. 城市植被: 特点、类型与功能[J]. 植物学通报, 1993(3): 21-27.

[58]　李军. 城市植物景观生态恢复质量评价体系研究[J]. 生态科学, 2016, 35(4): 173-178.

[59]　宋晨晨, 刘时彦, 赵娟娟, 李明娟, 江南, 陈静. 基于功能特征的城市植物群落生态功能评价[J]. 生态学杂志, 2020, 39(2): 703-714.

[60]　张哲, 李霞, 潘会堂, 何昉. 用AHP法和人体生理、心理指标评价深圳公园绿地植物景观[J]. 北京林业大学学报（社会科学版）,2011, 10(4): 30-37.

[61]　王璐艳. 国家考古遗址公园绿化的原则与方法研究[D]. 西安: 西安建筑科技大学, 2013.

[62]　刘张璐, 赵兰勇, 朱秀芹. 中国生物多样性及其保护规划发展研究现状[J]. 中国园林, 2010(1): 81-83.

[63]　郝日明, 张明娟. 中国城市生物多样性保护规划编制值得关注的问题[J]. 中国园林, 2015(8): 5-9.

[64]　刘晖, 许博文, 陈宇. 城市生境及其植物群落设计: 西北半干旱区生境营造研究[J]. 风景园林, 2020,

27(4): 36-41.

[65]　李素英, 王计平, 任惠君.城市绿地系统结构与功能研究综述[J]. 地理科学进展, 2010. 29(3): 377-
　　　384.

[66]　牛丹薇. 基于"近自然设计"的沈阳城市公园植物群落配置研究[D]. 沈阳: 沈阳建筑大学, 2015.

[67]　冀倩茹. 西安城市绿地生境单元类型划分研究[D]. 西安: 西安建筑科技大学, 2015.

[68]　李春娇, 贾培义, 董丽. 近自然园林植物群落及其评价指标体系初探[C]//. 中国园艺学会观赏园艺
　　　专业委员会, 国家花卉工程技术研究中心. 2007年中国园艺学会观赏园艺专业委员会年会论文集.
　　　2007: 3.

[69]　冯彩云. 近自然园林的研究及其植物群落评价指标体系的构建[D]. 北京: 中国林业科学研究院,
　　　2014.

[70]　赵中华. 基于林分状态特征的森林自然度评价研究[D]. 北京: 中国林业科学研究院, 2009.

[71]　郝云庆, 王金锡, 王启和, 孙鹏, 蒲春林. 崇州林场不同林分近自然度分析与经营对策研究[J]. 四川
　　　林业科技, 2005(2): 20-26.

[72]　袁嘉, 游奉溢, 侯春丽, 等. 基于植被再野化的城市荒野生境重建: 以野花草甸为例[J]. 景观设计学,
　　　2021, 9(1):26-39.

[73]　马垚. 城市缓流水体水华限制性因素及预警模型的研究[D]. 苏州: 苏州科技大学, 2014.

[74]　程昌海. 河道生态岸坡防护技术的应用分析[J]. 地下水, 2021, 43(2): 223-224.

[75]　朱思宇. 基于河湖水质净化的水生植物快速栽种及优化配置研究[D]. 北京: 北京林业大学, 2019.

[76]　陈成, 杨玲. 西方国家棕地重建策略及其对我国的启示[J]. 国土资源情报, 2008, 90(6): 16-20.

[77]　肖龙, 侯景新, 刘晓霞, 等. 国外棕地研究进展[J]. 地域研究与开发, 2015, (2): 142-147.

[78]　卡尔·斯坦尼兹, 黄国平. 景观设计思想发展史: 在北京大学的演讲[C]. 风景园林学科的历史与发
　　　展. 2006.

[79]　郑晓笛. 棕地再生的风景园林学探索: 以"棕色土方"联结污染治理与风景园林设计[J]. 中国园林,
　　　2015, 31(4):10-15.

[80]　郑晓笛, 王玉鑫."棕色土方"视角下的垃圾填埋场再生解读: 以以色列希瑞亚填埋场为例[J]. 园林,
　　　2020, 336(4): 17-24.

[81]　马琳. 国内外城市棕地的景观更新研究[D]. 武汉: 华中科技大学, 2013.

[82]　王洋洋, 黄锦楼. 基于绿视率的城市生态舒适度评价模型构建[J]. 生态学报, 2021, 41(6): 2170-
　　　2179.

[83]　郑凌予, 蒲海霞, 江泽平. 基于绿视率的城市公园空间满意度调查研究[J]. 南京林业大学学报: 自然
　　　科学版, 2020, 44(4): 6.

[84]　王昊. 基于SWMM的城市排涝能力评估与LID改造措施分析[A]. 大连: 大连理工大学, 2019.

[85]　宋璐逸. 人行道透水铺装结构形式及性能研究[D]. 南京: 东南大学, 2019.

[86]　童真旎. 城市立交桥附属空间景观设计研究[D]. 成都: 成都大学, 2021.

[87]　谷德设计. 多伦多桥下公园[DB/OL]. https://www.gooood.cn/2016-asla-underpass-park-by-

pfs-studio-with-the-planning-partnership. htm.

[88]   Ewing R , Handy S , Brownson R C , et al. Identifying and Measuring Urban Design Qualities Related to Walkability[J]. J Phys Act Health, 2006, 3(1): 223-240.

[89]   李智, 龙瀛. 基于动态街景图片识别的收缩城市街道空间品质变化分析: 以齐齐哈尔为例[J]. 城市建筑, 2018, 275(6): 22-26.

[90]   徐磊青教授讲座, 2020年3月23日同济大学.

[91]   刘悦来, 许俊丽, 尹科娈. 高密度城市社区公共空间参与式营造: 以社区花园为例[J]. 风景园林, 2019(6): 13-17.

[92]   李帆. 地下室顶板景观设计工程研究[D]. 广州: 华南理工大学, 2010.

[93]   程云. 上海地区屋顶绿化设计技术方法研究[D]. 天津: 天津大学, 2014.

[94]   毕嘉楠. 基于修建性详细规划在现代城市规划中的法定性研究[J]. 现代城市研究, 2019(3): 5-21.

[95]   谷德设计. 北京建筑大学教学5号楼空间改造[DB/OL]. https://www.gooood.cn/space-renovation-of-no-5-teaching-building-in-beijing-university-of-civil-engineering-and-architecture-china-by-c-architects.htm.

[96]   ARCHINA. 德国汉堡的易北爱乐音乐厅[DB/OL]. http://www.archina.com/index.php?g=works&m=index&a=show&id=806.

[97]   在库言库. 同济大学建筑设计院新大楼——巴士一汽停车库改造[DB/OL]. http://www.ikuku.cn/project/tongji-bashiyiqi-gaizao-zengqun.

[98]   谷德设计. 上海舆图科技有限公司办公空间改造[DB/OL]. https://www.gooood.cn/office-space-renovation-of-shanghai-yutu-technology-co-ltd-by-mix-architecture.htm.

[99]   谷德设计. 船长之家改造[DB/OL]. https://www.gooood.cn/renovation-of-captains-house-vector-architects.htm.

[100] 谷德设计. 民生码头八万吨筒仓改造[DB/OL]. https://www.gooood.cn/renovation-of-80000-ton-silos-on-minsheng-wharf-china-by-atelier-deshaus.htm.

[101] 房建工程外墙渗漏原因及防治思考[DB/OL]. http://m.toutiao.com.

[102] 那兰心.浅谈建筑遮阳与节能[J]. 建筑节能, 2019(6).

[103] 佚名. 外滩公共服务中心[DB/OL]. http://www.tjad.cn/project/652.

[104] 太阳辐射的计算管理论文http://www.doc88.com.

[105] 郑伊春. 综合建筑空调节能技术的探讨[J]. 智能建筑电气技术, 2019(5).

[106] 10kV配网运行维护及检修措施https://wenku.baidu.com/view/4ff278057075a417866fb84ae45c3b3567ecddbc.html.

[107] 郁风毓. 论建筑电气施工阶段应注意的问题及预防措施[J]. 安徽电气工程职业技术学院学报, 2015(1).

[108] 国家质量技术监督局, 中华人民共和国建设部.民用建筑可靠性鉴定标准   GB 50292—2015[S]. 北京: 中国建筑工业出版社, 2015.

[109] 中国冶金建设协会. 工业建筑可靠性鉴定标准 GB 50144—2008[S]. 北京: 中国建筑工业出版社, 2009.

[110] 中华人民共和国住房和城乡建设部. 既有建筑鉴定与加固通用规范 GB 55021—2021[S]. 北京: 中国建筑工业出版社, 2021.

[111] 中华人民共和国住房和城乡建设部. 建筑抗震鉴定标准 GB 50023—2009[S]. 北京: 中国建筑工业出版社, 2009.

[112] 中国建筑西南设计研究院有限公司. 结构设计统一技术措施[M]. 北京: 中国建筑工业出版社, 2020.

[113] 吴小宾, 陈钢. 四川省展览馆加固改造设计[J]. 建筑结构, 2007(1): 5.

[114] 薛彦涛. 设防烈度调整后既有建筑抗震加固对策与方法[J]. 城市与减灾, 2016, 3(3): 54-58.

[115] 丛戎. 既有RC框架基于黏滞阻尼器的抗震加固设计方法研究[D]. 南京: 东南大学.

[116] 杨福文. 屈曲约束支撑—混凝土框架结构抗震性能及设计方法研究[D]. 西安: 西安建筑科技大学, 2018.

[117] 兰香, 潘文, 赖正聪, 等. 隔减震技术在既有建筑加固中的应用与选择[J]. 建筑结构, 2018, 48(18): 79-82, 52.

[118] 张亚英, 甄进平. 隔震技术在既有框架结构加固中的应用[J]. 工程抗震与加固改造, 2012(4): 76-79.

[119] 操礼林, 李爱群, 郭彤, 等. 中小学砌体结构校舍的隔震加固技术研究[J]. 防灾减灾工程学报, 2011(3): 294-298.

[120] 郭健, 刘伟庆, 王曙光, 等. 隔震技术在砌体结构抗震加固中的应用研究[J]. 工程抗震与加固改造, 2008, 30(1): 43-47.

[121] 张淼. 隔震技术在增层改造工程中的应用研究[D]. 石家庄: 石家庄铁道大学, 2015.

[122] 邢海灵. 钢筋混凝土框架节点加固试验及理论分析研究[D]. 长沙: 湖南大学, 2003.

[123] 余琼. 框架节点加固方法探讨[J]. 结构工程师, 2004(1): 9.

[124] 住房和城乡建设部防灾研究中心. 历史建筑保护性加固案例（砌体结构册）[M]. 北京: 中国建筑工业出版社, 2016.

[125] 杨昌鸣, 张帆. 近代历史建筑清水砖墙修复初探[J]. 建筑学报, 2010(1): 51-54.

[126] 陈良. 土楼夯土墙体自修复式加固材料的研究[D]. 泉州: 华侨大学, 2019.

[127] 刘中勇. 夏热冬冷地区既有建筑节能改造优化策略[D]. 成都: 四川师范大学, 2021.

[128] 郑倩. 北方寒冷地区既有住区建筑围护体系综合节能改造策略研究[D]. 大连: 大连理工大学, 2021.

[129] 田蕾. 建筑环境性能综合评价体系研究[D]. 北京: 清华大学, 2007.

[130] 酒淼. 宋凌. 绿色建筑使用后评价方法研究思路[J]. 建筑科学2015, 31(12): 113-121.

[131] 林波荣. 绿化对室外热环境影响的研究[D]. 北京: 清华大学, 2004.

[132] 王晶. 基于风环境的深圳市滨河街区建筑布局策略研究[D]. 哈尔滨: 哈尔滨工业大学, 2012.

致　谢

城市更新是当下中国城市化进程中的重要内容，也是城市与建筑设计从业者的重点关注对象。中国建筑西南设计研究院作为国内最大的建筑设计综合企业，深入城市更新领域，深度参与城市更新设计咨询与实践，并组织开展大量面向实施的研究工作。这一书稿的形成，源于历时两年完成的中建股份科技研发课题《城市更新设计关键技术研究与应用》，更得益于我院长久以来在城市更新领域的探索与实践。

本书对城市更新设计工作的梳理一方面从民生、文化、发展三个维度展开，同时又体现出基于我院实践经验的实操导向，从实际工作面临的具体问题与挑战中梳理出关键议题。这些关键议题涵盖从中观尺度的更新规划到微观尺度的既有建筑改造，涉及规划与城市设计、市政、景观、建筑、结构、绿色建筑与智能化等七个专业，设计关键技术达数十项，以及一系列适用于不同情况、易于实操落地的技术方法与技术路径，章节的编排方式则体现出我院工作组织架构的特点。

课题研究过程中我院课题团队组织了多次线上、线下的专家咨询会和专家工作营。特别感谢东南大学韩冬青教授以及中建西南院钱方总在整个研究过程中给予的指导，感谢南京大学丁沃沃教授以及东南大学建筑设计研究院有限公司的各位老总，在南京历时两天的专家咨询工作营中，各位老总务实而恳切的指导为我们的研究提供了重要支持；感谢参加专家咨询会的各位专家，专家们丰富的实践经验和具有针对性的建议为我们总结与提炼城市更新设计关键技术提供了极大的帮助。

非常感谢王建国院士在百忙之中为本书作序。

感谢在城市更新与既有建筑改造的实践工作中，各级政府部门、企业、机构以及合作单位的帮助。

感谢在课题与书稿写作过程中提供支持的各位同仁。

本书的出版不失为一个契机，为广大设计同业提供一个讨论的基础，希望在更多的交流和实践中，共同推动城市更新事业的进步。

本书作者
2022年6月于成都